肉蛋奶无公害生产技术丛书

猪无公害高效养殖

（第2版）

主　编
肖传禄

副主编
王成立　盛清凯

编著者
（按姓氏笔画排列）
王成立　王怀中　付丙涛
刘俊珍　肖传禄　李均同
李佳男　张安志　赵红波
赵新华　郭建凤　盛清凯

金盾出版社

内 容 提 要

本书由山东省农业科学院畜牧兽医研究所养猪专家编著与修订。根据养猪科学的发展与市场需求，编著者对原版各章内容进行了修订，并增加了发酵床养猪技术。全书内容包括：猪无公害高效养殖的意义与产品认证，猪无公害高效养殖的环境选择与猪场建筑，猪无公害高效养殖的品种选择与经济杂交，猪常用饲料无公害管理与日粮配合，猪的繁殖技术，猪无公害饲养管理技术，生态发酵床养猪技术，猪常见病无公害防治及猪场的管理。本书适合广大养猪专业户和各类养猪场员工阅读。

图书在版编目(CIP)数据

猪无公害高效养殖/肖传禄主编．--2版．--北京：金盾出版社，2012.9

(肉蛋奶无公害生产技术丛书)

ISBN 978-7-5082-7701-1

Ⅰ.①猪… Ⅱ.①肖… Ⅲ.①养猪学—无污染技术 Ⅳ.①S828

中国版本图书馆CIP数据核字(2012)第137411号

金盾出版社出版、总发行

北京太平路5号(地铁万寿路站往南)

邮政编码：100036 电话：68214039 83219215

传真：68276683 网址：www.jdcbs.cn

封面印刷：北京精美彩色印刷有限公司

正文印刷：北京万博诚印刷有限公司

装订：北京万博诚印刷有限公司

各地新华书店经销

开本：850×1168 1/32 印张：10.125 字数：239千字

2012年9月第2版第5次印刷

印数：48 001～56 000册 定价：19.00元

序　言

1962 年，美国生物学家切尔・卡逊(Rachel Carson)出版了《寂静的春天》一书。她用大量的事实阐述了使用农药破坏生态平衡的事例，引起了世界各国政要和科学家的重视，也强烈地震撼了广大民众。发出了为人们的安全和健康，生产无公害食品的第一个绿色信号。40 多年过去了，随着社会的发展和科学技术进步，食品安全已成为全社会的热点话题，并引起了世界各国的重视与关注。

工业化的推进和现代农业的发展，化肥、农药、兽药、饲料添加剂的使用，为农牧业生产的发展和食品数量的增长发挥了极其重要的作用；同时，也给食品安全带来了隐患。由于环境污染，饲料中农药的残留，不合理使用或滥用兽药和药物添加剂，导致许多有毒有害物质直接或通过食物链进入动物体内，造成残留物超标。动物性食品安全问题已成为我国畜牧业发展的一个主要矛盾。

为了解决农产品和动物性食品的质量安全问题，农业部从 2001 年开始在全国范围内组织实施了"无公害食品行动计划"。该计划以全面提高农产品质量安全水平为核心，以"菜篮子"产品为突破口，以市场准入为切入点，通过对农产品实行"从农田到餐桌"全过程质量安全控制，用 5 年的时间，基本实现主要农产品生产和消费无公害。

动物性食品无公害生产是个系统工程，必须从动物的品种选育、饲养环境、饲料生产、疫病防治、加工及流通进行全程质量控制。在生产动物性食品时，要选择良好的环境条件，防止大气、土壤和水质的污染。在不断提高养殖户的生态意识、环境意识、安全意识的同时，还应对动物性食品无公害生产技术进行汇总和推广应用。

为达到上述目的，金盾出版社同部分农业院校的有关专家共同策划出版了“肉蛋奶无公害生产技术丛书”。“丛书”包括猪、肉牛、肉羊、肉兔、肉狗、肉鸡、蛋鸡、奶牛等8个分册。该“丛书”紧紧围绕无公害生产技术展开，比较系统全面地介绍了当前动物性食品无公害生产技术的最新成果和信息，先进性、科学性和实用性强，实为指导当前动物性食品生产不可多得的重要参考书。可以预计，这套书的出版问世，对我国动物性食品无公害生产将产生极大的推动作用。

中国畜牧兽医学会养羊学分会理事长
甘肃农业大学　教授、博士生导师

赵有璋

2003年7月于兰州

再版说明

《猪无公害高效养殖》一书自 2006 年 6 月出版以来已印刷 5 次，发行 5.6 万册，受到广大读者的欢迎，笔者备感欣慰。

近年来，我国畜牧业取得长足发展，肉类、禽蛋产量连续多年稳居世界第一，畜牧业产值约占农业总产值的 36%。畜牧业的快速发展对于保障畜产品有效供给、促进农民增收做出了重要贡献。

我国养猪业虽然有了长足的发展，但是整体养猪水平与世界养猪发达国家相比还有很大的差距。由于我国地域广阔，养猪发展水平参差不齐，尤其是农民家庭养猪，技术水平和生产方式还比较落后，养猪生产中存在的环境污染、疫病防控以及猪肉产品质量安全隐患等问题，依然非常严峻，是制约养猪业健康、优质、高效、稳定、可持续发展的瓶颈。随着养猪业的发展，一批先进养殖技术开始实施，一些法律、法规不断修改完善。为此，编者在原版的基础上进行了编著与修订。在第三章猪无公害高效养殖品种选择与经济杂交中，增加了配套系、种猪的引进与运输等内容；在第四章猪常用饲料无公害管理与日粮配合中，增加了抗生素替代品的部分内容。考虑发酵床养猪技术在原位消纳粪污、改善环境、肉质安全方面的优势，将其增补，单独成章。本书还增补了一些新的法律、法规。增补后，该书内容更加丰富、新颖、全面。

本书在编写过程中，引用了一些文献资料中的有关内容，为此谨向提供有关资料的作者致以深切的谢意。笔者期望，本书经修订后对广大养猪者有所裨益，能为猪业生产的进一步发展继续发挥作用。

由于笔者水平有限，修订版中仍难免有欠妥或错误之处，还请读者、同行批评指正。

编著者

2012 年 9 月

目 录

第一章　猪无公害高效养殖的意义与产品认证

一、我国养猪业的发展现状

养猪业是我国畜牧业发展的主导产业，从饲养数量上讲，目前我国是世界第一养猪大国。改革开放以来，在政策的引导和投入的支持下，我国养猪生产得到极大发展，标志生产规模的年末存栏量和全年屠宰量连续增长。年出栏肉猪数量、猪肉产量、人均猪肉占有量、生猪出栏率都大大提高。2009 年，我国猪肉总产量就已达到 4 890.8 万吨，占到当年肉类总产量的 63.93%（表 1-1）。2010 年，我国生猪存栏 4.65 亿头，出栏 6.67 亿头，分别比 2005 年增长 7.3%和 10.5%；猪肉产量 5 071.2 万吨，居世界第一位，约占世界总量的 47%。2011 年，生猪平均存栏量 4.68 亿头（其中年底母猪存栏 4 929 万头），总出栏量 6.62 亿头，出栏率达 141%。由此可见，我国猪肉供应已从最初的供不应求转到了数量上基本能满足全国人民的需求。

表 1-1　1996—2009 年我国生猪生产及消费情况

年份	出栏量（亿头）	存栏量（亿头）	出栏率（%）	猪肉总产量（万吨）	人均消费量（千克）
1996	4.1225	3.6284	113.62	3158.00	25.80
1997	4.6484	4.0035	116.11	3596.30	29.10
1998	5.0215	4.2256	118.80	3883.70	31.13
1999	5.1977	4.3144	120.47	4005.60	31.84
2000	5.1862	4.1634	124.57	3966.00	31.29

续表 1-1

年份	出栏量（亿头）	存栏量（亿头）	出栏率（%）	猪肉总产量（万吨）	人均消费量（千克）
2001	5.3281	4.1951	127.01	4051.70	31.75
2002	5.4144	4.1776	129.61	4123.10	32.10
2003	5.5702	4.1382	134.60	4238.60	32.80
2004	5.7279	4.2123	135.98	4341.00	33.40
2005	6.0367	4.3319	139.35	4555.30	34.84
2006	6.1207	4.1850	146.25	4650.50	35.38
2007	5.6508	4.3990	128.46	4287.80	32.45
2008	6.1017	4.6291	131.81	4620.50	34.79
2009	6.4539	4.6996	137.33	4890.80	36.64

摘自《2010 中国统计年鉴》

随着我国养猪业的不断发展，其生产模式、区域布局及人们对猪肉品质的要求也都发生了改变。

第一，养猪模式由散养向规模化养殖转移。我国养猪生产中，中小规模饲养占有重要的地位。据农业部统计，2007 年全国年出栏 50 头以上的规模养猪专业户和商品猪场共 224.4 万家，出栏生猪占全国出栏总量的比例约为 48%，其中年出栏万头以上的规模猪场有 1 800 多个；2008 年全国年出栏 50 头以上的规模养猪专业户和商品猪场出栏生猪占全国出栏总量的比例达到 62%。“十一五”以来，我国养猪业发生了重大变化，养殖方式由小农户逐步向大企业转变，2009 年生猪规模化养殖比例超过 60%，其中万头猪场由 2006 年的 1 300 家上升到 2008 年的 2 500 家，2009 年突破 3 000 家。随着养猪业发展，对养猪生产技术的要求越来越高，伴随疾病的频繁暴发，农村散养猪户（年出栏 50 头以下）及小型养猪场已失去竞争力，逐渐退出养猪生产，规模化养殖水平出现不断扩大趋势。

第二，区域布局由分散向重点区域转移。随着规模化程度的提高，我国养猪业有两个明显的区域转移。一是由东部发达地区向西部欠发达地区转移，如北京、上海等经济发达地区的生猪出栏量呈逐渐下降趋势，而经济欠发达的四川、云南等省的生猪出栏量却稳步上升；二是由粮食非主产区向粮食主产区转移，发展养猪生产最重要的一个限制因素是饲料原料的供应。为降低成本，将粮食就地转化为畜产品，提高农作物附加值，猪随粮走将成为主要布局趋势。我国有四大粮食主产区：四川盆地粮食主产区、黄淮流域玉米及小麦主产区、东北玉米及大豆主产区、长江中下游水稻主产区。

第三，生产方式由数量型向质量型转移。随着养猪生产的发展和人们消费水平的提高，消费者对猪肉品质要求越来越高，猪肉生产也逐步由追求数量型向质量型转变。如在育种方面，部分猪场由过去单纯追求瘦肉率、生长速度，转变为在保持瘦肉率和生长速度较高的前提下，将肉色、肌内脂肪等肉质指标纳入育种计划；在生产方面，饲料中的重金属含量得到有效控制，酶制剂、酸化剂、微生态制剂等环保型饲料添加剂逐步被应用，禁用药物和停药期也被强制执行；在运输与屠宰方面，尽量减少猪的应激，加强检查与控制。这些措施的实施，有效改善了我国猪肉的质量，增强了消费者信心。

二、我国养猪业存在的问题

目前，我国养猪业存在三个较为突出的问题。

一是随着生猪养殖规模的扩大和集约化程度的提高，其饲养数量及饲养密度急剧增加，生猪饲养的环境污染问题日益严重，影响最明显的是猪排泄物对环境的污染。据报道，一头猪每天排泄粪尿 6 千克，一个千头猪场日排泄粪尿 6 吨，年排泄粪尿 2 200 吨以上。这种规模猪场如采用水冲洗粪尿则日产污水达 30 吨，年排污水 1 万吨，如此大量的污物如不进行有效处理，加上臭气、水体的富营养化、人兽共患病的传播等问题的发生将严重污染环境。所以新建猪场前应首先考虑环保问题，场址的选择、饲养规模的大小应根据生态农业的原理，在进行生猪粪尿处理的前提下，以耕地面积可容纳有效养分为基础，确定生猪饲养数量，确保环境安全。

二是猪肉的质量方面存在安全隐患。主要表现在以下几个方面：有的饲料中氮、磷、铜、锌、硒等添加量超标，重金属（如砷、汞、镉）超标，预防药物、促生长激素滥用；饲养过程中的治疗用药使用不当引起某些药物在猪体中有残留；饲料原料生产地违禁农药的使用引起了饲料中农药的残留超标；猪舍环境控制不力，屠宰时处理方式不当及大量的手工劳动污染，引起的大肠杆菌等有害菌指标的超标。近年来，随着“瘦肉精”事件的发生，猪肉产品的安全问题已经引起了有关部门及消费者的普遍关注。

三是生猪疫病严重。我国原有的对猪危害严重的疾病（如大肠杆菌病、沙门氏菌病、仔猪副伤寒、猪瘟等）尚未得到全面、有效地控制，近年来由于种猪和疫苗的进口，一些新的传染病又随之带入，如猪的繁殖障碍病、断奶仔猪衰竭综合征等，目前还没有有效的防治办法。我国对养猪生产环境中有害微生物和有害气体的快速检测和控制、环境的消毒管理规程、卫生控制规范和标准等还缺乏系统的研究。另外，种猪交流的频繁和商品猪流通的随意性，防疫体系不完善，疾病的综合防治措施不力，也严重地危害了养猪业的发展。

三、发展生猪无公害高效养殖的意义

为了满足消费者日益增长的对安全食品的需求，也为了规范无公害农产品的生产,2001 年 10 月 1 日,农业部颁布了无公害农产品生产的行业标准(NY 5029—2001、NY/T 5033—2001 等),对猪的生产场地的环境质量、饲料品质、兽药使用范围以及猪的饲养管理等方面进行了明确的规范。其中的无公害食品猪肉标准“NY 5029—2001”已更新为“NY 5029—2008”,于 2008 年 5 月 16 日颁布(附录二)。所谓无公害猪肉是指产地环境、生产过程和产品质量符合国家有关标准和规范的要求,经有关部门认定合格并允许使用无公害产品标志的未加工或初加工的猪肉产品。

在我国的膳食结构中,猪肉是我国居民消费的主要肉食品,约占肉食品份额的 65%,因此,发展无公害生猪生产意义十分重大。具体体现在以下几方面。

第一,维护消费者权益与健康的需要。随着我国经济的发展,人民生活水平的提高,我国城乡居民的生活已从温饱型向小康型转变;畜牧业的发展带动了市场供求关系的转变,猪肉市场已从卖方市场向买方市场转化,由数量型向质量型转化。我国的消费者对产品的质量尤其是食品安全问题越来越重视,消费者加强食品安全的呼声也日益强烈。为了维护消费者的权益,保障广大人民群众的身体健康,发展无公害生猪生产是我国政府也是养猪场(户)必须做出的选择,这也是推动养猪业生产水平提高,带动产业进一步发展的必经之路。

第二,环境保护的需要。由于人类生存活动的工业化程度的加快,人类生存越来越受到生存“代谢物”的危害。因此,“改善生存空间,造福子孙万代”成了人们共同关心的课题。发展无公害养殖业可以进一步带动无公害种植业,因为只有使用了种植业生产的无公害饲料,才能生产出无公害的猪肉产品。避免在生产中使用有公害物质,既有利于保护农业生态环境,促进农业的可持续发展,也有利于我国的环境保护。

在今后一个较长的时期内,我国生猪生产的发展方向将由规模扩张型(数量型)向质量效益型转变,由一家一户散养向适度规模转变。养殖场只有不断改进经营管理,采用先进技术,提高劳动效率,降低生产成本,提高产品信誉,增加产品的附加值,才能在激烈的市场竞争中站稳脚跟,获得良好的效益。

第三,养猪业持续发展的需要。我国加入世界贸易组织后,在各个生产领域,正逐步与国际市场接轨。一方面国外的各种产品可以进入国内市场;另一方面,国内的产品也可以进入国际市场,市场竞争呈现全球化。猪肉及其制品同样面临这个问题。在商品市场竞争的几个要素(即成本、商品的先进性,商品的质量保证等)中,商品的质量非常关键,而商品质量中商品的安全性至关重要。当一国的政府发现从国外进来的商品有可能危害本国人民的健康时,必然会采取措施对其进行限制和封锁。由于世贸组织的规则,许多国家为了保护本国利益免受损害,往往会利用产品质量和商品的安全的规定来阻止我国商品的进口。现在,欧美国家都制定了严格的绿色食品标准,如果我国不能生产出优质、安全卫生、无公害的猪肉及其制品,那么,进入国际市场只能是一厢情愿。相反,国外的无公害猪肉及制品反而会大量涌入国内市场,给国内市场造成强大冲击。因此,我国养猪业必须经历变革,走“安全、优质、高效、可持续发展”的路子,才能满足消费者不断提高的消费需求和适应国际市场的发展趋势。

四、无公害猪肉的认证

无公害农产品产地认定和产品认证属政府行为,归口农业管理部门。按照《无公害农产品管理办法》的规定,产地认定工作由省级农业行政主管部门负责组织实施,产品认证工作由农业部农产品质量安全中心具体负责。

根据认证工作的需要,遵循“择优选用、业务委托、合理布局、协调规范"的原则，紧紧依托国家和农业部已有的检测机构，建立遍布各省、自治区、直辖市，覆盖全国的无公害农产品认证检测体系，即无公害农产品定点检测机构。至 2012 年 3 月，农业部农产品质量安全中心已委托 184 家机构为无公害农产品检测机构。

（一）无公害农产品产地认定程序

各省、自治区、直辖市和计划单列市人民政府农业部主管部门（以下简称省级农业行政主管部门）负责本辖区内无公害农产品产地认定（以下简称产地认定）工作。

申请产地认定的单位和个人（以下简称申请人），应当向产地所在地县级人民政府农业行政主管部门（以下简称县级农业行政主管部门）提出申请，并提交以下材料：①《无公害农产品产地认定申请书》；②产地的区域范围、生产规模；③产地环境状况说明；④无公害农产品生产计划；⑤无公害农产品质量控制措施；⑥专业技术人员的资质证明；⑦保证执行无公害农产品标准和规范的声明；⑧要求提交的其他有关材料。

申请人向所在地县级以上人民政府农业行政主管部门申领《无公害农产品产地认定申请书》和相关资料，或者从中国农业信息网站（www. agri. gov. cn）下载获取。

县级农业行政主管部门自受理之日起 30 日内，对申请人的申请材料进行审查。符合要求的，出具推荐意见，连同产地认定申请材料逐级上报省级农业行政主管部门；不符合要求的，应当书面通知申请人。

省级农业行政主管部门应当自收到推荐意见和产地认定申请材料之日起 30 日内，组织有资质的检查员对产地认定申请材料进行审查。

材料审查不符合要求的，应当书面通知申请人。

材料审查符合要求的，省级农业行政主管部门组织有资质的检查员参加的检查组对产地进行现场检查。

现场检查不符合要求的，应当书面通知申请人。

申请材料和现场检查符合要求的，省级农业行政主管部门通知申请人委托具有资质的检测机构对其产地环境进行抽样检验。

检测机构应当按照标准进行检验，出具环境检验报告和环境评价报告，分送省级农业行政主管部门和申请人。

环境检验不合格或者环境评价不符合要求的，省级农业行政主管部门应当书面通知申请人。

省级农业行政主管部门对材料审查、现场检查、环境检验和环境现状评价符合要求的，进行全面评审，并做出认定终审结论。符合颁证条件的，颁发《无公害农产品产地认定证书》；不符合颁证条件的，应当书面通知申请人。

《无公害农产品产地认定证书》有效期为 3 年。期满后需要继续使用的，证书持有人应当在有效期满前 90 日内按照本程序重新办理。

（二）无公害农产品认证程序

农业部农产品质量安全中心（以下简称中心）承担无公害农产品认证（以下简称产品认证）工作。

申请产品认证的单位和个人（以下简称申请人），可以通过省、自治区、直辖市和计划单列市人民政府农业行政主管部门或者直接向中心申请产品认证，并提交以下材料：①《无公害农产品认证申请书》；②《无公害农产品产地认定证书》（复印件）；③产地《环境检验报告》和《环境评价报告》；④产地区域范围、生产规模；⑤无公害农产品生产计划；⑥无公害农产品质量控制措施；⑦无公害农产品生产操作规程；⑧专业技术人员的资质证明；⑨保证执行无公害农产品的标准和规范的声明；⑩无公害农产品有关培训情况和计划；⑪申请认证产品的生产过程记录档案；⑫“公司＋农户”形式的申请人应当提供公司和农户签订的购销合同范本、农户名单以及管理措施；⑬要求提交的其他材料。

申请人向中心申领《无公害农产品认证申请书》和相关资料，或者从中国农业信息网站下载。

中心自收到申请材料之日起，申请人应当在15个工作日内按要求完成补充材料并报中心，中心应当在5个工作日内完成补充材料的审查。

申请材料符合要求，但需要对产地进行现场检查的，中心应当在10个工作日内做出现场检查计划并组织有资质的检查员组成检查组，同时通知申请人并请申请人予以确认，检查组在检查计划规定的时间内完成现场检查工作。

现场检查不符合要求的，应当书面通知申请人。

申请材料符合要求（不需要对申请认证产品产地进行现场检查的）或者申请材料和产地现场检查符合要求的，中心应当书面通知申请人委托有资质的检测机构对其申请认证产品进行抽样检验。

检测机构应当按照相应的标准进行检验，并出具产品检验报告，分送中心和申请人。

产品检验不合格的，中心应当书面通知申请人。

中心对材料审查、现场检查（需要的）和产品检验符合要求的，进行全面评审，在15个工作日内做出认证结论。符合颁证条件的，由中心主任签发《无公害农产品认证证书》；不符合颁证条件的，中心应当在有效期满前90日内按照本程序重新办理。

任何单位和个人（以下简称投诉人）对中心检查员、工作人员、认证结论、委托检测机构和获证人等有异议的均可向中心反映或投诉。

中心应当及时调查、处理所投诉事项，并将结果通报投诉人，并抄报农业部和国家认证认可监督管理委员会（简称“认监委”）。

投诉人对中心的处理结论仍有异议，可向农业部和国家认监委反映或投诉。

中心对获得认证的产品应当进行定期或不定期的检查。

获得产品认证证书的，有下列情况之一的，中心应当暂停其使用产品认证证书，并责令限期改正。

第一，生产过程发生变化，产品达不到无公害农产品标准要求。

第二，经检查、检验、鉴定，不符合无公害农产品标准要求。

获得产品认证证书，有下列情况之一的，中心应当撤销其产品认证证书。

第一，擅自扩大标志使用范围。

第二，转让、买卖产品认证证书和标志。

第三，产地认定证书被撤销。

第四，被暂停产品认证证书未在规定限期内改正的。

获得无公害产品认证证书的单位或者个人，可以在证书规定的产品、包装、标签、广告和说明书上使用无公害农产品标志。无公害农产品标志应当在认证的品种、数量等范围内使用。认证机构对获得认证的产品进行跟踪检查，受理有关的投诉、申诉工作。

农业部、国家质量监督检验检疫总局、国家认证认可监督管理委员会和国务院有关部门根据职责分工依法组织对无公害农产品的生产、销售和无公害农产品标志使用等活动进行监督管理。

第二章 猪无公害高效养殖环境选择与猪场建筑

一、猪无公害养殖的环境选择

选择一个良好的生产环境对于无公害生猪生产意义重大，因为只有无有害物质污染的环境才能生产出无公害的产品。随着工业、农业的快速发展，大量有毒有害的污染物质进入自然界，污染环境。环境中的污染物可通过食物链转移到人的体内。在转移过程中有一个逐级富集的过程。例如，一些剧毒农药在环境中分解极其缓慢，分解一半量的时间长达10～50年，散布大气中的滴滴涕和六六六等农药有机盐的浓度只有0.000 003毫克/千克，当溶入水中为浮游生物所吸收后，就能富集到0.04毫克/千克；这种浮游生物为小鱼所吞食后，小鱼体内的农药浓度就可增至0.5毫克/千克；小鱼再为大鱼所吞食后，大鱼体内的富集浓度可达2毫克/千克；若大鱼为水鸟所吞食，水鸟体内浓度可达25毫克/千克；人和动物若食用这种鱼或鸟，就有引起公害病的危险。因此，必须选择无污染的良好生产环境，并长期加以维护、监控，才能进行无公害生猪生产。

（一）地 势

地势包括场地的形状和坡度等。理想的猪场应建在地势高燥、排水良好、背风向阳、略带缓坡的地方。不能选择沼泽地、低洼地、四面有山或小丘的盆地或山谷风口。若猪场建在山区，应选择较为平坦、背风向阳的坡地，这种地势具有良好的排水性能，阳光充足并能减弱冬季寒风的侵害。坡地坡度不宜太大，否则不利于生产管理与交通运输。地形比较平坦的坡地，每100米长高低差保持在1～3米比较好，这不仅不会受到山洪雨水的冲击与淹没，也便于排水，保持场内干燥；如坡度过大，建筑施工不便，也会因雨水常年冲刷而使场区坎坷不平。一般来说，低洼潮湿的场地，不利于空气流通，而有利于病原微生物和寄生虫的生存。在南方的山区、谷地或山坳里，畜舍排出的污浊空气有时会长时间停留和笼罩该地区，造成空气污染，这类地形都不宜作猪场场址。

地形要开阔整齐，不要过于狭长，场地狭长往往影响建筑物合理布局，拉长了生产作业线，同时也使场区的卫生防疫和联系不便。此外，根据发展，应留有余地。我国的大部分地区，猪场不应建在山坡的北坡上。

（二）土　质

猪场场地的土壤情况对猪也有影响。土壤透气透水性、抗压性以及土壤中的化学成分等，不仅直接或间接影响场区的空气、水质和植被的生长状态，还可影响土壤的净化作用。从猪场要求来看，沙壤土较为理想，透气性好，不利于病原微生物的繁殖。但在实际生产中，土壤类型的地区性很强，选择的余地极小。土壤对现代化养猪相对来说影响较小。须重视的是当地的土壤卫生状况，应该选一个没有养过猪的地点来建猪场，或者至少没有发生过大规模猪传染病的地方。否则，要做好卫生消毒处理。

（三）水　源

猪场用水量大。在猪场的生产过程中，猪的饮水、猪舍和用具的洗涤、员工的生活与猪场绿化等都需要使用大量的水，所以建造一个猪场必须有一个可靠的水源。水源应符合以下要求：①水量充足，能满足各种用水，并考虑防火和未来发展的需要；②水质良好，不经过任何处理即能符合饮用水标准的水最为理想；③便于防护，以保证水源水质经常处于良好状态，不受周围环境条件的污染；④取用方便，设备投资少，处理技术简便易行。

水质主要指水中无病原微生物和有害物质。一般来说，自来水主要考虑管道口径是否能够保证水量供应；地面水要调查有没有工厂、农业生产和牧场污水与杂物排入，最好在塘、河、湖边设一个岸边沙滤井，对水源做一次渗透过滤处理。地下深水井水应请卫生防疫站对水质分析，以保证猪体和场内职工的健康和安全。猪场的饮用水水质应经常进行检测，水质标准必须符合《无公害食品　畜禽饮用水水质》(NY 5027—2008)的要求(表 2-1)。

表 2-1　畜禽饮用水水质安全指标(NY 5027—2008)

项　目		标准值(畜)
感官性状及一般化学指标	色(°)	≤30°
	浑浊度(°)	≤20°
	臭和味	不得有异臭、异味
	总硬度(以 $CaCO_3$ 计，毫克/升)	≤1500
	pH 值	5.5～9.0
	溶解性总固体(毫克/升)	≤4000
	硫酸盐(以 SO_4^{-2} 计，毫克/升)	≤500
细菌学指标	总大肠杆菌群，MPN/100 毫升	成年畜 100，幼畜和禽 10
毒理学指标	氟化物(以 F^- 计，毫克/升)	≤2.0
	氰化物(毫克/升)	≤0.20
	砷(毫克/升)	≤0.20
	汞(毫克/升)	≤0.01
	铅(毫克/升)	≤0.10
	铬(毫克/升)	≤0.10
	镉(毫克/升)	≤0.05
	硝酸盐(以 N 计，毫克/升)	≤10.0

(四)电　源

选择养猪场场址时,还应重视供电条件,特别是机械化程度较高的养猪场,更要具备可靠的电力供应。另外,为减少供电线路的投资,应靠近输电线路,尽量缩短新线路架设距离。猪场应建有供猪场饲料加工的380伏的三相电网和供应猪场照明的220伏的两相电网。猪舍内的供电系统与场内的供电网相连接,要保证舍内的生产用电。各猪舍应根据系统中供暖、降温、空气净化处理设备的设置设计供电线路、插座及开关。除照明设备外,各猪舍内均应设置插座和开关,并设置动力线插座,以进行高压冲洗和消毒。产房需设计保温箱取暖及通风、降温等用电设施。

(五)场地环境

猪场场地环境必须遵循无公害管理规定和社会公共卫生规则,同时要考虑交通便利和有利防疫。猪场场址应该选在供电方便,交通便利,与主要交通干道保持较远距离,与工厂、居民区和飞机场保持一定距离的地方,以便于饲料、生猪和猪粪的运输,防止养猪场受外界环境的影响,以及有利于猪场防疫。为了避免引起环境污染纠纷,最好把地点选在当地夏季主风向的下风向,地势低于居民点,但要离开居民点污水排出口,更不应选在化工厂、屠宰厂、制革厂等容易造成环境污染企业的下风处或附近。猪场物资需求和产品供销量极大,因此交通要便利,要修建专用道路与公路相连。但从防疫方面讲,又不希望有较多外来车辆通过,故与主干道应保持一定的距离,然后建一段500～1 000米的专用道路通到场里。

总之,合理而科学的选择场址,对组织猪场高效、安全的生产具有重大意义。

二、猪场的布局与建筑设计

(一)猪场布局

场址选定以后,即可考虑猪场总体规划和合理布局。场内各建筑物的安排,要做到利用土地经济,布局整齐,建筑物紧凑,尽量缩短供应距离。整个猪场要划分为生产区、管理区和生活区(图 2-1)。

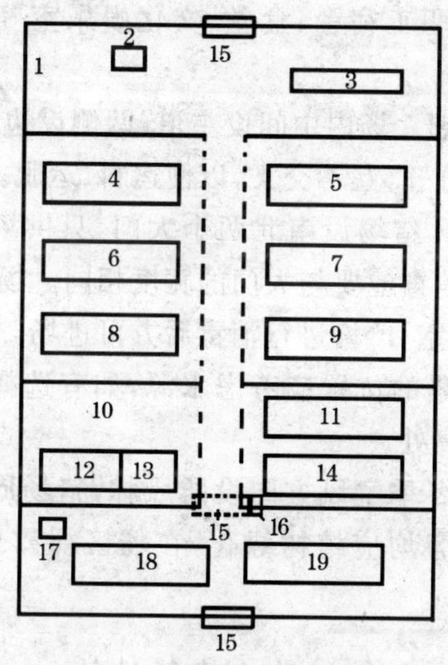

图 2-1 猪场平面布局示意图

1. 贮粪场 2. 沼气池 3. 病猪隔离舍 4～9. 肥育猪舍 10. 种猪运动场 11. 母猪舍 12. 公猪舍 13. 采精操作室 14. 母猪舍 15. 消毒池 16. 消毒更衣室 17. 水塔 18. 办公室与宿舍 19. 饲料加工间与库房

1. 生产区 生产区是养猪场的主体部分,包括各类猪群的猪舍和生产设施。应根据各类猪群的生物学特性和生产利用特点,安排各类猪群的猪舍。种猪舍要与其他猪舍分开,应安排在上风方向，公猪舍放在较为安静的地方，与母猪舍保持一定距离。分娩舍要靠近妊娠母猪舍，又要挨近保育舍，育成舍靠近肥猪舍，肥猪舍放在下风方向。人工授精室应设在公猪舍的一侧。为了避免运输车辆进入生产区，装猪台应放在肥猪舍的下侧。生产区的入口应设消毒间和消毒池。

2. 管理区　包括猪场生产管理所必需的附属建筑物，如饲料加工车间、饲料仓库、变电室、锅炉房、水泵房、办公室、接待室、车库等。

3. 生活区　职工宿舍、食堂、文化娱乐室等，应设在下风方向，以免影响猪群。

4. 道路的规划　场内中间设主道，两侧设边道。场内道路应设净、污道，互相分开，互不交叉，以便运料、运肥。

5. 消毒设施　猪场设南北两个大门，只供场内运输使用，平时关闭。大门的消毒池要与大门的宽度相同。场内工作人员专用门，应设消毒更衣室，严格进行消毒后方可进场。

6. 水塔　水塔的位置应考虑水源，如有选择余地，水塔安排在猪场的地势最高处。

7. 绿化　在冬季主风方向设防风林，猪场周围设隔离林，猪舍之间的道路两旁均应植树绿化，在场区裸露地面的地方种草养花。

（二）猪舍建筑设计

无公害猪舍和其他猪舍类似，差异之处在于无公害猪舍更注重猪舍的建筑，从而减少疾病的发生，更加有利于环境的控制和粪污的处理。我国南方地区气候炎热，主要是防暑、防潮；北方地区干燥寒冷，主要考虑保温和通风；沿海地区多风，应注意猪舍的坚固性和防风设施；山区风大多雪，特别要注意屋顶的坚固厚实。

无公害规模养猪与传统养猪相比，从饲养方式到猪舍建筑的形式、结构、材料都有很大的变化。过去的猪舍多为敞开式或半敞开式，而规模养猪则采用封闭式猪舍，这样的猪舍要适应生产工艺流程的要求，要建立适宜的、相对稳定的养猪环境，能作为各种机电设备的安装基础，以实现全进全出，确保有计划地高效生产。

随着养猪业的发展，猪的福利越来越引起关注。无公害养猪的同时，在猪舍内安装一些玩具，控制环境卫生以及饲养密度等，可提高猪的福利。

（三）猪舍建筑要点

饲养公、母猪和肥育猪的圈舍要分别建筑，不要混在一起。猪舍的方位，应坐北朝南，或坐西北朝东南。在农村应在村南或在农家庭院的南面或东南面，避开西北风的直吹，同时保护人们的居住环境不被污染。选择地势高燥、排水性好的地方建猪舍，要注意使猪舍与交通要道及居民区保持一定距离，以免相互污染。新建猪舍时，不宜在旧猪舍地方拆旧盖新。如果实在找不到新的地方，必须把旧舍拆后彻底把土翻新，用5%的烧碱水消毒，翻晒1个月后，再建新猪舍，以消灭旧舍寄生虫、病毒及细菌，净化猪舍。猪舍要采光充足，应南面安大窗，北面设小窗，有利于扩大光照和防北风劲吹。猪舍圈墙应适当加厚，特别是北墙要厚。猪舍最好设天棚，以防屋顶的太阳辐射热，对防寒也有重大作用。为增加通风换气量，可安装通风设备或在猪舍北墙根部设通风小窗，低温季节可以堵封，保持舍内温度。不论新建或改建猪舍，都要合理安排粪尿等废弃物的处理设施。

（四）猪舍类型

1. 按屋顶形式划分 包括坡式、拱式、半钟楼式和钟楼式四种。

（1）坡式 又分单坡式、不等坡式和等坡式三种。单坡式构造简单，通风透光，排水好，投资少，但冬季保温性差；不等坡式主要优点同单坡式，但保温性好，投资较多；等坡式基本优点与不等坡式相同，但要求建筑材料较高。

(2)拱式　不需木、瓦等建筑材料，对设计结构要求严格，如用“花心拱壳砖”，冬暖夏凉。

(3)钟楼式和半钟楼式　利于采光通风，夏季凉爽，但冬季保温不太理想。

2. 按猪舍的封闭程度划分　包括开放式、半开放式、有窗式和无窗式四种。

3. 按猪栏排列方式划分　包括单列式、双列式、多列式、连体式四种。

(1)单列式　在猪舍内，猪栏排成一列，根据形式又可分为带走廊的单列式与不带走廊的单列式两种。一般靠北墙设饲喂走道，舍外设运动场，跨度较小，结构简单，建筑材料要求低，省工、省料，造价低，维修方便。单列式猪舍适用于妊娠舍和肥育舍。这种猪舍造价稍高，但冬暖夏凉，特别是冬季保温效果较好。其占地面积较大，一般适合年出栏量在100～300头肥猪的规模化猪场。

(2)双列式　双列式猪舍舍内有南北两列猪栏，中间设一走道，有的还在两边设清粪通道。这种猪舍建设面积利用率较高，管理方便，保温性能好，便于使用机械。较适于规模较大、现代化水平较高的猪场所使用。但这种猪舍跨度较大，结构复杂，造价较高，一般适用于种猪场猪群的生长和繁殖。

(3)多列式　是指在一栋猪舍内将猪栏排成三列或者三列以上，每列之间设有走道。这种猪舍保温好，利用率高，但构造复杂，造价高，通风降温困难。

(4)连体式　由两栋或两栋以上的圈舍连接在一起，这种猪舍容纳的生猪数量多，猪舍面积的利用率高，节省土地，保温效果好，节约建筑成本，有利于充分发挥机械的效率，因此多为大型机械化养猪场所选用。同时,这种猪舍对防疫要求很高。

三、常用饲养设备

(一)猪　栏

按猪栏构造的不同,猪栏分为实体猪栏、栏栅式猪栏、综合式猪栏和装配式猪栏,见图 2-2 至图 2-5。

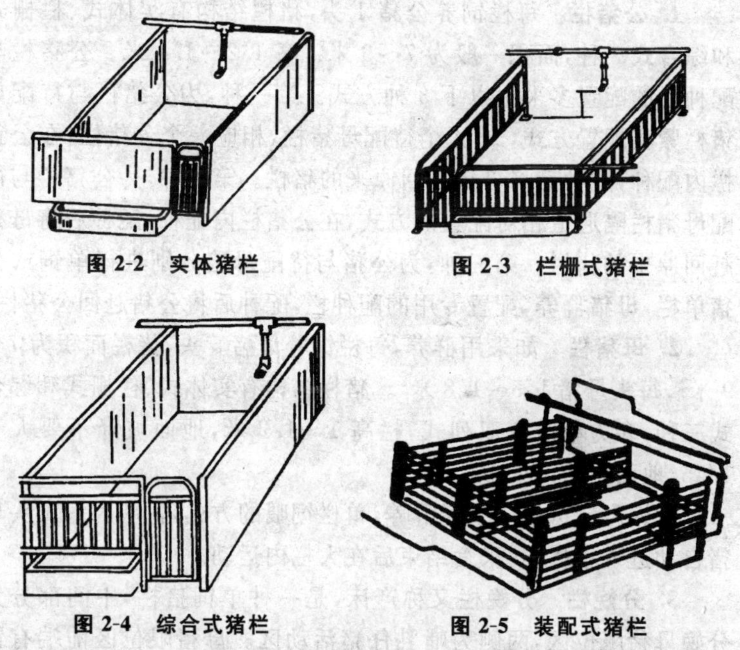

图 2-2　实体猪栏　　图 2-3　栏栅式猪栏

图 2-4　综合式猪栏　　图 2-5　装配式猪栏

实体猪栏为钢筋混凝土预制板或半砖厚双面抹水泥砂浆短墙等构成,优点是造价低,防风,安静,减少疾病传染。缺点是视线受阻,通风不良。栏栅式猪栏常用钢管、角钢、圆钢、钢筋等焊接成栅状,经装配固定而成。优点是通风、视线好,便于防疫消毒,但造价较高。综合式猪栏有两种形式，一种是两猪栏相邻的隔栏，采用实体砖砌短墙结构，走道正面为栅栏结构；另一种是猪栏下为砖砌实体结构(约为 1/2)，上部为栅栏结构，改进了实体猪栏视线和通风不良的缺点。装配式猪栏由立柱和钢管组成，立柱上有横向和纵向孔，随猪体型大小、数量多少的变化，猪栏可做相应调整。

养猪场应根据各种类型猪的生理特性建造猪栏。猪栏的种类分为公猪栏、空怀母猪栏、妊娠母猪栏、母猪分娩栏(产仔栏)、仔猪保育栏和生长肥育猪栏等。

1. 公猪栏 每栏饲养公猪 1 头，猪栏结构有实体式、栏栅式和综合式 3 种，面积一般为 7～9 米^2，高 1.2～1.4 米。公猪栏与配种栏的配置多采用以下 3 种方式。第一种，为公猪栏与待配母猪栏紧密配置方式，3～4 个待配母猪栏，相应一个公猪栏，在公猪栏内配种，配种后将母猪赶回原来的猪栏。第二种，为公猪栏与待配母猪栏隔通道相对配置的方式，在公猪栏内配种，配种后将母猪赶回原来的猪栏。第三种，为公猪与待配母猪分别进行单饲或公猪单栏，母猪群养，配置专用的配种栏，配种后将公猪赶回公猪栏。

2. 母猪栏 如采用群养，每栏饲养母猪 5 头，猪栏面积为 7～9 米^2，每头母猪 1.5～1.8 米^2。猪栏结构有实体式、栏栅式和综合式三种，多为单走道双列式，栏高 1～1.2 米，地面坡降不要大于 1/45，地面做防滑处理。

妊娠母猪可采用大栏群养，单栏饲喂的方式，饲喂时每 1 头母猪自动进入小栏内，采食结束后在大栏内运动。

3. 分娩栏 分娩栏又称产床，是一种单饲猪栏，中间部分为分娩母猪限位区，两侧为哺乳仔猪活动区。母猪限位区前端有饲料槽和饮水槽(或自动饮水器)，后端有防母猪后退的装置(杆状或片状)。在仔猪活动区设有仔猪保温箱、补料槽和自动饮水器，保温箱可采用加热地板、红外线灯等作为电源，提高局部环境的温度。分娩栏长度为 2.2～2.3 米，宽度为 1.8～2.0 米(母猪限位区宽度为 0.6～0.65 米)。

目前国内多数规模猪场的母猪分娩栏采用高床扣栏，长 2.1～2.3 米，宽 1.7～1.8 米，前 1/2 处高 1.1 米，后 1/2 处高 0.9 米的保仔架。母猪躺卧区，前 1/2 床面为 0.8～0.95 米的木板和钢筋网床，后 1/2 床面为钢筋网床(间隔 10 毫米，直径 8～10 毫米的网床)。仔猪活动区用直径 6.5 毫米的钢筋焊接成仔猪网床，间隙为 8～10 毫米，其中一侧镶嵌一块 0.5～0.6 米的木板，供仔猪躺卧(图 2-6)。

4. 仔猪保育栏 仔猪断奶后转入保育栏。通常有钢筋编织的漏缝地网、围栏、自动饲槽和连接卡等组成。

猪栏由支撑架设在粪沟上面，猪栏多为双列式或多列式。底网有全漏缝和半漏缝 2 种，多用直径 5 毫米的钢筋编织而成，或用钢筋直接焊接，或用全塑料漏缝地板(图 2-7)。

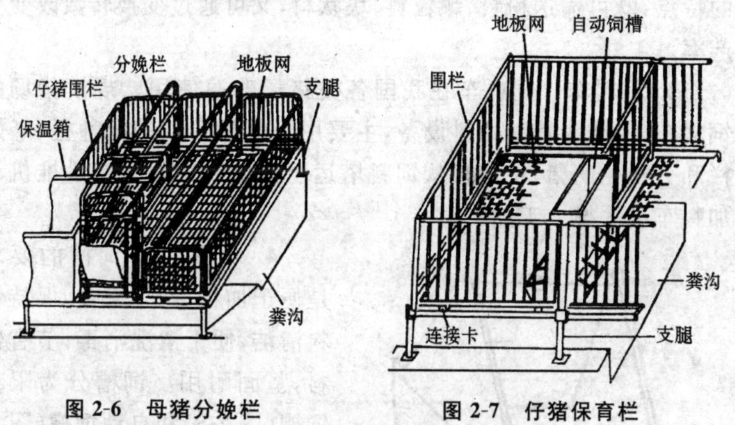

图 2-6 母猪分娩栏　　图 2-7 仔猪保育栏

5. 生长肥育猪栏 生长猪栏，猪从保育栏转入，一般养至 180 日龄，多为大栏群养，自由采食。猪栏结构有实体式、栏栅式和综合式 3 种，每头猪所占面积前期为 0.5～0.7 米^2，后期为 0.9～1 米^2。栏高 0.9～1 米。多为中间带走道的双列式猪栏。

（二）饲喂设备

选择什么样的饲喂设备，应考虑猪场的规模、资金、劳力、饲料资源和饲料形态等。理想的方法是将饲料厂加工的饲料，用运输车送入贮料塔，再通过螺旋或其他输送机，将饲料直接送进饲槽或自动饲箱。一些猪场采用智能化母猪自动饲喂系统。

1. 饲料塔　饲料塔多用2.5～3毫米镀锌板压型组装而成。容量一般2～10吨不等，贮存时间不宜过长，以2～3天为宜。应考虑气候、饲料含水量等因素。饲料塔各连接处要密封，应安出气口和饲料提示器。

2. 饲料运输机　运输机是将饲料塔中的饲料输送到猪舍内，分送到饲料车、饲槽或自动食箱内。目前国内常使用卧式绞龙输送机和链式输送机。卧式绞龙输送机具有结构简单、适用范围广的特点，既可输送粉料、颗粒料、块状料，又可通过变换转数改变生产率。

3. 饲料车　饲料车在我国各类猪场普遍使用。规模猪场的饲料车，仅作为辅助送料设备，主要用于定量饲养的配种栏、妊娠栏和分娩栏的猪，将饲料从饲料塔运至饲槽。饲料车有手推机动加料车和手推人工加料车。

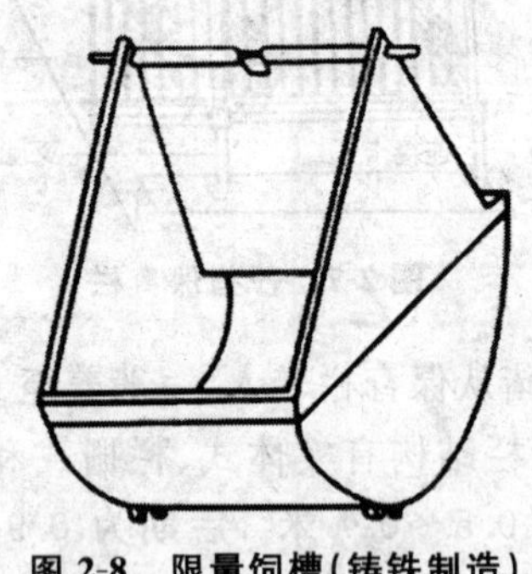

图2-8　限量饲槽(铸铁制造)

4. 饲槽　对饲槽的要求是便于加料，利于采食，保持饲料清洁，便于清洗消毒，节省饲料，坚固耐用。饲槽分为限量饲槽(图2-8)和自动饲槽(图2-9)。限量饲槽采用金属或水泥制成，多用于母猪的饲养。自动饲槽是在饲槽的顶部安放一个饲料贮存箱，猪采食时贮存箱内的饲料靠重力不断地流向饲槽，多用于保育和生长肥育的猪群。

5. 智能化自动饲喂系统 该系统不仅能使饲料保持新鲜，不受污染，减少包装、装卸和散漏损失，而且还可以实现机械化、自动化作业，节省劳动力，提高劳动生产率。由于这种供料饲喂设备投资大，需要电，目前只在少数有条件的猪场应用。随着劳动成本的增加，大型规模猪场采用该项技术是一种趋势。

图 2-9 自动饲槽

母猪自动化饲喂系统的优点是：①自动供料。整个系统采用“贮料塔＋自动下料＋自动识别”的自动饲喂装置，实现了完全的自动供料。②自动管理。通过中心控制计算机系统的设定，实现了发情鉴定、舍内温度、湿度、通风、采光、卷帘等的全自动管理。③节省大量的劳动力，提高了工作效率。④对母猪实行精确管理，提高了母猪的繁殖性能。

（三）供水、饮水设备

无公害猪场不仅需要大量饮用水，而且各生产环节还需要大量的清洁用水，这些都需要由供水、饮水设备来完成。因此，供水、饮水设备是猪场不可缺少的设备。

1. 供水设备 猪场供水设备包括水的提取、贮存、调节、输送分配等部分，即水井提取、水塔贮存和输送管道等。供水可分为自流式供水和压力供水。小型猪场一般使用贮水槽或罐放置高处，利用压力差实行自流式供水；大型规模猪场的供水一般都是压力供水。

2. 饮水设备 猪场的饮水设备有水槽和自动饮水器两种形式。水槽是我国传统的养猪设备，有水泥水槽和石槽等，这种设备投资小，较适合个体养殖户或没有自来水的小型猪场，其缺点是必须定时加水，工作量较大，且水的浪费大，卫生条件也差。自动饮水器可以日夜供水，减少了劳动量，且清洁卫生，一般规模化猪场多采用这种形式。

猪用自动饮水器的种类很多，有鸭嘴式、乳头式、杯式等(图2-10)，当前猪场应用最为普遍的是鸭嘴式自动饮水器。

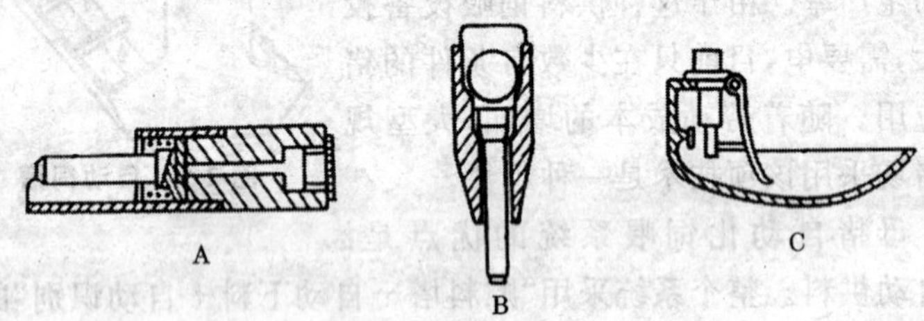

图 2-10　自动饮水器

A. 鸭嘴式饮水器　B. 乳头式饮水器　C. 杯式饮水器

(四)保暖、通风、降温设备

1. 供热保温设备　公猪、母猪和肥育猪等大猪，由于抵抗寒冷的能力较强，再加之饲养密度大，自身散热可以保持所需的舍温，一般较少考虑供暖。而分娩后的哺乳仔猪和断奶仔猪，由于热调节功能发育不全，对寒冷抵抗能力差，要求较高的舍温，在冬季必须考虑供暖。

猪舍的供暖分集中供暖和局部供暖两种方法。集中供暖是由一个集中供热设备向猪场供暖。猪场常用的是锅炉水暖设备，近几年也有使用暖风炉或地热进行供暖的。产房常采用集中供暖。哺乳仔猪采用局部供暖。猪舍局部供暖最常用的设备有电热地板、热水加热地板、电热灯等。利用发酵床垫料产生的生物热，也可以提高仔猪腹感温度，增加冬季舍内的环境温度。

2. 通风设备　常常利用自然通风。自然通风省电、省投资，然而风速、通风量受外界因素影响太大，所以在猪场建设时必须考虑机械通风。猪场可采用负压通风和正压通风。通风机配置的方案较多，其中常用的有以下 4 种：侧进（机械），上排（自然）通风（图 2-11-A）；上进（自然），下排（机械）通风（图 2-11-B）；机械进风（舍内进），地下排风和自然排风（图 2-11-C）；纵向通风，一端进风（自然）一端排风（机械）。

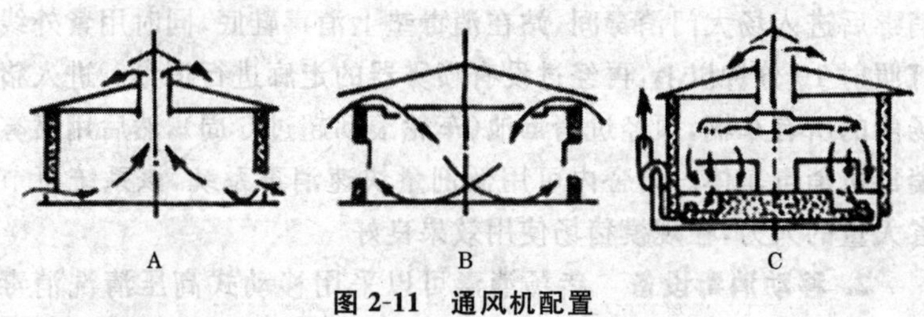

图 2-11　通风机配置

A. 上排自然通风　B. 下排机械通风　C. 机械进风与地下自然排风

3. 降温设备　虽然通风是一种有效的降温手段，但是它只能使舍温降低至接近于舍外环境温度。当舍外环境温度大于养猪生产的最高极限温度（28℃～30℃）时，在通风的同时还应采取降温措施，以保证舍温控制在适宜的范围内。规模猪场常用的降温系统有湿帘一风机降温系统、喷雾降温系统、喷淋降温系统和滴水降温系统，后三种降温系统湿度大，不适合于分娩舍和保育舍。湿帘一风机降温系统是目前最为成熟的蒸发降温系统，其蒸发降温效率可达到 75%～90%，室内温度降低 5℃～7℃，已经逐步在世界各地广泛使用。

为了更好控制舍内环境及提高养殖效益，一些现代化的规模猪场安装自动控温通风系统。在猪舍内将控温系统、通风系统甚至饮水系统等不同系统通过计算机软件控制，设计好控制的温度、湿度、氨气浓度等参数，进行自动化控制。安装自动控温通风系统，成本较高，但猪舍环境控制效果良好。

（五）消毒设备

完善消毒设备，提高消毒效果，有助于减少猪病的发生及药物使用，有利于猪的无公害养殖。

1. 固定消毒设备　猪场常用的固定消毒设备主要是喷雾消毒机，分为人用和车用两类。进入猪场前的所有人员，须先经洗手消毒后进入场大门消毒间，站在消毒垫上消毒鞋底，同时用紫外线灯照射10分钟以上，再经过设有喷雾器的走廊进行消毒。进入猪场前的所有车辆，须经过消毒池（车轮滚动超过5周），然后用喷雾消毒机消毒车体。猪舍内可用低剂量快速消毒系统，该系统可节省大量的人力，在规模猪场使用效果良好。

2. 移动消毒设备　猪场消毒可以采用移动式高压清洗消毒机，由动力部分（电动机、汽油机）、高压泵、贮液罐、喷枪、行走轮等构成，其中喷枪为可调节式，喷射水柱可用于圈栏、设备、器具清洗，对圈栏、设备、器具及空气进行喷雾消毒。另外可以用简单的高压喷枪消毒，该装置需要改变喷头垫片，使喷出的消毒液雾化。

3. 火焰消毒设备　火焰消毒器是将煤油或柴油高压雾化后燃烧，产生高温火焰，对地面、猪栏、器具等快速杀菌消毒。火焰消毒器与药物消毒配合使用才具有最佳效果，先用药物消毒后，再用火焰消毒器消毒，杀菌率可达97%以上。

（六）粪尿处理设备

无公害养殖时应注意粪尿的污染。粪尿不但污染空气环境，而且透过地层污染地下水，还会导致猪病毒病菌的再次传播。农业部关于加快推进畜禽标准化规模养殖的意见（农牧发[2010]6号）中要求“畜禽粪污处理方法得当，设施齐全且运转正常，达到相关排放标准，实现粪污处理无害化或资源化利用”。畜禽粪便处理时应遵循《畜禽粪便无害化处理技术规范》（NY/T 1168—2006）。

猪场可将猪粪污干湿分离，干粪还田，污液可用于沼气发酵。也可利用发酵床技术进行粪污原位消纳，将含有粪污的废弃发酵床垫料作为有机肥利用。

粪尿处理时，面临的首要问题是清粪。猪场的清粪有人工清粪、机械清粪和水冲清粪等几种形式。个体养殖户及规模较小的猪场一般采用人工清粪，其劳动量和强度均较大；机械清粪一般要配合漏缝地板使用，其主要形式有铲式清粪机和刮板式清粪机；另外，也有猪场采用漏缝地板配合水冲清粪。后两种形式多为规模化养猪场所采用。

四、猪场环境控制

（一）温　度

1. 猪的临界温度　猪是恒温动物，无论环境温度高低，都能借物理调节（增加散热或减少散热）和化学调节（减少产热或增加产热）来保持恒定的体温。当环境温度下降，猪体散热增加时，需提高代谢率，增加产热量来保持体温恒定。这种开始提高代谢率的温度叫做临界温度。在临界温度与过高温度之间的环境温度条件下，猪体不需要产生额外的热能来维持体温和散发体热，猪既不感觉冷，也不感觉热，称为等热温度或猪的适宜温度。此时猪的增重最快，生长发育最好。由于猪的年龄、体重等不同，其临界温度也不一样（表 2-2）。

表 2-2　猪的临界温度和适宜温度　（℃）

类　别	适宜温度	最高温度	最低温度
种公猪	13～19	25	10
空怀及妊娠前期母猪	13～19	27	10

续表 2-2

类　别	适宜温度	最高温度	最低温度
妊娠后期母猪	16～20	27	10
哺乳母猪	18～22	27	13
哺乳仔猪	30～32	34	28
培育仔猪	18～22	30	16
育成猪	15～18	27	13
肥育猪	12～18	27	10

引自王爱国．现代实用养猪技术．北京：中国农业出版社，2005

2. 温度对猪的影响　据试验，气温每低于临界温度 1℃，肥育猪平均日增重减少 10～30 克。通常肥育猪需要的适宜温度为 12℃～18℃，高于 27℃和低于 10℃时，对增重不利。

对于仔猪而言，仔猪怕冷不怕热，寒冷易导致初生仔猪冻僵、冻死，同时寒冷又是引起仔猪腹泻的主要诱因。因此，在冬季和早春产仔时，要做好产房的保温工作，如挂棉帘、铺垫草、安装仔猪保温箱、红外线灯、电热板(伞)和暖气等。

3. 防暑降温与防寒保暖　为了提高猪的生产性能，增加养猪经济收益，在生产中要给猪创造适宜的环境温度。在夏季做好猪舍防暑降温工作，如对封闭式猪舍采取通风降温，开放式猪舍在猪舍前植树或搭遮阳棚，栏内洒水降温等。冬季堵严窗户，门上挂帘，采取升(保)温措施等。尽量使猪舍做到冬暖夏凉。

(二)湿　度

湿度通过影响猪的体热平衡而影响其生产水平。在适宜温度条件下，湿度一般不影响猪的增重。但在高温或低温情况下，湿度的影响就比较明显。一些研究认为，不同生猪猪舍的适宜温度和空气相对湿度是：仔猪 20℃～35℃条件下，空气相对湿度为

50%～70%;40～80 千克体重的肥育猪,在 20℃条件下,空气相对湿度为 70%;80～110 千克体重的肥育猪,最适温度为 15℃,空气相对湿度为 80%。对繁殖母猪来说,环境温度超过 26℃或低于 18℃,空气相对湿度高于 80%或低于 55%,对发情有不良影响。因此,一般猪舍温度在 20℃左右,空气相对湿度在 55%～80%为宜。

(三)光　照

适量的光照对机体有利。紫外线可促使体内合成维生素 D_2 和维生素 D_3,促进钙的吸收,并有杀菌和增强免疫力的作用。在冬季低温时,可使舍内增温。

试验证明,适宜的光照能提高繁殖母猪的生产水平。当猪舍光照从 10 勒提高到 60～100 勒时,繁殖力提高 4.5%～8.5%,初生窝重提高 0.7～1.6 千克,仔猪育成率提高 7.7%～12.1%,断奶体重提高 14.8%,日增重提高 5.6%。当种公猪每天有 8～10 小时、100～150 勒的光照时,其物质代谢正常、精液品质良好。肥育猪舍人工光照提高到 40～50 勒,对物质正常代谢有利,并能增强抗应激性和提高增重。但是,过高的光照度(120 勒以上)则产生有害作用,会引起增重下降。

因此,为了提高种猪、肥育猪的生产性能,自然和人工光照度应当保持在 50～100 勒,每天光照时间为 8～10 小时。

(四)有毒有害气体

1. 氨　猪舍内氨是由粪尿、饲料和垫草等分解而来。据报道,猪舍内含氨 50 毫克/米^3 时,对猪产生有害影响;氨达 150 毫克/米^3 时,能使猪的日增重降低 17%,饲料利用率下降 18%。低浓度的氨长期作用可引起猪的抵抗力降低,发病和死亡率增高。所以应及时清除猪舍粪便,通过通风换气,保持猪舍空气清新。

我国无公害养殖 GB 18407.3 规定,场区氨量 25 毫克/米^3,猪舍中<20 毫克/米^3。

2. 硫化氢　硫化氢是恶臭气体，是由猪舍内粪、尿、饲料、垫草等含硫有机物分解而成。猪长期生活在低浓度硫化氢的空气中会感到不适，生长缓慢，会引起眼炎、咳嗽、肺水肿等，还可使猪的体质变弱，抗病力降低。猪舍内硫化氢的浓度为 20 毫克/米^3 时，猪变得畏光，丧失食欲。

我国无公害养殖 GB 18407.3 规定，场区空气硫化氢含量<3 毫克/米^3，猪舍中<15 毫克/米^3。

3. 二氧化碳　猪舍内的二氧化碳主要来自猪的呼吸。例如 1 头体重 100 千克的肥猪，在正常情况下，1 小时排出 43 升二氧化碳。二氧化碳本身虽然无毒，但高浓度长期作用可造成缺氧，使猪精神不振，食欲减退，增重减少。

我国无公害养殖 GB 18407.3 规定，场区二氧化碳含量<750 毫克/米^3，猪舍中<2 950 毫克/米^3。

（五）饲养密度

饲养密度是指单位面积饲养的猪数或每头猪占有的面积。饲养密度过大，夏季不利于猪体散热；冬季虽能提高猪舍温度，但会使舍内空气污浊，降低猪的生长速度，同时影响猪的正常生长发育。饲养密度过小，不能充分利用猪舍和其他设施，造成浪费；冬季还会导致耗料增多，降低养猪收益。一般哺乳母猪每头应占猪舍面积 3～4 米^2，每头断奶仔猪 0.3～0.4 米^2，每头肥育猪 0.8～1 米^2（表 2-3）。

表 2-3　各类猪占地面积及每栏头数推荐值

猪　别	体重（千克）	每头占地面积（米^2）	每栏存养头数
妊娠母猪	—	4	1
空怀母猪	—	4	1～2

续表 2-3

猪　别	体重(千克)	每头占地面积(米^2)	每栏存养头数
肥育猪	35～100	0.8～1.0	4～8
种公猪	—	6	3～1
断奶仔猪	10～20	0.4	10～20

第三章　猪无公害高效养殖品种选择与经济杂交

一、猪的经济类型与优良品种

（一）猪的经济类型

猪的经济类型是按其经济用途和产肉品质的不同而划分的。根据肥、瘦肉所占胴体（屠宰后除去头、蹄、尾、内脏，保留板油和肾脏的屠体）重量的比例划分为瘦肉型、脂肪型和兼用型三种。

1. 瘦肉型　这类猪以生产瘦肉为主，胴体膘薄脂少，瘦肉多。其外形特征是体躯细长呈流线形，四肢较高，前后躯发育良好，背宽腹平，肌肉丰满，体长一般大于胸围15～20厘米。胴体背膘厚3.5厘米以下，胴体瘦肉率达55%以上，肥肉仅占胴体的30%左右。引进的大约克夏猪、长白猪、杜洛克猪和汉普夏猪以及国内培育的三江白猪、湖北白猪、浙江中白猪和苏太猪均属此种类型。

2. 脂肪型　这类猪沉积脂肪能力强，胴体膘厚脂多，瘦肉少。其外形特征是体躯短圆，四肢细短，全身肥满，下颌沉垂多肉，背腰宽阔，臀部宽平而厚，体长与胸围大致相等甚至小于胸围。胴体背膘厚4～5厘米，高者达7厘米，胴体瘦肉率低，平均35%～45%。我国大多数地方品种猪属于此种类型。

3. 兼用型　这类猪生产瘦肉和脂肪的能力相近，胴体中瘦肉和肥肉的数量相差不多。其外形特征介于瘦肉型和脂肪型之间，各项生产性能都较好。胴体背膘厚在4厘米左右，瘦肉和脂肪各占胴体重的40%～45%。我国大多数培育猪种如上海白猪、北京黑猪、哈白猪、汉中白猪、新淮猪均属此种类型。

（二）国外引进瘦肉型猪

1. 大约克夏猪 大约克夏猪又叫大白猪或大约克猪，原产于英国。是目前世界上数量最多、分布最广的瘦肉型猪种。该品种生长快，饲料利用率高，适应性强，产仔较多，体质健壮，瘦肉率较高。

大约克夏猪全身被毛白色，少数猪额部有小块暗斑。头颈比较瘦长，额部宽阔，有的面部微凹，耳朵中等大小、直立。前躯较轻，背宽腹平，体格大，躯干宽广直长，大腿丰满，四肢高而结实。成年公猪体重 250～300 千克，母猪体重 200～250 千克。母猪繁殖性能较好，初产母猪产仔 9 头以上，经产母猪产仔 9～11 头。在较好饲养条件下，肥育猪 6 月龄体重超过 90 千克，瘦肉率达 58%～63%。

以大约克夏公猪作父本与地方猪种母猪进行杂交，杂交效果明显。二元杂交商品猪的瘦肉率达 50%～53%。在纯种瘦肉型猪杂交时，常利用大约克夏母猪作母本。

2. 长白猪 长白猪原名兰德瑞斯，产于丹麦。其主要优点是产仔数较多，生长快，耗料少，瘦肉率高。是当今世界上最优秀、分布较广的瘦肉型猪种之一。

长白猪全身被毛白色，背腰特长，脊椎骨比其他品种多 1～3 块。头小清秀，颜面平直。耳长且大，向前平伸。前躯浅狭，腹线平直而不松弛，后躯肌肉发达，臀部丰满，骨细皮薄。成年公猪体重 350～400 千克，母猪体重 220～300 千克。母猪繁殖性能较好，初产母猪产仔 8～10 头，经产母猪产仔 10～12 头。在较好饲养条件下，肥育猪 6 月龄体重超过 90 千克，瘦肉率达 60%～65%。缺点是对饲料条件要求较高，易患四肢病、皮肤病，四肢较软弱。

利用长白猪公猪作父本与国内地方猪种母猪进行二元杂交或三元杂交，杂交效果明显。二元杂交商品猪瘦肉率达 52%～

55%,三元杂交商品猪瘦肉率达55%～58%。饲养实践证明,长白猪更适合作第二父本生产三元杂交商品猪。

3. 杜洛克猪 杜洛克猪原产于美国,于19世纪60年代在美国东北部育成。主要优点是,性情温驯,体质健壮,生长速度快,饲料利用率高,瘦肉率高。

杜洛克猪被毛红色,变异范围由金黄色到深红色。头较小而清秀,颜面稍凹,嘴短直。耳中等大小,略向前倾。身腰较长,脊背微弓,前胸宽而深,后躯肌肉丰满,四肢健壮结实。成年公猪体重340～450千克,母猪体重300～390千克。在较好饲养条件下,肥育猪153日龄体重可达90千克,瘦肉率达60%～63%。该猪产仔数较大约克夏猪和长白猪稍差,初产母猪产仔8～9头,经产母猪产仔10头左右。缺点是,趾蹄直立,影响起卧,易于滑跌,易发生皮下脓肿和肌肉风湿症,繁殖母猪有早期干奶现象,影响仔猪成活率和断奶重。

利用杜洛克公猪作父本与国内地方猪种进行经济杂交,杂交效果明显。杜洛克猪在商品瘦肉猪生产中起重要作用,尤其在三元杂交中作为终端父本效果更好,三元杂交商品猪瘦肉率达55%～58%。

4. 汉普夏猪 汉普夏猪又称银带猪,原产于美国,是美国分布最广的瘦肉型猪种。其优点是,瘦肉率高,背膘薄,眼肌面积大。

汉普夏猪被毛黑色,肩颈接合部有一白带(包括肩和前肢,白带宽度不超过体长的1/4)。嘴较长而直。耳中等大小,略向上倾。体躯较长,背腰呈微弓形,肌肉发达,四肢健壮。成年公猪体重315～400千克,母猪体重250～340千克。在较好饲养条件下,肥育猪157日龄体重达90千克,瘦肉率63%。初产母猪产仔7～8头,经产母猪产仔8～9头。缺点是,易患四肢病,有的母猪易发生早期干奶现象,仔猪成活率较低。

利用汉普夏公猪与国内地方猪种进行二元杂交和三元杂交,

杂交效果明显。杂交商品猪瘦肉率达50%～58%。

5. 皮特兰猪 皮特兰猪又称花斑猪，原产于比利时。是由当地猪与贝叶猪、泰姆沃斯猪杂交选育而成。其突出特点是，背膘薄，瘦肉率高。

皮特兰猪被毛灰白，体躯夹有黑斑，故称花斑猪。耳中等大小，微向前倾。体躯稍短，个矮，背宽，前后躯肌肉特别发达，胴体瘦肉率达69%。该猪性成熟较晚，初产母猪产仔7头左右，经产母猪产仔9头左右。

皮特兰猪体质较弱，个别猪只应激敏感性较强。在杂交利用时，最好将其与杜洛克或汉普夏猪杂交，生产其杂交一代作终端父本。部分省、市利用皮特兰猪作父本与杜洛克猪杂交，开展父系配套制种研究工作，效果良好。

（三）国内培育瘦肉型猪

1. 三江白猪 产于东北三江平原，是黑龙江省农场总局科研所与东北农学院协作，以长白猪和东北民猪杂交而成。具有生长快、耗料少、瘦肉率高、肉质良好和对寒冷条件耐受力强的特点。

三江白猪被毛全白，毛丛稍密。头轻鼻长，耳下垂。背腰宽平，后躯丰满，四肢较粗壮，体质较结实，体躯侧观呈流线形，具有肉用型猪的体躯结构。成年公猪体重250～300千克，母猪体重200～250千克。按照三江白猪饲养标准饲养，肥育猪6月龄体重可达90千克，瘦肉率达58.5%。母猪繁殖性能良好，初产母猪产仔9～11头，经产母猪产仔11～13头。

以三江白猪为母本与杜洛克猪杂交，其后代肥育猪日增重达629克，料重比3.28∶1，瘦肉率62.06%。

2. 湖北白猪 产于湖北省武汉市及华中地区。是利用大约克夏猪、长白猪与本地通城猪、监利猪和荣昌猪杂交培育而成。主要优点是生长快、瘦肉率高，肉质品质好，能耐受长江中下游地区夏季高温、冬季寒冷的条件。

湖北白猪被毛全白，头稍轻直长，耳前倾稍下垂。背腰平直，中躯较长，腿臀丰满，肢体结实。成年公猪体重250～300千克，母猪体重200～250千克。在较好饲养条件下，肥育猪6月龄体重可达90千克，瘦肉率达58%以上。母猪繁殖性能良好，经产母猪产仔12头以上。

以湖北白猪为母本，与杜洛克猪、汉普夏猪、长白猪公猪杂交，其杂交后代肥育猪日增重达546～611克，料重比3.41～3.48∶1，瘦肉率61%～64%。

3. 浙江中白猪　产于浙江省，是利用长白猪、中型约克夏猪与本地金华猪杂交培育而成。体质健壮，对高温、高湿气候条件耐受力良好。

浙江中白猪被毛全白，体型中等，体质健壮。头颈较细，面微凹，耳中等大呈前倾或稍下垂。背腰较长，腹线较平直，腿臀丰满。成年公猪体重200千克左右，母猪体重150～180千克。在中等营养条件下，肥育猪190日龄体重达90千克左右，瘦肉率达57%左右。母猪繁殖性能良好，初产母猪产仔9头左右，经产母猪产仔12头左右。

以浙江中白猪公猪为父本与本地猪种嘉兴黑猪母猪杂交，杂交优势明显。以浙江中白猪为母本，与杜洛克猪、汉普夏猪、长白猪、大约克夏猪公猪杂交，其后代肥育猪日增重达700克以上，料重比3∶1左右，瘦肉率达60%以上。

4. 苏太猪　育成于江苏省苏州市，是用美系杜洛克猪与太湖猪杂交而成。它具有较强的适应性，窝产仔数多，生长发育较快，肉质较好，是生产商品瘦肉猪理想的母本猪。

苏太猪全身被毛黑色，耳中等大而垂向前下方，头面有清晰皱纹，嘴中等长而直，腹小，后躯丰满。该猪生长速度较快，170日龄体重可达85千克左右，日增重630克左右，料重比为3.18∶1，屠宰率72.85%，胴体瘦肉率55.98%，背膘厚2.33厘米，眼肌面积29.03厘米²。苏太猪150日龄左右性成熟。母猪发情期为20天，且发情明显。初产母猪平均窝产仔数11.68头，产活仔数10.84头；经产母猪平均窝产仔数14.45头，产活仔数13.26头。苏太猪基本保持了太湖猪繁殖力高的特点。

苏太猪与大白猪或长白猪公猪杂交生产的商品猪都有较大的杂种优势。长白(或大白)×苏太的杂种猪5～6月龄体重达到90千克左右，胴体瘦肉率60%左右，料重比2.92∶1。

(四)猪杂交配套系

1. PIC配套系猪 PIC配套系猪是PIC种猪改良公司选育的世界著名配套系猪种之一。PIC中国公司成立于1996年，在1997年10月从PIC英国公司遗传核心群直接进口了五个品系共669头种猪组成了核心群，开始了PIC种猪的生产和推广，经过长期的饲养实践证明，PIC种猪及商品猪符合中国养猪生产的国情。

PIC猪是五系配套猪。PIC曾祖代的品系都是合成系，具备了父系和母系所需要的不同特性。A系瘦肉率高，不含应激基因，生长速度较快，饲料转化率高，是父系父本。B系背膘薄，瘦肉率高，生长快，无应激综合征，繁殖性能同样优良，是父系母本。C系生长速度快，饲料转化率高，无应激综合征，是母系中的祖代父本。D系瘦肉率较高，繁殖性能优异，无应激综合征，是母系父本或母本。E系瘦肉率较高，繁殖性能特别优异，无应激综合征，是母系母本或父本。

祖代种猪提供给扩繁场使用，包括祖代母猪和公猪。祖代母猪为DE系，产品代码L1050，由D系和E系杂交而得，毛色全白。初产母猪平均产仔10.5头以上，经产母猪平均产仔11.5头以上。祖代公猪为C系，产品代码L19。

父母代种猪来自扩繁场，用于生产商品肉猪，包括父母代母猪和公猪。父母代母猪 CDE 系，商品名称康贝尔母猪，产品代码 C22 系，被毛白色，初产母猪平均产仔 10.5 头以上，经产母猪平均产仔 11.0 头以上。父母代公猪 AB 系，PIC 的终端父本，产品代码为 L402，被毛白色，四肢健壮，肌肉发达。

ABCDE 是 PIC 五元杂交的终端商品肉猪，155 日龄约达 100 千克体重，肥育期料重比 2.6～2.65：1，100 千克体重背膘小于 16 毫米，胴体瘦肉率 66%，屠宰率 73%，肉质优良。

2. 斯格配套系猪　斯格配套系猪是比利时斯格遗传技术公司选育的种猪，欧洲许多国家的养猪生产水平比较高，在猪种改良方面处于领先地位，选育了一些优秀的猪种，前面介绍的长白猪、大白猪和皮特兰猪的原产地都是欧洲。

斯格公司根据我国市场的实际情况，通过国内的合资种猪场选择引进 23、33 这两个父系和 12、15、36 这三个母系的原种，组成了斯格五系配套的繁育体系。因此，我国引进的斯格配套系猪是由 23、33 两个父系和 12、15、36 三个母系组成的五系配套杂交猪。母系的选育方向是繁殖性能好，主要表现在：体长、性成熟早、发情症状明显、窝产仔数多、仔猪初生体重大、均匀度好、健壮、生活力强，母猪泌乳力强。父系的选育方向是产肉性能好，主要表现在：生长速度快、饲料转化率高，屠宰率高，腰、臀、腿部肌肉发达丰满，背膘薄，瘦肉率高。终端商品肥育猪（又称杂优猪）群体整齐，生长快、饲料转化率高、屠宰率高，瘦肉率高、肉质好、无应激，肉质细嫩多汁。斯格配套系商品猪性能指标：生长快、肥育期日增重 800 克以上；料重比 2.4～2.6：1；抗应激，肌内脂肪含量 2%～3%，肉质好；生活力强，成活率高，整齐度好；产肉力强，屠宰率 75%～78%（国外标准 82%）、瘦肉率 67%～69%。出栏猪被毛全白、肌肉丰满、背宽、腰厚、臀部发达。

二、种猪的引进与运输

(一)引种前的准备工作

1. 制定引种计划 猪场要结合自身的实际情况,根据种群更新计划,确定所需品种和数量,有选择性地购进能提高本场种猪某种性能、满足自身要求,并只购买与自己的猪群健康状况相同的优良个体,新建猪场要从所建猪场的生产规模、产品市场和猪场未来发展的方向等方面进行计划,确定所引进种猪的数量、品种和级别,是外来品种(如大约克、杜洛克或长白)还是地方品种,是原种、祖代还是父母代。根据引种计划,从质量高、信誉好的大型种猪场引种。

2. 应了解的具体问题

(1)*疫病情况* 调查各地疫病流行情况和各种种猪的质量情况,必须从没有危害严重的疫病流行地区,并经过详细了解的健康种猪场引进种猪,同时了解该种猪场的免疫程序及其具体措施。

(2)*种猪选育标准* 公猪需要了解其生长速度(日增重)、饲料转化率(料重比)、背膘厚(瘦肉率)等指标;母猪要了解其繁殖性能(如产仔数、受胎率、初配月龄等)。种猪场引种最好能结合种猪综合选择指数进行选种,特别是从国外引进种猪时更应重视该项工作。

3. 隔离舍的准备工作 猪场要设隔离舍,要求距离生产区有300米以上,在种猪到场前的30天(至少7天)应对隔离栏舍及用具进行彻底清洗,严格消毒,选择质量好的消毒剂,进行多次严格消毒。

（二）选种时应注意的问题

第一，种猪要健康，无任何临床病征和遗传疾患（如脐疝、瞎乳头等）。营养状况良好，发育正常，四肢要求结构合理、强健有力，体型外貌符合品种特征和本场自身要求，耳号清晰，纯种猪应打上耳牌，作为标识。

第二，要求供种场提供该场免疫程序及所购买的种猪免疫接种情况，并注明各种疫苗注射的日期。种公猪最好能经测定后出售，并附测定资料和种猪三代系谱。

第三，销售种猪必须经本场兽医临床检查无猪瘟、萎鼻、布鲁氏菌病等病症，并由兽医检疫部门出具检疫合格证明方可准予出售。

（三）种猪运输时应注意的事项

第一，最好不使用运输商品猪的外来车辆装运种猪。在运载种猪前 24 小时开始，应冲洗干净，使用高效消毒剂对车辆和用具进行两次以上的严格消毒，最好能空置一天后装猪，在装猪前用刺激性较小的消毒剂彻底消毒一次，并开具消毒证明。

第二，在运输过程中应尽量减少种猪应激和肢蹄损伤，避免在运输途中死亡和感染疫病。要求供种场提前 2 小时对准备运输的种猪停止投喂饲料。赶猪上车时不能赶得太急，注意保护种猪的肢蹄，装猪结束后应固定好车门。

第三，长途运输的车辆，车厢最好能铺上垫料，冬天可铺上稻草、稻壳、木屑，夏天铺上细沙，以降低种猪肢蹄损伤的可能性。所装载猪只的数量不要过多，装得太密会引起挤压而导致种猪死亡。运载种猪的车厢隔成若干个隔栏，安排 4～6 头猪为一个隔栏，隔栏最好用光滑的水管制成，避免刮伤种猪。达到性成熟的公猪应单独隔开，并喷洒带有较浓气味的消毒药，以免公猪间相互打架。

第四，长途运输的种猪，应对每头种猪注射长效抗生素，以防止猪群途中感染细菌性疾病。临床表现特别兴奋的种猪，可注射适量镇静针剂。

第五，长途运输的运猪车应尽量行驶高速公路，避免堵车，每辆车应配备两名驾驶员交替开车，行驶过程应尽量避免急刹车。途中应注意选择没有停放其他运载动物车辆的地点就餐，绝不能与其他装运猪只的车辆一起停放。随车应准备一些必要的工具和药品，如绳子、铁线、钳子、抗生素、解热镇痛剂以及镇静剂等。

第六，冬季要注意保暖，夏天要重视防暑。尽量避免在酷暑期装运种猪，夏天运种猪应避免在炎热的中午装猪，可在早晨和傍晚装运。途中应注意经常供给饮水，有条件时可准备西瓜供种猪采食，防止种猪中暑，并寻找可靠水源为种猪淋水降温，一般日淋水3～6次。

第七，运猪车辆应备有汽车帆布，若遇到烈日或暴风雨时，应将帆布遮于车顶上面，防止烈日直射和暴风雨袭击种猪，车厢两边的篷布应挂起，以便通风散热。冬季帆布应挂在车厢前上方以便挡风保暖。

第八，长途运输可先配制一些电解质溶液，用时加上奶粉，在路上供种猪饮用。运输途中要适时停歇，检查有无病猪只，大量运输时最好能准备一辆备用车，以免运猪车出现故障，停留时间太长而造成不必要的损失。

第九，应经常注意观察猪群，如出现呼吸急促、体温升高等异常情况，应及时采取有效的措施，可注射抗生素和镇痛退热针剂，并用温度较低的清水冲洗猪身降温，必要时可采用耳尖放血疗法。

（四）种猪到场后应做的工作

第一，新引进的种猪，要先饲养在隔离舍，而不能直接转进猪场生产区，因为这样做极可能带来新的疫病，或者由不同菌株引发相同疾病。

第二，种猪到达目的地后，立即对卸猪台、车辆、猪体及卸车周围地面进行消毒，然后将种猪卸下，按大小、公母进行分群饲养。有损伤、脱肛等情况的种猪应立即隔开单栏饲养，并及时治疗处理。

第三，先给猪只提供饮水，休息 6～12 小时后再供给少量饲料，第二天开始逐渐增加饲喂量，5 天后才能恢复正常饲喂量。种猪到场后的前两周，由于疲劳加上环境的变化，机体对疫病的抵抗力会降低，饲养管理上应注意尽量减少应激，可在饲料中添加抗生素和多种维生素，使种猪尽快恢复正常状态。

第四，隔离与观察。种猪到场后必须在隔离舍隔离饲养 30～45 天，严格检疫。特别是对布鲁氏菌病、伪狂犬病等疫病要特别重视，须采血经有关兽医检疫部门检测，确认为没有细菌感染阳性和病毒野毒感染，并监测猪瘟、口蹄疫等抗体情况。

第五，种猪到场一周开始，要按本场的免疫程序接种猪瘟等各类疫苗，7 月龄的后备猪在此期间可做一些引起繁殖障碍疾病的防疫注射，如细小病毒病、乙型脑炎疫苗等。

第六，种猪在隔离期内，接种完各种疫苗后，进行一次全面驱虫，可使用多拉霉素或长效伊维菌素等广谱驱虫药按皮下注射进行驱虫，使其能充分发挥生长潜能。在隔离期结束后，对该批种猪进行体表消毒，再转入生产区投入正常生产。

三、猪的选育与经济杂交

（一）猪的选育遗传学理论

1. 遗传与变异　在养猪中经常看到同一品种的公、母猪交配后所产后代其外貌特征与其亲代相同。如大约克夏公、母猪直接交配后生产的后代具有大约克夏猪的外貌特征和生产性能表现。这种现象,在育种学上称为遗传。但是也会发现即使是同一品种公、母猪交配所产的同窝仔猪,其个体之间的外貌特征和生产性能也不完全相同。这种现象在育种学上称为变异。

遗传与变异是对立统一的生命现象。通过遗传,一个品种的特性代代相传,使品种能够得到保存和发展。但是,任何一个品种的相似性和稳定性都是相对的,性状遗传给后代是有条件的。而变异则是普遍存在和经常发生的,大同之中有小异,稳定之中有变动,这种变异是绝对的。通过变异又可在同一品种之内产生一些新的性状,所以在猪的育种工作中,遗传是相对的静止,变异则是绝对的变动,从而推动着猪种的发展。以遗传和变异的观点去认识和改良猪种,使其生产性能不断提高。

现代遗传学证明,遗传的物质基础主要是性细胞核内染色体上所载的控制性状发育的遗传物质——基因,基因是遗传的单位,排列在染色体的固定位置上。这些染色体及其所载的基因通常成对存在,其中一条来自公猪,相对的另一条来自母猪。当染色体及其所载基因在重新组合过程中,遗传结构不发生改变时,在性状表现上比较稳定。当遗传结构发生变化时,在性状表现上则有不同程度的差异。

猪的体型外貌和生产性能的表现是遗传和环境共同作用的结果。在生产中发现,同一品种的肥育猪在不同的营养水平和饲养管理条件下,其增重效果不一样。而不同品种的肥育猪在同一营养水平和饲养条件下,其增重效果可能非常相似。瘦肉型猪在饲养水平较高的条件下较地方猪种肥育效果好,而在饲养水平较低的条件下未必比地方猪种表现好。这些现象表明,猪的某些性状是受遗传和环境两方面因素制约的。环境条件是遗传和变异的外因,它通过遗传物质(内因)而起作用。由遗传物质的改变引起的变异可以遗传给后代,而由条件改变引起的变异不能遗传给后代。

因此,必须深入研究遗传物质与外界环境条件相互作用对猪性状的影响,才能有效地指导猪的选育工作。

2. 猪的质量性状和数量性状 猪的毛色有黑色、白色、红色、花斑色之分。耳型有大、小,立耳、垂耳之分。这些性状通常是由少数基因控制,不易受环境影响,因此遗传方式比较简单,同时其变异在数量上不是连续性的,个体之间只存在质量上的差异,这类性状称为质量性状。猪的产仔数有多有少,增重速度有快有慢,体型有长有短,这类性状可以度量,其个体差异表现是连续性的,故被称为数量性状。

3. 遗传力 度量猪的某一数量性状表现型的变异受遗传部分影响的数值称为遗传力,是指猪把数量性状遗传给后代的能力。遗传力采用 0～1 之间的数值表示,当遗传力为 0 时,表示该性状的个体间差异与遗传毫无关系,产生差异的原因完全由于环境条件的不同所致;反之,当遗传力为 1 时,说明个体差异完全由于遗传的不同所致,与环境无关。实际上这种极端值很少见到,其遗传力既非 0 也非 1,一般是 0～1 之间的中间值。例如,0.3 的遗传力,表示在个体间所看到的差异由 30%来自个体的遗传差异,有 70%是由环境的差异所造成;遗传力为 0.5,意味着遗传和环境的相对重要性是一样的;遗传力为 0.6,说明遗传比环境更重要。

猪的主要经济形状遗传力见表 3-1。

表 3-1 猪的主要经济形状遗传力

性　状	遗传力	性　状	遗传力
初生重	0.05～0.10	背膘厚度	0.40～0.50
产仔数	0.05～0.10	眼肌面积	0.45～0.50
断奶重	0.15～0.20	胴体长度	0.50～0.60
生长速度	0.25～0.30	肉的质量	0.30～0.40
饲料利用率	0.30～0.35		

（二）猪的纯种繁育

通过对猪的纯种繁育，可以保持和发展其优良特性，克服个别缺点，从而使该猪种在肥育性能、繁殖性能和胴体品质等方面不断有所提高，保持该猪种的纯度和猪种数量。纯种繁育不仅为猪的育种工作提供素材，更主要的是为市场提供生产杂交商品瘦肉猪的优良亲本。猪的纯种繁育应注意做好以下工作。

1. 确定选育目标 根据瘦肉猪生产发展需要，对优质瘦肉猪的选育目标是，在保留原猪种增重快、耗料少、瘦肉率高等优良性状的基础上，以提高繁殖性能和肉质品质为重点选育目标。

2. 选育方法

（1）个体选择法 根据种猪本身的1个或几个性状表型值进行选择，从而判定该个体的种用价值。一般要经过从小到大逐步筛选，所以要多留精选。小母猪最少“留3选1”，小公猪最少“留5选1”。这种方法简单有效，有一定的实用价值。

（2）系谱选择法 根据祖先（如父、母、祖父、祖母、外祖父、外祖母）的表型值进行选择。通过系谱审查，比较不同祖先的优劣来判定某一个体的种用价值。

在实际生产工作中这种选择方法大多数是利用母亲的性能资料来选择。

（3）同胞选择法 根据同胞兄妹（同父同母）或半同胞兄妹（同母异父）的平均表型值进行选择，从而判定某一个体的种用价值。同胞选择可以缩短世代间隔，同时一些不能从公猪本身测得的性状，如产仔数，可借助同胞选择获得依据。

（4）后裔测定法 是指在条件一致的情况下，根据被选择的种猪子女的平均成绩作为该个体的鉴定依据，从而判定其种用价值。

（5）合并选择法 是根据个体本身表型值及该个体亲属表型值进行选择，以所得各项评分的总和来判定该个体的种用价值，是目前公认的最有效的方法。

(三)种公、母猪的选择

1. 种公猪的选择　对种公猪要求外貌特征符合本品种特征，体质结实，精神旺盛，动作灵活，前躯宽深，背腰平直，腹不下垂，骨骼粗壮，四肢有力，两侧睾丸大而匀称，性欲旺盛。有条件的地方要做精液品质检查。

2. 种母猪的选择　对种母猪要求外貌特征符合本品种特征，双亲繁殖性能优良(如产仔多、仔猪断奶体重大、哺育率高等)，体质健壮，结构匀称，后躯发育良好，后裆宽，腹大而不下垂。乳头发育良好，排列整齐，无瞎、小、凹陷和内翻乳头，有效乳头不少于6～7对，外生殖器发育正常。

(四)经济杂交

杂交在养猪生产中具有十分重要的意义。由于目的不同，可分为育成杂交、改良杂交和经济杂交。在商品瘦肉猪生产中主要采用经济杂交。

1. 杂交与经济杂交的概念　猪的不同品种之间相互交配叫杂交。例如大约克夏猪公猪与国内地方猪种母猪杂交后产生的后代叫杂交一代杂种猪，又称二元杂交猪。利用引进国外瘦肉型猪种公猪作父本与国内地方猪种母猪交配后所产生的后代，其名称由父本品种名称的第一个字与母本品种名称的第一个字组成。如“大民”杂交猪就是大约克夏公猪与我国地方猪种民猪母猪交配产生的杂交一代杂种猪，这种杂交叫正交。如果用国内地方猪种的公猪作父本，与引进的国外瘦肉型猪种母猪交配叫反交。在生产中常用的杂交方式是正交。

经济杂交就是有计划地利用 2 个或 2 个以上品种进行杂交，利用杂交后代的杂种优势进行肥育，达到增重快、耗料少、瘦肉率高、经济效益好的目的。实践证明,无论两品种杂交或三品种杂交,杂交商品猪的瘦肉率、日增重和饲料报酬,都有明显提高。

2. 经济杂交的意义 经济杂交所产生的杂交后代,在适应性、抗病力、生长速度和生产性能等方面,在一定程度上优于杂交亲本(即父、母双亲),这就是我们常说的杂种优势。杂种猪集中了双亲的优点,表现出体质强健、抗病力强、繁殖力高、生长快、耗料少、瘦肉率高的特点。用杂交猪肥育,可以提高瘦肉率,增加产肉量,节约饲料,提高养猪的经济效益和社会效益。因此,经济杂交是发展商品瘦肉猪生产的主要技术措施之一。

3. 杂种优势及其利用 所谓杂种优势,就是在不同品种之间进行杂交后,其杂交后代的生产性能平均值超过父母双亲平均值的部分。不同品种间的杂交,其杂种优势表现程度不同。为了估算这种杂种优势的大小,常用杂种优势率来表示,其计算公式为:

$$\text{杂种优势率}(\%)=\frac{\text{杂交后代平均值}-\text{双亲平均值}}{\text{双亲平均值}}\times 100\%$$

在经济杂交过程中,杂种优势在猪的不同形状上表现程度也不一样。实践证明,如母猪产仔数,仔猪初生重、断奶重、成活率等性状,在杂交时表现出较强的杂种优势;猪的增重速度、饲料报酬等性状,其杂种优势中等;猪的产肉率、肉质品质等性状,其杂种优势较弱。所以,在开展经济杂交时,要根据杂种优势的强弱,有计划、有针对性地选择杂交父、母本,以获得较强的杂种优势。

4. 杂交亲本的选择 杂交亲本的选择是杂种优势利用的基本条件,是影响经济杂交效果的重要因素之一。有人认为凡是杂种就必定有优势,其实不然。杂种能否有优势,有多大程度的优势,主要取决于杂交用的双亲群体质量。开展经济杂交,一般涉及2～3 个亲本品种,因此,要根据当地猪种资源条件和引入优良品种情况进行父、母本的选择。母本要选择数量多、分布广、适应性强、繁殖力高、母性好的地方良种猪和我国新培育品种，如民猪、太湖猪、莱芜猪；三江白猪、湖北白猪、北京黑猪、鲁烟白猪等均为优良的杂交母本种猪。父本要选择生长快、耗料少、瘦肉率高的猪种，如引进的大约克夏猪、长白猪、杜洛克猪、汉普夏猪等瘦肉型猪种均为优良的杂交父本种猪。

5. 杂交方式的选择　猪的经济杂交方式较多，有两品种杂交、三品种杂交以及多品种杂交等。但常用的杂交方式是两品种杂交和三品种杂交，因为这种杂交方式简单易行，便于推广，又能取得较强的杂种优势。

(1)两品种杂交　亦称二元杂交或一次杂交。两品种杂交就是利用两个品种的纯种公、母猪进行交配，其杂交后代全部去势肥育。

杂交方式：

A(品种公猪)×B(品种母猪)

↓

AB(F_1)杂交一代商品猪(肥育)

两品种杂交优点是仅需要两个纯种猪源，杂交方法简单易行，能获得一代杂种优势。缺点是由于母本猪是纯种，不能充分利用繁殖性能的杂种优势。

(2)三品种杂交　又称三元杂交或二次杂交。三品种杂交就是利用两个品种的纯种公、母猪杂交后所生产的杂种一代母猪作母本，再用第三个品种的纯种公猪作父本与之杂交，所生产的二代杂种猪用于肥育。

杂交方式：

A(品种公猪)×B(品种母猪)

↓

C(品种公猪)×AB(杂交一代母猪)

↓

CAB(F_2)杂交二代商品猪(肥育)

三品种杂交的优点是能够获得较高的母本杂种优势，如杂交一代母猪既具有母本猪适应性强、产仔多、母性好的特点，又具有仔猪初生体重大、生长快、成活率高的杂种优势。因此，三元杂交仔猪较二元杂交仔猪更具有增重快、耗料少、瘦肉率高的杂种优势。缺点是需要三个品种纯种猪源，且需要同时饲养一定数量的二元杂种母猪，杂交方式较二元杂交复杂。

6. 最优杂交组合的筛选 在经济杂交中，国内一些畜牧科研所和教学单位，用引进的大约克夏猪、长白猪、杜洛克猪、汉普夏猪与地方品种和培育品种猪进行二元和三元杂交组合对比试验，取得了良好效果。山东省也根据当地品种的具体情况筛选出优良杂交组合(表 3-2，表 3-3)。

表 3-2 国内部分优良杂交组合效果

组合（公×母）	数量（头）	日增重（克）	饲养天数	饲料报酬	屠宰率（%）	瘦肉率（%）	资料来源
杜×荣	8	569	124	3.14∶1	70.48	53.81	四川种猪试验站
汉×荣	8	534	129	3.44∶1	69.37	56.73	四川种猪试验站
大×荣	7	560	125	3.46∶1	69.80	52.47	四川种猪试验站
长×民	14	587	123	3.09∶1	69.20	47.20	吉林畜牧所
长×地	24	565	125	4.12∶1	67.35	54.27	山西畜牧所
大×地	24	535	131	4.46∶1	70.56	52.17	山西畜牧所
汉×地	6	541	132	3.14∶1	65.77	55.52	山西畜牧所
杜×地	9	552	125	3.67∶1	68.84	54.21	山西畜牧所
汉×广花	16	612	115	3.57∶1	74.50	51.00	广东畜牧所
长×吉花	15	614	114	3.46∶1	71.80	51.04	吉林畜牧所
杜×北黑	30	560	117	3.71∶1	76.60	58.34	北京畜牧所
长×北黑	30	553	118	4.00∶1	76.30	51.72	北京畜牧所
大×北黑	32	600	108	3.81∶1	76.60	51.44	北京畜牧所

续表 3-2

组合(公×母)	数量(头)	日增重(克)	饲养天数	饲料报酬	屠宰率(%)	瘦肉率(%)	资料来源
杜×上白	30	643	102	3.26∶1	72.83	62.33	上海畜牧所
长×上白	6	638	108	3.58∶1	72.88	57.84	上海畜牧所
大×上白	6	633	107	3.49∶1	74.12	59.34	上海畜牧所
大×长北	35	679	103	3.21∶1	72.26	58.16	中国农科院畜牧所
大×长枫	10	620	96	3.21∶1	71.94	56.68	中国农科院畜牧所
杜×长北	44	623	100	3.40∶1	75.00	58.52	北京畜牧所
大×长北	30	600	107	3.50∶1	75.69	54.92	北京畜牧所
长×长北	20	504	129	3.89∶1	75.14	56.29	北京畜牧所
大×长沙	11	597	118	3.19∶1	73.15	56.30	湖南畜牧所
杜×长沙	6	544	128	3.36∶1	73.49	55.26	湖南畜牧所
大×长本	36	536	129	3.85∶1	70.66	56.37	山西畜牧所
长×大本	28	542	128	4.06∶1	70.95	55.06	山西畜牧所

注：杜—杜洛克猪；汉—汉普夏猪；长—长白猪；大—大约克夏猪；荣—荣昌猪；民—东北民猪；地—山西地方猪；广花—广东大花猪；吉花—吉林花猪；北黑—北京黑猪；上白—上海白猪；长北—长白猪(公)×北京黑猪(母)；长枫—长白猪(公)×枫泾猪(母)；长沙—长白猪(公)×沙子岭猪(母)；长本—长白猪(公)×山西本地猪(母)；大本—大约克夏猪(公)×山西本地猪(母)

表 3-3　山东筛选的优良杂交组合及其生产性能

组　合(公×母)	日增重(克)	饲料报酬(精料)	瘦肉率(%)
汉普夏猪×莱芜猪	528	3.45∶1	52.71
长白猪×莱芜猪	490	3.67∶1	51.50
杜洛克猪×里岔黑猪	656	2.58∶1	56.85
汉普夏猪×沂蒙黑猪	668	3.16∶1	55.69

续表 3-3

组合 (公×母)	日增重(克)	饲料报酬(精料)	瘦肉率(%)
杜洛克猪×沂蒙黑猪	630	3.20∶1	54.06
长白猪×烟台黑猪	752	2.55∶1	52.20
汉普夏猪×烟台黑猪	723	2.66∶1	52.11
大约克夏猪×烟台黑猪	706	2.65∶1	51.28
杜洛克猪×崂山猪	658	2.99∶1	57.40
大约克夏猪×崂山猪	657	3.10∶1	53.47
汉普夏猪×大莱猪	726	3.14∶1	61.48
汉普夏猪×长莱猪	668	2.89∶1	58.67
长白猪×大莱猪	653	3.20∶1	58.56
汉普夏猪×杜沂猪	677	2.78∶1	59.17
汉普夏猪×大沂猪	672	2.98∶1	59.72
杜洛克猪×大沂猪	651	3.06∶1	61.02
杜洛克猪×长烟猪	717	2.44∶1	60.23
汉普夏猪×长烟猪	690	2.42∶1	60.38
杜洛克猪×长崂猪	662	2.90∶1	58.51

注:大莱猪—大约克夏猪(公)×莱芜猪(母);长莱猪—长白猪(公)×莱芜猪(母);杜沂猪—杜洛克猪(公)×沂蒙黑猪(母);大沂猪—大约克夏猪(公)×沂蒙黑猪(母);长烟猪—长白猪(公)×烟台黑猪(母);长崂猪—长白猪(公)×崂山猪(母)

7. 猪经济杂交中应注意的问题 我国大多数地方猪种均有繁殖力高、母性好、耐粗饲、抗病力强的特点,缺点是生长速度慢,瘦肉率低。引进的国外瘦肉型猪种具有生长快、瘦肉率高的优点,但其繁殖性能及适应性均不如地方猪种。因此,以国内地方猪种为母本，以引进的瘦肉型猪种为父本，这样生产的商品杂交猪既保持了母本猪种高繁殖力的优点，又能达到增重快、瘦肉率高的目的。

开展二元杂交还是三元杂交，要根据当地猪种条件、技术力量和市场需要灵活掌握。

在经济杂交中，不要片面追求提高瘦肉率，而应兼顾生长速度、饲料报酬、肉质品质以及繁殖性能等各项指标。

第四章　猪常用饲料无公害管理与日粮配合

猪无公害养殖过程中，饲料的采购和配制必须按照国家农业部颁布的《无公害食品　生猪饲养饲料使用准则》(NY 5032—2006)及其有关文件规定执行。开展对饲料原料、饲料、饲料预混料、饲料添加剂及饲料用水质量检测，实行饲料原料、饲料预混料的质量控制和定点生产供应。严禁超量不合理添加兽药及饲料添加剂，使用宰前停药饲料，根据停药期全面实行宰前生猪停药制度。

无公害养猪时，还应注意饲料的配制。尽管国家对如何配制饲料、如何饲喂饲料没有法律法规，但优质饲料可以提高猪的健康，减少猪病的发生、减少药残、减少粪污的污染，有助于无公害养猪。

一、猪常用饲料分类与加工调制

(一)常用饲料分类

猪的饲料按其所含营养物质的性质分为蛋白质饲料、能量饲料、粗饲料、青绿多汁饲料、矿物质饲料和饲料添加剂六大类。一般粗蛋白质含量平均超过20%的饲料为蛋白质饲料；粗蛋白质含量平均低于20%，粗纤维含量平均低于18%的饲料为能量饲料；粗纤维含量平均超过18%的饲料为粗饲料。使用的饲料和饲料添加剂应符合新版的《饲料和饲料添加剂管理条例》。

2011年10月26日，国务院第177次常务会议对《饲料和饲料添加剂管理条例》进行了修订。根据修订后的《饲料和饲料添加剂管理条例》的规定，农业部制定了《饲料原料目录》，2012 年 6 月 1 日发布，2013 年 1 月起施行。该《饲料原料目录》对其中每种饲料原料作了特征性描述及强制性标识要求。整理后的《饲料原料目录》见附录九。

1. 蛋白质饲料　这类饲料粗蛋白质含量高，而且蛋白质品质好，其赖氨酸、蛋氨酸等必需氨基酸的含量高。矿物质含量较能量饲料多，但钙多磷少，钙磷比例不恰当，粗纤维含量少并且容易消化。蛋白质饲料有植物性蛋白质饲料和动物性蛋白质饲料两种。

(1)植物性蛋白质饲料　主要包括大豆饼(粕)、棉籽饼(粕)、菜籽饼(粕)和花生饼(粕)，其蛋白质含量高，品质较好，是猪日粮中的主要蛋白质饲料。

①大豆饼(粕)。大豆饼含粗蛋白质 40%左右，大豆粕的粗蛋白质含量在 42%～44%，品质优良，必需氨基酸含量比其他植物性蛋白质饲料都高，赖氨酸含量是玉米的 10 倍，是植物性蛋白质饲料中营养价值最高的一种。豆饼(粕)味道芳香，适口性好，营养全面，是猪的主要蛋白质饲料。一般喂量可占日粮比例的 10%～20%。仔猪饲喂膨化豆粕较好。

②花生饼(粕)。花生饼粗蛋白质含量在 40%以上，花生粕含量在 47%以上，其适口性很好。但花生饼(粕)缺乏维生素 A、维生素 D。由于花生饼(粕)含有一定数量的脂肪，所以饲喂时要控制喂量。

③棉籽饼(粕)。棉籽饼(粕)含有游离棉酚毒素，其含量高低因加工方法不同而异，其中压榨法含 0.02%～0.05%，压浸法含 0.02%～0.07%，溶剂浸提法含 0.01%～0.05%。棉籽饼(粕)作为饲料应用时，其游离棉酚的含量必须按 GB/T 13078—2001 的规定，在肥育猪配合饲料中不得超过 0.06%。棉籽饼(粕)的脱毒方法很多，有蒸煮脱毒(沸水蒸煮 1～2 小时，冷却后饲喂)、石灰水浸泡脱毒(用 5%石灰水浸泡 10 小时)、微生物脱毒和硫酸亚铁脱

毒(用1%～2%的硫酸亚铁溶液浸泡24小时脱毒或在配制日粮中添加硫酸亚铁,以硫酸亚铁中铁的含量与棉酚含量1∶1的比例脱毒)等方法。棉籽饼(粕)的用量应限制在占日粮比例的10%以下。由于棉籽饼(粕)中缺乏赖氨酸、维生素A、B族维生素及钙,所以,在猪的日粮中添加适量的赖氨酸(一般占日粮的0.15%～0.20%)以及青绿多汁饲料和矿物质饲料,效果更好。由于棉籽饼(粕)中棉酚毒素对种公猪的精液品质有较大影响,因此不得用来饲喂种公猪。

④菜籽粕(饼)。蛋白质含量36%～38%,氨基酸组成较平衡,含钙、磷较高,微量元素中铁的含量丰富,其他元素则较少。菜籽粕(饼)含硫葡萄糖苷、芥子碱、植酸、单宁等抗营养因子。硫葡萄糖苷本身无毒性,但其降解产物异硫氰酸盐、唑烷硫酮等均具有毒性,使动物甲状腺肿大,影响能量的代谢。芥子碱、单宁具有苦涩味。因而,菜籽粕(饼)的适口性差,要注意限量使用。在猪日粮中的一般用量为小猪4%～5%,生长肥育猪5%～8%,用量过多,会影响生长肥育猪的增重和饲料转化率。种猪最好不用,它会影响母猪的生产性能。近几年随着菜籽粕的选育,双低菜籽粕在生长肥育猪中的用量可以达到10%至15%。

(2)动物性蛋白质饲料　主要指肉类、鱼类、乳品加工副产品,蛋白质含量高,品质好,没有粗纤维,易消化吸收,富含维生素。在猪的日粮中适当添加少量的动物性蛋白质饲料,能较大地改善整个日粮的营养价值。

①鱼粉。含粗蛋白质50%～60%,优质鱼粉含粗蛋白质65%以上。鱼粉中必需氨基酸含量全面,且消化率高,其蛋白质营养价值最高。另外,鱼粉还含有丰富的维生素和矿物质。鱼粉喂猪要掌握喂量,一般不超过日粮的10%;肥育猪在屠宰前半个月要停喂,以防猪肉含有鱼腥味。

②血浆蛋白粉。血浆蛋白粉是将占全血55%的血浆分离、提

纯、喷雾干燥而制成的乳白色粉末状产品，其主要营养成分是蛋白质、脂肪、碳水化合物、钙、磷及一些动物必需的常量和微量矿物元素，粗蛋白质含量在70%以上，氨基酸比较平衡，赖氨酸、苏氨酸、色氨酸、胱氨酸的含量相对稍高。血浆蛋白粉适口性好，消化率高，含有丰富的免疫球蛋白。由于含有较高的免疫球蛋白和其他免疫物质，这些物质能被仔猪完整吸收，可有效地增强仔猪免疫力，提高仔猪对疾病的抵抗力，降低仔猪的腹泻率和死亡率，血浆蛋白粉主要应用于仔猪料中，可等量替代优质鱼粉。

③血粉。是各种家畜的血液干燥后粉碎制成，其粗蛋白质含量达80%左右，赖氨酸含量特别丰富，是很好的蛋白质补充饲料。但是，由于血粉适口性较差，一般用量控制在日粮的5%以内，过多时还会引起腹泻。

④肉骨粉。一般含粗蛋白质40%～60%，粗脂肪8%～10%，矿物质10%～25%，还富含维生素B_{12}。

⑤羽毛粉。含粗蛋白质达80%左右，胱氨酸含量丰富，赖氨酸缺乏。羽毛粉因其加工方法不同，蛋白质消化率有很大差别，所以其用量以不超过日粮的5%为宜。

2. 能量饲料　这类饲料粗蛋白质含量比较少，一般不超过10%；氨基酸种类不齐全，一般缺乏赖氨酸。主要成分是无氮浸出物，平均约占干物质的70%～80%，粗纤维含量一般不超过4%～5%。脂肪和矿物质含量少，矿物质中含磷多，含钙少。维生素中B族维生素含量丰富，一般缺少维生素D。常用的能量饲料有玉米、小麦、高粱、大麦、麸皮和甘薯干等。

(1)玉米　是高能量饲料，含70%左右的无氮浸出物。粗纤维含量少，容易消化。玉米中含不饱和脂肪酸多，若日粮中含量过高，就会使肉质变软，降低品质。玉米粗蛋白质含量较低，缺乏赖氨酸和色氨酸，因此不能单独用玉米喂猪，必须配合适量的蛋白质饲料和矿物质饲料。

(2)小麦　粗蛋白质含量高于玉米为13.9%,其氨基酸平衡比玉米稍差。小麦在猪日粮中可部分替代玉米,仔猪、哺乳母猪用量宜小,肥育猪用量比例可适当放宽。在猪日粮中利用小麦代替玉米时,建议日粮中添加木聚糖酶,降低小麦淀粉多糖黏度,提高猪的适口性和生产性能。

(3)高粱　营养价值稍低于玉米,粗蛋白质含量稍高于玉米,赖氨酸、蛋氨酸和脂肪含量少,维生素A、维生素D缺乏。高粱因含有鞣酸(单宁),适口性不如玉米、大麦,多喂易发生便秘现象。但在仔猪补料时加入适量高粱可防止仔猪腹泻。

(4)大麦　粗蛋白质含量略高于玉米,而且品质较玉米完善,赖氨酸含量较多,蛋氨酸含量较少,维生素A、维生素D含量也较少。以大麦为主要饲料肥育的商品肉猪,肉质细致紧密,脂肪色白坚硬。

(5)麸皮　粗蛋白质和矿物质含量较高,且赖氨酸含量比较丰富,适口性好。其蛋白质品质优于玉米,含磷较多,含钙较少,含B族维生素丰富,维生素A、维生素D缺乏。因此,用麸皮饲喂仔猪要注意补充钙、维生素A和维生素D。麸皮体积大,质地松软,适于作母猪饲料,在母猪日粮中配合15%~25%的麸皮,有防止母猪便秘和乳汁过浓的作用。麸皮的用量,肥育猪日粮配合比例不宜超过20%,仔猪不宜超过10%。

(6)甘薯干　主要成分是淀粉,可占80%左右,能产生大量热能。但其蛋白质含量少,品质差,所以不能单独用来饲喂猪,必须配合适量的蛋白质、维生素和矿物质饲料才能获得良好效果。

(7)其他　还有豆腐渣、粉渣、酱油渣、淀粉渣、酒糟等,这些饲料依其原料与加工方法的不同,营养成分和饲用价值也不一样。其特点是产量多,价格便宜,但水分高,运输困难,且易腐败变质。饲喂时要鲜喂,不喂发霉变质的,同时要掌握喂量。一般仔猪不宜超过日粮的10%,成年猪不宜超过日粮的30%,否则会引起腹泻。

3. 粗饲料　这类饲料体积大，粗纤维含量多，质地粗硬，不易消化，营养价值较低，饲喂效果较差。但是在猪的日粮中也需要适量添加，起到补充一部分营养物质和疏松扩大日粮体积的作用，而且还能锻炼猪的消化功能，防止腹泻或便秘。其喂量要严格掌握，肥育猪日粮中的配合比例不超过 10%，母猪日粮中不超过 15%。除此之外，还要注意加工粉碎要细，严防霉变和泥沙、棍棒等杂质掺入，以免影响猪的采食以至引起疾病发生。

目前常用的粗饲料有甘薯秧、花生秧、青干草、干树叶等。这些粗饲料中粗纤维含量高达 30%以上，粗蛋白质含量仅占 4%～8%，营养价值很低。

4. 青绿多汁饲料　这类饲料来源广、产量高、成本低，利用时间长，营养丰富，幼嫩多汁，适口性好。但是由于含水分多(70%～95%)，粗蛋白质少(1%～1.5%)，干物质少，相对体积大，养分浓度小，所以喂量要适当，过多则会影响对其他饲料的采食量，从而引起营养不足，生长缓慢。肥育猪每头每天 1.5～2 千克。小猪每头每天 0.5～1 千克。青绿饲料要鲜喂不要熟喂，否则，会造成养分破坏，或发生亚硝酸盐中毒。饲喂时要洗净切碎，有条件时可打浆饲喂。青绿多汁饲料主要包括各种青饲料和块根、块茎及瓜类。

(1)青饲料

①苜蓿。蛋白质、矿物质、维生素含量都很丰富，必需氨基酸含量较多，消化率高，适口性好。苜蓿晒干后，制成苜蓿草粉，其蛋白质含量超过麸皮。一般每千克苜蓿干草粉相当于 0.5 千克饼(粕)类饲料。

②苕子。又叫野豌豆或巢菜，含有多量的蛋白质、必需氨基酸和维生素，其营养价值与苜蓿相近，鲜喂或发酵后饲喂均可。

③草木樨。又叫野苜蓿。草木樨生长迅速，在播种当年即可获得较高产量，一般情况下，春播草木樨全年每公顷可产鲜草 15 000～22 500 千克，其营养价值与苜蓿相近。

④鲜甘薯秧。维生素和矿物质含量丰富，适口性比较好，容易消化吸收，便于贮藏，可以鲜喂，也可以青贮，晒干粉碎。

⑤水葫芦。营养价值较高，含有丰富的维生素和矿物质，适口性好，消化率高。

(2)块根、块茎及瓜类

①胡萝卜。香甜清脆，富含胡萝卜素，适口性好，易消化。胡萝卜素在猪体内可以转化成维生素 A。用胡萝卜喂猪，对仔猪能促进生长，对公猪则能提高精液品质，对母猪则能提高繁殖性能和泌乳性能。少量饲喂时以生饲为好，否则以煮熟为宜，以免引起消化道疾病。

②甘薯。主要含淀粉和糖类，蛋白质含量少，其特点是产量高，适口性好，饲喂时生、熟均可。甘薯贮存过程中易感染黑斑病，感染黑斑病的甘薯不能用来喂猪，否则会引起中毒。

③南瓜。营养价值较高，未成熟的南瓜含有丰富的维生素和葡萄糖，成熟的南瓜含有大量的维生素 A 和淀粉。饲喂时应切碎打浆生喂，适口性好。

5. 矿物质饲料 这类饲料主要供给猪生长发育所需要的矿物质元素。如果单靠蛋白质和能量饲料组成的日粮，往往矿物质含量不足，这时就必须补充矿物质饲料。常用的矿物质饲料有食盐、骨粉、碳酸钙、贝壳粉和蛋壳粉等。

(1)食盐 成分是氯和钠，可提高饲料的适口性，刺激食欲，提高饲料利用率。供给适量的食盐可使猪体皮毛光亮。其用量一般占日粮比例的0.25%～0.5%为宜。当日粮中含有一定比例的鱼粉(特别是咸鱼粉)时，或饲喂酱油渣等含盐量高的饲料时，要适当减少食盐喂量或不再添加食盐，以免引起食盐中毒。

(2)骨粉 主要含钙和磷，含钙量35%～40%，含磷量10%～15%，是猪的钙、磷补充饲料。

(3)碳酸钙、贝壳粉和蛋壳粉 主要含钙，一般为35%～

40%，是猪的钙质补充饲料。

6. 饲料添加剂　为了满足猪的营养需要，完善日粮的全价性，有时需要在日粮中补添一些矿物质、维生素等，这些补添的成分称为饲料添加剂。

饲料添加剂的选用要严格按照农业部发布的《无公害食品 畜禽饲料和饲料添加剂使用准则》(NY 5032—2006)中规定的允许在无公害生猪饲料中使用的药物饲料添加剂(附录三)，以及2008年12月颁布的中华人民共和国农业部公告第1126号中规定的允许在饲料中使用的添加剂品种目录(附录四)及《饲料卫生标准》(GB 13078—2001)中规定的饲料、饲料添加剂卫生指标(附录五)的要求进行。严禁使用农业部明令禁止使用的兽药和其他化合物(附录六)及中华人民共和国农业部第1519号公告规定的禁止在饲料和动物饮水中使用的物质(附录七)。特别注意的是随着时间的推移，不断有新的法律、法规等规范性文件公布，养殖户进行无公害养殖时应以新文件为主。

使用饲料添加剂的目的在于补充饲料中营养成分的不足，减少饲料贮藏期间营养物质的损失，提高饲料的适口性和利用率，预防某些疾病，促进猪的正常发育和提高增重速度，改善猪肉品质等。使用添加剂时，要根据当地饲料和饲养中存在的问题有针对性地添加，才能收到良好效果。同时，还应注意各类添加剂之间的拮抗作用，有相互拮抗作用的添加剂千万不要同时使用，否则，不但造成浪费，还会产生不良后果。

(二)饲料的加工与调制

饲料加工与调制的目的有三个：一是提高饲料的适口性、采食量和利用率；二是改善饲料的保存效果，提高其营养价值；三是对饲料中有害物质的脱害处理。下面是几种常用的饲料加工与调制方法。

1. 粉碎 将谷物子实或秸秆饲料用机械粉碎，便于猪的采食和消化吸收，提高饲料利用率。一般子实饲料和饼类饲料加工粉碎细度在1毫米以下为宜，甘薯秧、花生秧、青干草加工粉碎细度在2毫米以下为宜。

2. 浸泡 具体做法是用温水或自来水（井水）将粉碎好的饲料浸泡在水缸或水桶里，饲喂时再按一定比例与其他饲料混匀喂猪。水泡后的饲料能提高其适口性和利用率。但是，夏季注意饲料浸泡时间不要过长，以防变质酸败。

3. 打浆 打浆就是将青绿多汁饲料用打浆机打成浆液，便于猪的采食和咀嚼，也有利于消化液与食糜混合，从而提高饲料利用率。打浆的优点是能缩小青饲料体积，提高猪的采食量，既便于干喂，又便于贮存。

4. 青贮 就是在旺季利用青贮方法将青饲料贮存起来，以备淡季之用，从而达到常年喂青的目的。其方法是把青饲料切碎，装在地窖或专用青贮塔内，层层踏实压紧，最后密封，造成窖内缺氧环境，让乳酸菌大量繁殖，产生大量乳酸，并杀死其他各种有害细菌，使青饲料长期保存下来。经过青贮后的青饲料，柔软多汁，气味香甜，猪爱吃。青贮饲料可以直接饲喂或打浆饲喂，并注意喂量由少到多，使猪逐渐适应。另外，由于青贮饲料易变质霉烂，要随取随喂，不要堆放过久，当天取当天用完，以免变质。

5. 发酵 此种方法是利用微生物来软化饲料中的纤维素，使饲料变得酸、甜、软、熟、香，从而提高饲料的适口性，增加猪的采食量。同时，微生物本身又能合成部分蛋白质和B族维生素，提高饲料的营养价值。常用的发酵方法有盐水发酵、酒曲发酵、糖化发酵等。发酵法一般适用于适口性较差的青、粗饲料，精饲料一般不宜发酵，以防其营养成分的损失。

制作发酵饲料，应注意原料要新鲜，曲种质量要好，水分要适量，温度要适当，发酵时间长短应根据不同季节、温度、水分、曲量、容积、密封程度灵活掌握。

6. 膨化 对于豆科子实如大豆、豌豆等，经过膨化后可以提高其蛋白质利用率。玉米膨化后可产生香味，并能提高利用率。为了仔猪提早开食补料，促进生长，往往在生后1周左右饲喂膨化大豆、膨化玉米，以锻炼其胃肠消化功能，效果很好。

7. 颗粒饲料 随着饲料加工机械化程度的不断提高，猪的配合饲料逐步由目前的粉料向颗粒饲料发展。颗粒饲料便于运输、贮存，减少浪费，适口性好，消化率高。

二、猪常用饲料的无公害管理与要求

（一）饲料无公害管理应遵循的原则

猪饲料质量的优劣不仅影响猪的生产性能，同时也严重影响猪肉及其产品质量。由于环境污染，以及在生产、加工、贮存及供应过程中缺乏科学的防污手段，致使饲料遭受不同程度的污染，而降低饲料的质量。若饲喂了劣质饲料，不仅影响猪的生产性能，而且影响猪肉品质，危害消费者的健康。因此，养猪场在养猪生产中必须选择优质饲料同时对饲料进行无公害管理。对于猪饲料的无公害管理必须从以下六个方面抓起。

第一，饲料的无公害管理必须从源头抓起，选择优质饲料制定饲料原料质量标准，严格按标准采购优质原料。如玉米，水分≤14%、杂质≤1%、黄曲霉毒素≤50×10^{-9}、粗蛋白质≥7.8%，籽粒饱满整齐，无任何特定霉菌，无虫蚀；豆粕，水分≤12.5%、粗蛋白质≥42%、尿素酶活性0.05～0.3，颜色金黄色或黄褐色一致，无焦糊，无异味，无结块，无虫蚀；鱼粉（秘鲁），水分≤10%、粗蛋白质≥60%、钙≤8%、磷≥2%、食盐≤3.5%、杂质（沙粒）≤2%，正常鱼粉味道无焦糊味，无异臭，无掺假，无致病菌，无结块；麸皮，水分≤12.5％，粗蛋白质≥14％，片状，淡褐色直至黄褐色，无虫蛀、发热、结块现象，无发酸、发霉味道；磷酸氢钙，钙≥24％、磷≥17％、氟≤0.18％、铅≤0.003％，砷≤0.004％，细度95％通过500微米筛孔；石粉（轻质碳酸钙），钙≥38％、铅≤0.003％、砷≤0.0002％，无结块。

第二，所使用的工业副产品饲料，应来自于生产绿色食品和无公害食品的正规厂家的副产品。同时要进行抽样检测，其质量必须符合相应的国家标准。

第三，饲料添加剂的使用，要选择有正式批准文号厂家生产的正规产品，并严格按照其使用说明掌握使用时间和剂量。严禁使用非正规厂家未取得批准文号的产品。

第四，加强饲料采购、贮藏、生产、运输过程中的质量控制和管理。饲料入库后，要做好防潮、防霉、防鼠等项工作，对霉变的饲料严禁用来养猪。先入库房原料先加工使用，推陈贮新。

第五，饲料配制要计量准确，混合均匀，其误差不应大于规定范围。微量和极微量组分应进行预稀释，并且应有专人在专门的配料室内进行。

第六，在饲料标签、包装、贮存和运输等环节上，确保产品符合无公害要求。

（二）无公害饲料原料生产基地的建设

无公害养猪必须使用无公害的饲料。因此，条件许可时，养猪场应尽可能建立自己的无公害饲料原料生产基地。

一般来讲，饲料的污染主要来自于工业的“三废”（废水、废气、废渣）、城市的垃圾、地膜及氮素化肥、农药以及在运输、销售过程中污染饲料的有害或有毒物质。这些有害和有毒物质对饲料的污染主要有两条途径，直接污染（如农药污染、大气中的有毒有害气体及粉尘的污染等）与间接污染。间接污染的途径有的是通过污染水源后，经灌溉进入饲料地而污染种植的饲料，有的是污染饲料地的土壤后再污染饲料。在实际生产中，多数是通过对饲料生态环境中的土、水、气的污染后再污染饲料原料。因此，选择无公害饲料原料生产基地时，应对种植的生态环境进行考察与检测，远离城市、郊区及工业区。

由于工业排放大量的未加工处理的废水和废渣，农业大量使用化肥和农药，我国主要江、河、湖及部分地区的地下水都受到了不同程度的污染，有的污染相当严重。水质污染对饲料植株的危害表现在两个方面：一是直接危害，即污水中的酸、碱物质或油、沥青以及其他悬浮物及高温水等，均可使饲料植株的组织造成烧伤或腐蚀，引起生长不良，产量下降，或饲料产品本身带毒，不能喂猪；二是间接危害，即污水中很多能溶于水的有毒有害物质被饲料植株根系吸收进入植物体内，或者严重影响其正常的生理代谢和生长发育，导致减产，或者是产品内毒物大量积累，通过食物链转移到猪体和人体内造成危害。因此，进行无公害饲料原料的生产时，应加大对基地附近水源的检测力度，不使用污染的水灌溉，减少污染水对饲料作物的影响。

无公害饲料原料生产过程中应严格控制农药的污染。农药在防治饲料植物的病虫害、提高产量和品质等方面具有重要的作用。但是，如果农药使用的品种不当或剂量过大，容易在饲料原料中造成农药残留超标，饲喂这种饲料，严重影响了猪肉及猪产品的质量，对消费者的健康威胁很大。农药的污染主要是有机氯、有机磷及其他污染。为了保护人、畜的健康，防止农药残留的危害，饲料基地必须从源头做起，有效地控制农药的使用，及时监测饲料原料的农药污染程度，依法实施无公害饲料原料的生产。

（三）无公害饲料原料的运输与贮存

用于包装、盛放原料的包装袋和包装容器，必须无毒、干燥、洁净。运输过程中，运输工具应干燥、洁净，并有防雨、防污染措施。运输作业应防止污染，保持包装的完整。不得将原料与有毒、有害物质混装、混运。不应使用运输畜禽等动物的车辆运输饲料产品。饲料运输工具和装卸场地应定期清洗和消毒。

饲料原料及饲料添加剂应贮存在阴凉、通风、干燥、洁净，并有防虫、防鼠、防鸟设施的仓库内，同一仓库内的不同饲料原料应分别存放，并挂标识牌，避免混杂。饲料原料存放在室外场地时，场地必须高于地面，保持干燥，并且必须有防雨设施和防止霉烂变质的措施。各类饲料原料及饲料添加剂都应严格按照国家标准的要求贮存，饲料添加剂和药物应单独存放，并应挂明显的标识牌。不应与农药、化肥等非饲料和饲料成品贮存于同一场所。

（四）无公害饲料成品的包装与贮存

无公害饲料成品包装应符合包装卫生要求，成品饲料应在包装物上附有饲料标签。饲料包装应完整，无漏洞，无污染和异味。包装印刷油墨无毒，不应向内容物渗透。一切包装材料不应带有任何污染源，并保证包装材料不与产品发生任何物理和化学作用而损坏产品。产品包装应分类，贮存、运输包装必须符合坚固耐久的要求及具有重复使用的价值，销售包装要具有保障产品安全和保护产品质量的作用。

干草类及秸秆类饲料贮存时，水分含量应低于15%，防止日晒、雨淋、霉变。青绿饲料与野草类、块根、块茎、瓜果类应堆放在棚内，堆宽不宜超过2米，堆高不宜超过1米，堆放时间不宜过长，防止日晒、雨淋、发芽霉变。

饲料贮存场地不应使用化学灭鼠药和杀虫剂。

三、猪的营养需要与日粮配合

(一)营养需要

营养需要是指用于满足猪维持、生长、泌乳和繁殖等机体多种代谢功能的营养物质需要。猪需要的营养物质包括能量、蛋白质、矿物质、维生素和水。

1. 能量　猪的生活、生长和生产过程等一切活动都需要能量，能量不足对猪的健康生长发育、繁殖等都有影响。能量主要由饲料中的碳水化合物、脂肪和蛋白质提供。猪的能量用消化能(DE)表示，以焦耳为单位。据测定，1 克碳水化合物产生的能量为 17.36 千焦，1 克脂肪产生的能量为 39.20 千焦，1 克蛋白质产生的能量为 23.63 千焦。

猪的能量需要包括维持需要、生长需要和生产需要。维持需要是在猪既不生长又不损失体内能量储存状态下的需要，它与体重大小有关，体重越重，需要的维持能量相对越多(表 4-1)。

表 4-1　猪的体重与每日维持能量需要

体重(千克)	每日需要消化能(千焦)	体重(千克)	每日需要消化能(千焦)
10	3703	100	12761
20	5941	120	13389
30	7657	140	15313
40	8996	160	16945
50	10042	180	18493
60	10878	200	20041
70	11380	250	23681
80	11757	300	27154
90	11924		

不同生长阶段能量需要不同。妊娠母猪的能量需要比空怀母猪高，其中包括母体本身的维持需要、胎儿生长发育的需要。维持需要可按常规计算，一般每 100 千克体重的猪，1 天的维持需要消耗 1 千克的配合饲料。生产需要应按母猪的日增重(千克)乘以 28 033 千焦计算。经产母猪妊娠期间，每天的能量采食量以不大于 25 100 千焦、总增重为 45 千克为宜。妊娠母猪的日粮能量过高，易在体内沉积过多的脂肪，造成产后采食量减少，易消瘦，并常因肢蹄病等原因而被淘汰。哺乳母猪的能量需要包括维持需要和泌乳需要。泌乳需要按日泌乳量(千克)乘以 7 657 千焦计算，每增加 1 头仔猪需消化能 2 900～3 310 千焦。青年母猪再加本身生长所需要的能量，即维持＋泌乳＋生长。但由于受母猪营养水平、哺乳期失重、哺乳期体重、产仔数、哺乳期长短不一的影响，其能量需要量不一，可参照饲养标准中哺乳期母猪的营养需要灵活掌握。

实行季节配种种公猪的能量需要量，在非配种期可在维持需要量的基础上提高 20%，配种时再提高 25%。常年配种的种公猪，可在饲养标准的基础上根据体况和配种强度灵活掌握。生长猪的能量需要包括维持需要和生长需要。维持能量的需要不仅包括绝食代谢的能量，也包括随意活动的增加量以及必需的抵抗应激环境和补偿绝食代谢实测值的偏差等能量。生长需要实际上是猪在不同阶段在满足维持需要的基础上，加上蛋白质合成及脂肪合成所需要的能量。不同生长阶段的猪的体组织成分不同，每增长单位体重所需的能量亦不同。

2. 蛋白质 蛋白质是构成猪体各种器官组织、维持正常生长代谢、繁殖和生长发育必需的营养物质。当饲料中蛋白质数量不足或品质不良时，都可引起猪的蛋白质缺乏，造成生长肥育猪生长缓慢，抗病力减弱；成年公猪性欲降低，精子数量少，质量差；母猪不发情，发情异常，不易受胎或者受胎后胎儿发育不良，弱胎、死胎、畸形胎增多等。

蛋白质在猪体内经消化后，分解为最简单的基本结构氨基酸，经肠壁吸收后进入血液被机体利用。蛋白质的品质好坏是由氨基酸的种类及数量决定的。猪的蛋白质的需要实际上是对氨基酸的需要。在氨基酸当中又可分为必需氨基酸和非必需氨基酸。必需氨基酸即指这种氨基酸猪本身在体内不能合成或合成很少，不能满足需要，必须由饲料中供给。非必需氨基酸即指这种氨基酸猪体本身能够合成，不必从饲料中获得。猪的必需氨基酸有10种，包括赖氨酸、蛋氨酸、苏氨酸、组氨酸、亮氨酸、异亮氨酸、苯丙氨酸、色氨酸、缬氨酸和精氨酸。在这10种氨基酸中，赖氨酸、蛋氨酸和苏氨酸是最重要的三种氨基酸，为限制性氨基酸，其中赖氨酸是第一限制性氨基酸。因为猪在利用其他氨基酸合成体蛋白时，都要受到它们的制约。对猪来说这三种氨基酸最易缺乏，尤其是赖氨酸更易缺乏。猪每千克饲料中粗蛋白质和三种限制性氨基酸含量见表4-2。

表4-2　猪每千克饲料中粗蛋白质及限制性氨基酸含量　（%）

类别	生长肥育猪					妊娠母猪前期			妊娠母猪后期			哺乳母猪		配种公猪
体重（千克）	3～8	8～20	20～35	35～60	60～90	120～150	150～180	>180	120～150	150～180	>180	140～180	180～240	
粗蛋白质	21.0	19.0	17.8	16.4	14.5	13.0	12.0	12.0	14.0	13.0	12.0	17.5～18.0	18.0～18.5	13.5
赖氨酸	1.42	1.16	0.90	0.82	0.70	0.53	0.49	0.46	0.53	0.51	0.48	0.88～0.93	0.91～0.94	0.55
蛋氨酸	0.40	0.30	0.24	0.22	0.19	0.14	0.13	0.12	0.14	0.13	0.12	0.22～0.24	0.23～0.24	0.15
苏氨酸	0.94	0.75	0.58	0.56	0.48	0.40	0.39	0.37	0.40	0.40	0.38	0.56～0.59	0.58～0.60	0.46

摘自《猪的饲养标准》(NY/T 65—2004)

3. 矿物质 矿物质是猪营养中的一大类无机营养素，是体内多种酶及辅酶的组成部分，在体内起到调节体液浓度、酸碱度及渗透压平衡，促进神经、肌肉、内分泌活动的作用。

矿物质元素按在体内含量的不同分成常量元素和微量元素。体内含量超过0.01％元素为常量元素，如钙、磷、钠、钾、氯、镁、硫。体内含量小于0.01％元素为微量元素，如铜、铁、锌、锰、硒、碘、钴。

(1)常量元素

①钙和磷。是骨骼和牙齿的主要成分，参与体内多种生理活动，可以激活多种酶的活性或直接作为酶的组成部分参与代谢过程。钙、磷缺乏时表现为食欲减退、生长停滞；仔猪发生佝偻病，骨骼发育畸形；成年母猪缺乏钙和磷表现为发情不正常，产后泌乳力下降或产后瘫痪；后备猪的繁殖年限缩短；公猪缺钙表现为精液品质不良，畸形精子增多。猪骨骼中钙、磷的比例为2∶1，猪日粮中一般为1～1.5∶1。高钙可影响磷、镁、铁、碘、锌、钴的吸收，导致其他元素的缺乏，而长期高磷会引起钙代谢变化或其他继发性功能异常。

②钠和氯。主要存在于体液和软组织中，作为电解质维持渗透压、调节酸碱平衡，控制水的代谢，维持肌肉、神经的兴奋并参与胃酸的形成。钠和氯在猪日粮中以食盐的形式供给，其喂量一般占日粮的0.25％～0.50％较适宜。生长猪缺钠、氯可表现为食欲减退，生产力下降，饲料利用率低，还出现异食癖、咬尾等异常现象。

(2)微量元素

①铁和铜。主要功能是参与血红蛋白的组成，转运氧气，是体内多种酶的组成成分。除作为酶的组成成分，对骨细胞、胶质和弹性蛋白的形成不可缺少外，还具有维持铁的正常代谢的功能。一般每千克日粮含铁60～100毫克，含铜4～6毫克比较适宜。缺铁

表现为贫血、生长缓慢、昏睡、被毛粗糙、易患腹泻等。缺铜时也表现为贫血、生长缓慢、四肢较弱等。试验证明，在肥育猪的日粮中添加 250 毫克/千克铜，虽然具有明显的促生长作用，但铜不仅能在猪体内蓄积，使猪肉中铜的含量超标，同时还通过粪便排出体外污染环境。因此，国家颁布的《无公害食品　生猪饲养饲料使用准则》(NY 5032—2001)中规定：体重 30 千克的猪饲料中铜的含量不应高于 250 毫克/千克；体重 30～60 千克的猪饲料中铜的含量不应高于 150 毫克/千克；体重 60 千克以上的猪饲料中铜的含量不应高于 25 毫克/千克。以此来限制滥用高铜饲料，防止损害消费者的健康。

②锰。主要功能是促进骨骼的正常发育，繁殖功能的健全。当日粮中缺锰时，猪易发生流产或产弱仔，运动失调，骨质松脆等。

③锌。体内形成多种酶的成分，主要参与碳水化合物的代谢。当日粮中缺少锌时，猪表现为皮肤抵抗力减弱，导致结痂、干裂，食欲下降，生长受阻。

④碘。参与甲状腺素的合成。当猪缺碘时甲状腺肿大，基础代谢率下降，生长受阻，妊娠母猪流产、死胎及产无毛仔猪等。

⑤硒。是谷胱甘肽过氧化物酶组成的成分，可以防止细胞和亚细胞膜受到过氧化物的危害。猪日粮中缺硒主要表现为肝坏死，血中谷胱甘肽过氧化物酶的活性降低。日粮中硒的含量过高(长期处于 5～10 毫克/千克)，可引起慢性中毒，其症状为食欲减退，无毛、肝脂肪样浸润，肝和肾退化、水肿，有时蹄壳从蹄冠处与皮分离。

猪的微量元素需要量及中毒量见表 4-3。

表 4-3 猪的微量元素需要量及中毒量 （毫克/千克）

微量元素名称	需要量						幼猪中毒量
	哺乳仔猪			生长猪		公、母猪	
	3～8千克	8～20千克	20～35千克	35～60千克	60～90千克		
铁	105	105	70	60	50	80	5000
铜	6.0	6.0	4.5	4.0	3.5	5.0	300～500
锌	110	110	70	60	50	51	2000
碘	0.14	0.14	0.14	0.14	0.14	0.14	500
硒	0.30	0.30	0.30	0.25	0.25	0.15	5～8
锰	4.0	4.0	3.0	2.0	2.0	20.5	4000

4. 维生素 维持猪体正常健康状况及正常生理功能，如生长、发育、维持、繁殖等，都需要维生素。如果日粮中的维生素含量不足或吸收不良，会引起各种特定的缺乏症或并发症。大多数维生素猪体不能自身合成，要靠饲料供给。

维生素按其溶解的性质分为脂溶性维生素（如维生素 A、维生素 D、维生素 E）和水溶性维生素（如维生素 B_1、维生素 B_2、维生素 B_3、维生素 B_{12}、生物素）。

(1)脂溶性维生素

①维生素 A。主要功能是防止疲惫症和干眼病，保证猪体正常生长，骨骼、牙齿正常发育，保护皮肤、消化道、呼吸道和生殖道上皮细胞完整，增强对疾病的抵抗力。日粮中缺乏维生素 A 导致增重下降，饲料转化率低，运动失调，后肢瘫痪，失明等严重症状。

②维生素 D。主要功能是促进钙、磷的吸收利用。缺乏时引起钙、磷吸收和代谢紊乱，使骨钙化不足，仔猪缺乏可导致佝偻病。

③维生素 E。又称生育酚、抗不育维生素。主要功能为：一是

作为细胞内抗氧化剂，使不饱和脂肪酸稳定；二是保护维生素A免受氧化。此外，人们还认为维生素E与猪体免疫系统的发育和功能有关。维生素E的缺乏症与硒的缺乏临床症状相似，可出现肝坏死，脂肪组织变黄，血管受损、水肿，胃溃疡，白肌病。种猪缺乏维生素E，睾丸生殖上皮变性。母猪的胎盘及胚胎血管受损，造成胚胎死亡和被吸收，初生仔猪弱。

(2)水溶性维生素

①维生素B_1。又称硫胺素或抗脚气病维生素。主要功能是参与碳水化合物和蛋白质的代谢。缺乏时，常表现为食欲下降，增重慢，偶尔出现呕吐、神经症状等，严重时心肌水肿、心脏扩大。

②维生素B_2。又称核黄素。主要作用是参与蛋白质、脂肪和碳水化合物的代谢。缺乏时，常表现为腿弯曲、皮厚、皮疹、白内障，母猪表现为食欲减退、不发情或早产，胚胎死亡和被重吸收。

③生物素。又称为维生素H。主要功能是参与各种营养物质的代谢，其缺乏症状表现为过度脱毛、皮肤溃烂、皮炎，蹄横裂、蹄垫裂缝并出血。

各类猪的维生素需要量见表4-4。

表4-4　各类猪的维生素需要量　(每千克日粮含量)

名　称	仔　猪			生长猪		公、母猪	哺乳母猪
	3～8千克	8～20千克	20～35千克	35～60千克	60～90千克		
维生素A(单位)	2200	1800	1500	1400	1300	4000	2050
维生素D(单位)	220	200	170	160	150	220	205
维生素E(单位)	16	11	11	11	11	15	45
维生素B_1(毫克)	1.5	1.0	1.0	1.0	1.0	1.0	1.0
维生素B_2(毫克)	4.0	3.5	2.5	2.0	2.0	3.5	3.9
泛酸(毫克)	12.0	10.0	8.0	7.5	7.0	12.0	12.0
维生素B_{12}(微克)	20.0	17.5	11.0	8.0	6.0	15.0	15.0

摘自《猪的饲养标准》(NY/T 65—2004)

5. 水分 猪体内水分占50%～80%，年龄越小含水量越高。初生仔猪水分占体重80%左右，到成年可降到50%左右。猪体内水分是靠饲料和饮水摄取的。水对猪来说是生长发育、维持生命不可缺少的营养物质。猪几天不吃料不至于死亡，而几天不喝一滴水，就会引起死亡。每头猪每天需水量大约是每10千克体重需水0.4～1.2升。母猪、仔猪多些，生长肥育猪少些。夏季多些，冬季少些。若饮水不足，不仅使猪的食欲降低，影响体内物质代谢，严重时(失水超过20%以上)会引起死亡。因此，必须供足清洁饮水，尤其夏季不能缺水。

(二)猪的饲养标准

在饲养实践中根据猪的饲养特点与营养需要，有计划、有目的地供给猪体各种营养物质，并使各营养物质之间保持适当的比例。这样，既达到经济实用，又能满足猪的不同类型及不同的生长(生产)阶段所需要的合理的营养物质定额，即称为饲养标准。

饲养标准是通过长期的生产实践和反复的科学试验，并按照猪的不同类型、性别、年龄、体重、生理状况和生产水平拟定的。饲养标准包括体重、日增重、采食量、消化能、粗蛋白质、各种氨基酸、矿物质、维生素和脂肪酸，共计40多项指标。但是，饲养标准也不是一成不变的，它随着国民经济的发展、猪种质量变化和生产水平的提高不断修订，从而使其更趋于具备实用性、合理性和科学性。世界上养猪生产发达国家，如美国、英国和日本等，都制定了猪的饲养标准，并不断修改颁布执行。我国猪的饲养标准，在过去工作的基础上，又修订出新的饲养标准。有关我国《猪的饲养标准》(NY/T 65—2004)的具体内容见附录一。

(三)日粮配合

1. 日粮配合原则

第一,要根据猪的饲养标准中规定的各种营养物质的需要量配合日粮,以满足猪对能量、蛋白质、维生素、矿物质的要求。

第二,要利用本地区现有的饲料资源,因地制宜,就地取材,使其品种多样,成本低廉,争取达到营养水平平衡或全价。

第三,精、粗饲料搭配比例要适当,配合好的日粮要达到营养合理,体积适中,适口性好。否则,体积过大,营养浓度不够,猪吃得再饱,也不能满足营养需要;若体积过小,营养浓度虽大,猪吃后没有饱感,不安静,影响正常生长;适口性差,猪不爱吃,从而影响猪的采食量,即使营养水平足够,也由于采食量不够,同样不能满足猪的营养需要。所以,要把精、粗饲料合理搭配好饲喂。猪的采食量因品种、类别、年龄不同而异,一般情况下小猪日采食量占体重的5%～5.5%;中猪4%～5%;大猪3%～4%。猪是单胃动物,对粗纤维消化能力差,因此,日粮中粗纤维含量以5%～10%为宜,小猪低些,大猪和繁殖母猪可适当高一些。

第四,配制日粮选用无公害饲料,不用劣质饲料,对某些有毒性的饲料(如棉籽饼)要严格控制喂量,并做好去毒处理。对使用的各种饲料添加剂,要采取分次预混的方法将其混合均匀后再混入整个日粮中反复掺拌均匀,否则,会发生中毒事故。同时注意一次不要配得过多,一般情况下掌握在3～5天配一次,吃完再配,时间过长会造成某些营养物质的损失。

2. 日粮配合方法　农户养猪时,一般从市场上购入浓缩料或饲料添加剂,并在此基础上将其配合成全价饲料。在浓缩料基础上配制全价饲料,相对来说比较简单,需要考虑的营养指标主要是消化能、粗蛋白质、赖氨酸、钙、磷和食盐等几项指标。日粮配合方法有方块法、联立方程式法、试差法、饲料配方软件等。其中最简单而且容易掌握的方法是试差法。

试差法是先按饲养标准规定，根据饲料营养价值表，把选用的饲料原料进行试配合，计算其中的营养成分；然后与饲养标准对照，对过多和不足的营养成分进行调整，并计算其中的营养成分；再与饲养标准对照，再调整，直到符合或基本符合营养需要规定为止。

用试差法进行配方计算，是一种经验与简单算术运算相结合的配方计算方法。用此法计算配方比例不受饲料配方的原料种数和计算指标多少限制。只要通过反复试配确定配合比例，经过验算达到营养需要标准要求，即可认定配方计算完成。具体步骤如下：

第一步，确定配方应用对象的饲养标准。

第二步，确定要在配方中使用的饲料原料种数，并选定各种饲料的营养价值。每种饲料选定多少种营养指标的价值可以不受限制，但营养指标越多，计算的工作量越大，一般用此法计算配方常选 4～5 个营养指标进行计算。

第三步，确定试配比例。根据第二步确定的饲料种数，具体试定每一种饲料在配方中占有比例，试定比例之和必须满足 100%。每种饲料试定比例的确定，应结合动物营养学、饲料学以及实际饲养实践综合考虑。

第四步，验算营养指标。依据试配比例和饲料原料的营养价值，验算第二步确定的 4～5 个营养指标。验算的方法是：各饲料的试配比例分别乘以各饲料同一个营养指标的营养价值，然后将各乘积相加，其总和即为该配方的营养指标。

第五步，判断。将第四步验算的配方营养指标与相应的营养需要标准比较，若符合要求，则第三步确定的试配比例即为正式配方的配合比例，试差法的计算过程结束。若不符合要求，则重复进行第三到第五的步骤，通过反复调整第三步的试配比例，直到符合要求为止。一般说来，同时要求满足标准需要的营养指标越多，反复计算调整的次数越多，计算工作量就越大。为了减少计算工作量，重点考虑最重要的营养指标，其他指标仅作为验算参考处理，有利于缩短配方的计算时间。

举例说明：用试差法计算 60～90 千克体重肥育猪的饲料配方。选用饲料为玉米、次粉、小麦麸、豆粕、石粉、骨粉和食盐 7 种。具体计算步骤如下：

第一步，经查《猪的饲养标准》(NY/T 65—2004)，肥育猪的主要营养需要指标如下：消化能 13.39 兆焦/千克、粗蛋白质 14.5%、钙 0.49%、磷 0.43%。

第二步，配方中计划用的饲料种数和营养价值及含量，经查本书附录二列表 4-5。

表 4-5　计划应用的饲料营养成分及含量

饲料名称	消化能(兆焦/千克)	粗蛋白质(%)	钙(%)	磷(%)
玉　米	14.18	7.8	0.02	0.27
次　粉	13.68	15.4	0.08	0.48
小麦麸	9.33	14.3	0.10	0.93
豆　粕	14.26	44.0	0.33	0.62
石　粉	—	—	35.84	—
骨　粉	—	—	29.80	12.50
食　盐	—	—	—	—

第三步，配合比例初步拟定为：玉米 58.2%、次粉 20%、小麦麸 5%、豆粕 15%、石粉 1%、骨粉 0.5%、食盐 0.3%，合计 100%。

第四步，验算初拟配方营养成分，并与营养需要指标相比较，见表 4-6。

表 4-6　验算初拟配方

饲料名称	试配比例（%）	消化能（兆焦）	粗蛋白质（%）	钙（%）	磷（%）
玉　米	58.2	14.18×58.2%=8.25	7.8×58.2%=4.54	0.02×58.2%=0.012	0.27×58.2%=0.157
次　粉	20	13.68×20%=2.74	15.4×20%=3.08	0.08×20%=0.016	0.48×20%=0.096
小麦麸	5	9.33×5%=0.47	14.3×5%=0.72	0.1×5%=0.005	0.93×5%=0.047
豆　粕	15	14.26×15%=2.14	44.0×15%=6.60	0.33×15%=0.050	0.62×15%=0.093
石　粉	1	—	—	35.84×1%=0.358	—
骨　粉	0.5	—	—	29.8×0.5%=0.149	12.5×0.5%=0.063
食　盐	0.3	—	—	—	—
合　计	100	13.60	14.49	0.59	0.456
标　准		13.39	14.5	0.49	0.43
相　差		+0.21	+0.44	+0.10	+0.026

第五步，判断第四步验算结果与营养需要指标比较，能量偏高 0.21 兆焦，粗蛋白质偏高 0.44%，钙也较高。增加麦麸比例 1.75%，降低豆粕和石粉比例分别为 1.5%和 0.25%。调整配比后计算结果见表 4-7。

表 4-7　调整配比后营养指标

饲料名称	试配比例（%）	消化能（兆焦）	粗蛋白质（%）	钙（%）	磷（%）
玉　米	58.2	14.18×58.2%=8.25	7.8×58.2%=4.54	0.02×58.2%=0.012	0.27×58.2%=0.157
次　粉	20	13.68×20%=2.74	15.4×20%=3.08	0.08×20%=0.016	0.48×20%=0.096
小麦麸	6.75	9.33×6.75%=0.63	14.3×6.75%=0.97	0.1×6.75%=0.007	0.93×6.75%=0.063
豆　粕	13.5	14.26×13.5%=1.93	44.0×13.5%=5.94	0.33×13.5%=0.045	0.62×13.5%=0.084
石　粉	0.75	—	—	35.84×0.751%=0.269	—
骨　粉	0.5	—	—	29.8×0.5%=0.149	12.5×0.5%=0.063
食　盐	0.3	—	—	—	—
合　计	100	13.55	14.53	0.498	0.463
标　准		13.39	14.5	0.49	0.43
相　差		+0.16	+0.03	+0.008	+0.033

从调整后计算结果看，各项营养指标已达到标准要求，可以结束计算。调整后的试配比例即为正式配方的配合比例。试配的配方指标合计项即为正式配方的主要营养指标。

维生素、微量元素以添加剂的形式额外添加。

（四）饲料添加剂的配制

饲料添加剂应具备的基本条件是：长期使用不应对猪产生急

慢性毒害和不良影响;在猪肉产品中的残留量不能超过国家规定的标准,不影响猪肉产品的质量和人体健康;不至于影响猪对饲料的适口性以及生殖生理功能的改变或影响胎儿正常生长;有较好的稳定性,维生素类添加剂不得失效或超过有效期限;必须有确实的经济效果和生产效果。

饲料添加剂种类很多,有营养性添加剂(如维生素添加剂、矿物质添加剂、氨基酸添加剂等)和非营养性添加剂(如抗菌促生长剂、驱虫剂、防霉剂、保健剂、抗氧化剂等),饲料添加剂的生产配制需要有一定的设备条件和专业知识。不具备上述条件的饲养场(户)可购入成品添加剂直接应用。为了对其有所了解,现将常用的几种饲料添加剂介绍如下。

1. 维生素添加剂 维生素添加剂常用的有:维生素 A 油、维生素 D_3 油、维生素 E、维生素 K、盐酸硫胺素(维生素 B_1)、核黄素(维生素 B_2)、氰钴维生素(维生素 B_{12})、烟酸、氯化胆碱、D-泛酸钙、叶酸等。其添加量除考虑猪的营养需要外,还应考虑其日粮组成、饲养方式、环境条件和猪群健康状况等。一般情况下,配合饲料中维生素的添加量应高出饲养标准 1 倍左右。

当向饲料中添加某一单项维生素时,按饲养标准中确定的营养需要量直接添加即可。若向饲料中同时添加多项维生素,为了使用方便,需配制复合维生素添加剂。在复合维生素添加剂配制过程中必须做到:①首先确定需要添加的维生素种类;②查猪的饲养标准中各种维生素需要量;③为确保使用效果,在各种维生素需要量的基础上增加保险系数(10%);④选定各种维生素原料,并确定其纯度及有效成分含量;⑤计算各种维生素原料及载体用量。

2. 微量元素添加剂 主要指铁、锌、铜、锰、碘、硒。在配制过程中必须做到:①根据使用对象,查相应的饲养标准,确定各种元素的需要量;②查饲料营养价值表,计算基础日粮中各种微量元素的含量(在实际计算中,基础日粮中的含量往往忽略不计),选用适宜的原料；③将应添加的微量元素添加量折算为纯原料量。把纯原料量折算为市售原料量；④计算出各种微量元素及载体用量。列出微量元素添加剂配方。

3. 氨基酸添加剂　在猪的饲料中添加的氨基酸主要指赖氨酸。商品饲用赖氨酸是L-赖氨酸盐酸盐和赖氨酸硫酸盐。赖氨酸盐酸盐纯度为98%，其分子中L-赖氨酸含量78.4%。赖氨酸盐酸盐在饲料中添加时，其计算方法是饲料中添加数量(克)折算成纯L-赖氨酸。如确定每千克饲料添加赖氨酸1克，那么就需要纯度为98%的L-赖氨酸盐酸盐1.3克(1÷0.98÷0.784＝1.3克)。其他氨基酸，如色氨酸、蛋氨酸和苏氨酸，根据整个日粮配方情况，合理添加。赖氨酸为第一限制性氨基酸，猪日粮中应首先满足赖氨酸的需要，然后再考虑其他限制性氨基酸需要。

饲料添加剂应贮藏在通风干燥、低温的环境中，贮藏期不要过长，一般不要超过6个月。各类添加剂要单独存放，不要混放，以防失效。

在添加剂的选择使用过程中，要根据猪的生长阶段、饲料条件和猪舍环境有针对性地添加，做到缺啥补啥，不得滥用。不准超过需要量很多，否则会引起中毒。在和配合饲料相混合时，先将添加剂和少量饲料混匀，然后逐级扩大，搅拌均匀。

(五)抗生素饲料添加剂替代品

随着人们生活水平的提高和绿色无公害消费意识的逐步形成，无公害猪肉食品已经成为了一种消费潮流。我国传统的养猪业靠大量使用抗生素来促进生猪生长、减少疾病的发生，导致了耐药性和药物残留等不良后果，给人类的健康造成了潜在的威胁；而欧盟、美国和日本等一些发达国家对进口畜产品的要求也越来越严格。因此合理使用现有的饲料添加剂，逐步减少、直至取消药物饲料添加剂和开发无污染、无公害、无残留的新型绿色饲料添加剂不仅仅是国民的要求，也是我国养猪业走出国门外销到欧美等发达国家的必由之路。

1. 微生物添加剂 微生物添加剂，又称“微生态制剂”、“益生素”等，是指在微生态理论指导下，人工分离正常菌群，并通过特殊工艺制成、可直接饲喂给动物的活菌制剂。目前我国正式批准生产使用的菌株见附录四。

一般认为微生物添加剂能促进动物健康的作用机制，促进有益菌的生长，抑制有害菌的繁殖。实际生产中，在强应激的情况下，可提高猪的生长性能，在仔猪日粮中添加效果优于肥育猪。一般微生物添加剂在日粮中的用量为1‰～3‰。微生物添加剂产品质量差异很大，养殖户应仔细选择。

2. 寡聚糖 寡聚糖作为一种绿色饲料添加剂，具有无毒、无副作用，能提高饲料利用率和生产性能等作用。

寡聚糖亦称低聚糖或寡糖。目前开发出多种寡聚糖产品，包括低聚果糖、大豆低聚糖、低聚异麦芽糖等。寡聚糖和微生物添加剂配伍，可发挥协同作用。寡聚糖化学性质稳定，作为肠道有益菌增殖促进因子而发挥功能，外源添加的微生物添加剂通过改善动物肠道内的微生物平衡而发挥功能，二者存在协同效果。

3. 中草药 中草药所含的成分多种多样，有效成分主要有生物碱、苷类、挥发油、黄酮类、鞣质、蛋白质、氨基酸、酶、维生素以及无机物等。其作用机制有多种，主要为促进消化吸收，提高抗病力。中草药饲料添加剂配方千变万化，目前尚无统一的分类。中草药生产成本高，资源有限，制约了其广泛应用。

4. 酶制剂 酶是生物催化剂，各种营养物质的消化、吸收和利用都必须依赖酶的作用。通过生物工程方法产生具有活性的酶产品，称为酶制剂。目前在养猪业中已经得到充分肯定的酶制剂主要是植酸酶、β-葡聚糖酶和戊聚糖酶。植酸酶是应用于猪日粮中最成功的范例，后两者属于非淀粉多糖酶。现阶段最常用的是复合酶。

饲料中添加植酸酶，可以减少饲料中无机磷的添加量，减少粪便磷的排放，减轻对环境的污染，而且还可以提高蛋白质、矿物元素的利用，提高消化率。β-葡聚糖等非淀粉多糖广泛存在于多种植物原料细胞壁中，是影响营养分子传递和吸收的重要的抗氧化因子。非淀粉多糖酶添加特别适合于包含小麦、次粉、麸皮、大麦、米糠的饲料，能显著提高其营养价值，可增加猪日增重。在仔猪饲料中加入外源性的淀粉酶、蛋白酶和脂肪酶来补充仔猪内源酶的分泌不足，可改善消化，减轻腹泻。在仔猪饲料中添加，可提高仔猪增重5%～15%，饲料增重比下降3%～8%。

随着玉米供应的紧张，使用小麦代替玉米以降低日粮成本成为养殖户普遍关心的问题。用小麦、次粉、麸皮代替玉米时，应添加含有木聚糖酶、β-葡聚糖酶、淀粉酶、蛋白酶等在内的复合酶，从而降低肠道食糜的黏度，促进养分的吸收，达到节本增效的目的。

5. 酸化剂　酸化剂能提高酸度，促进动物的消化吸收。酸化剂主要包括单一酸化剂和复合酸化剂，单一酸化剂分为有机酸和无机酸。目前使用的无机酸化剂主要包括盐酸、硫酸和磷酸，其中以磷酸居多。无机酸具有价格低、酸性强，在使用过程中极容易离解的特点。有机酸化剂主要有柠檬酸、延胡索酸、乳酸、丙酸、苹果酸、山梨酸、甲酸、乙酸等。复合酸化剂是将两种或两种以上的单一酸化剂按照一定的比例复合而成，复合酸化剂可以是几种酸配合在一起使用，也可以是酸和盐类复配而成。一般仔猪日粮中常添加酸化剂。

6. 大蒜素　大蒜为单子叶植物百合科葱属植物蒜的鳞茎，在我国南北地区均有种植。大蒜的活性成分为大蒜素。大蒜素能杀灭病菌，清瘟解毒，其主要成分为三硫化二丙烯和二硫化二丙烯。大蒜素添加仔猪、肥育猪及母猪日粮中，可提高猪的采食量、抗病力、促进猪的生长。

第五章 猪的繁殖技术

猪的繁殖水平高低，不仅直接关系到养猪生产的发展，而且对饲养成本、经济效益都有很大影响。要提高猪的繁殖力，达到配种受胎率高、产仔头数多、初生体重大，就必须掌握先进的繁殖技术，并采取科学的繁殖管理办法，以期收到良好的繁殖效果。尤其是饲养瘦肉型猪种，掌握先进的繁殖技术更为重要。

一、猪的性成熟与初配年龄

猪的性成熟与品种、气候和饲养管理条件有关。我国地方猪种性成熟比较早，公猪在3～4月龄时睾丸开始产生精子，母猪有发情表现。瘦肉型猪性成熟较晚，一般在6月龄以后公猪性成熟，母猪开始有发情表现。公猪性成熟后，还不能用来配种，因为此时身体还在生长发育。若配种过早，不仅直接影响公、母猪本身的生长发育，而且母猪即便是妊娠，也产仔少，产弱仔，易引起胚胎早期死亡和发生难产；公猪则会引起早衰，缩短其利用年限。配种过晚，会使公猪骚动不安，性功能亢进而引起自淫恶癖；母猪则浪费饲料，增加了饲养成本。所以，要正确掌握公、母猪的初配年龄和体重，科学合理地利用种公、母猪，提高其繁殖性能，延长利用年限，发挥其最大的种用潜力。在正常饲养管理条件下，国内地方猪种，公猪8～10月龄、体重60～70千克，母猪8月龄左右、体重50～60千克开始配种为宜；瘦肉型猪种，公猪10～12月龄、体重110～120千克，母猪8～10月龄、体重100～110千克开始配种为宜。

二、猪的发情与配种

（一）母猪发情征兆与配种适期

母猪达性成熟后即出现发情征兆。性成熟后的第一次发情称为初情期，此时不能配种。初情期过后，随着母猪日龄和体重的增长，达到或接近适宜的初配年龄和体重并再次发情时，即可参加配种。一般来说，在母猪的第三个发情期配种比较合适。在生产实际中，由于受饲养管理条件、气候条件和日粮营养水平的影响，猪的生长速度不一样，有的初配年龄已到，但体重较小，而有的体重虽到，但年龄较小，遇到这种情况，应根据猪的体况、体重灵活掌握，两者兼顾即可。母猪上一次发情到下一次发情的这段时间叫发情周期（又称性周期）。母猪刚到达性成熟，发情不太规律，经几次发情后，就比较有规律了。在正常饲养管理条件下，母猪的发情周期为18～23天，平均21天。从发情开始到结束这段时间叫发情期，一般持续3～5天，初产母猪发情期略长于经产母猪。母猪发情期又分为前、中、后三期。

发情前期：母猪食欲减退，精神不安。外阴潮红，稍膨大，阴门内黏膜呈淡黄色，阴门内流出白色透明黏液。这时母猪不让饲养人员靠近，若赶公猪试情（配种），母猪不让公猪爬跨。此段时间持续1天左右。

发情中期：食欲逐渐减少，甚至不食，精神不安。外阴膨大如核桃形，阴门内黏膜潮红，黏液外溢，阴户掀动，频频排尿。这时饲养员若进圈，母猪主动靠近。用手按压母猪腰背母猪呆立不动，若赶公猪配种，母猪允许公猪爬跨。如果黏液由清变浊，手感滑腻，可以开始配种。此段时间持续1～2天。

发情后期：食欲逐渐恢复，精神恢复正常。外阴逐渐收缩，阴门内黏膜呈淡黄色，如果赶公猪配种，母猪不再让公猪爬跨。此段时间持续 1～2 天。

在生产中发现个别母猪发情征兆不够明显，尤其是瘦肉型猪初配母猪发情时，若不仔细观察，往往被错过配种机会。因此，当瘦肉型猪初配母猪达到初配年龄和体重并开始配种时，要反复仔细观察，并及时用公猪试情，效果很好。

母猪适宜的配种时间是在发情中期，但因年龄不同，其发情持续期长短不一。实践证明，老龄母猪发情期持续较短，配种时间要适当提前，最好在发情的当天开始配种；初配母猪发情期持续期稍长，可适当晚配，在发情后的第三天配种；青壮年母猪发情期持续时间长短适中，一般在发情后的第二天配种。养猪生产者总结出的经验是“老配早，少配晚，不老不少配中间”。

（二）配种方法

配种方法有本交（自然交配）配种和人工授精配种两种。本交配种又分为单次配种、重复配种、双重配种和多次配种四种方法。

1. 单次配种　指在母猪的一个发情期内只用一头种公猪交配 1 次。这种配种方法在适时配种的情况下，可以获得较高的受胎率，但是，生产中往往难以掌握最适宜的配种时间，从而降低受胎率和产仔数。所以，除非公猪数量不足，否则一般不宜采用此种配种方法。

2. 重复配种　是指在母猪的一个发情期内，用同一头种公猪先后配种两次，即在第一次配种后间隔 8～12 小时再配种一次，这样可提高母猪受胎率和产仔数。目前多数猪场采用此种配种方法。

3. 双重配种　在母猪的一个发情期内，用不同品种的两头公猪或同一品种但血缘关系较远的两头公猪先后间隔 10～15 分钟各与母猪配种一次。这种配种方法，不仅受胎率高，而且产仔多，所产仔猪生存力强。

4. 多次配种　在母猪的一个发情期内隔一段时间，连续采用双重配种的方法或重复配种的方法配几次，这样可提高母猪多怀胎、多产仔、产好仔的效果。

以上配种方法，应根据猪的不同生产用途选择应用。在瘦肉型猪种原种场为避免血统混杂，应采用单次配种和重复配种方法；而利用瘦肉型猪种作父本与地方猪种（或杂交母本猪种）进行二元或三元杂交，生产杂交商品瘦肉猪的商品猪场，除采用单次配种和重复配种的方法外，还可采用双重配种和多次配种的方法。

（三）公猪调教与人工辅助配种

有的种公猪达到初配年龄和体重时不能正常参加配种，其表现为对发情母猪不感兴趣，无爬跨动作和交配要求。尤其是瘦肉型公猪，表现更为突出。遇到这种情况要及时进行调教训练，其方法为：把公猪赶到发情母猪舍内待一段时间，让其多接触，从而增加对母猪的亲和力和异性刺激；把公猪赶到正在参加配种的母猪舍内，让其现场观摩，增加感性认识；人工反复按摩公猪包皮，刺激阴茎伸出，提高其性欲。在配种过程中，只要首次配种获得成功，以后配种就比较顺利；若第一次配种失败，直接影响公猪情绪，以后配种很难成功。对性欲较低的公猪，初次配种时应选择发情明显、体重接近且比较温驯的母猪与之交配，并人工辅助使其初配成功。

（四）公猪性功能障碍

公猪的性功能障碍瘦肉型猪种高于国内地方猪种。公猪出现性功能障碍，表现为到了一定初配年龄和体重，开始配种使用时，对发情母猪不感兴趣，既无爬跨动作，也不口吐白沫，无任何交配行为。发现这种情况时，要根据公猪体况采取不同的措施。对过于肥胖的公猪，要适当减料撤膘，增喂青绿多汁饲料，增加运动量；对过于瘦弱的公猪，要提高日粮营养水平，增喂蛋白质饲料，尤其是增喂动物性蛋白质饲料及青绿多汁饲料，多晒太阳，提高性欲。经采取上述措施仍不见效时，可肌内注射绒毛膜促性腺激素1 000～2 000 单位，促进雄性激素的分泌。同时使之多接触母猪，人工按摩包皮，增加性刺激。大多数公猪能恢复性功能，正常配种。对由于遗传因素和生理原因而引起性功能障碍的公猪，要及时淘汰处理。

三、猪的妊娠与接产

（一）早期妊娠检查

母猪妊娠期为 113～115 天，平均 114 天。母猪配种后是否妊娠，要在早期确定以防止空怀。母猪的早期妊娠检查方法有：观察法、直肠检查法、公猪试情法、超声波检测法、阴道解剖法和激素测定法。但现场常用的方法是观察法和超声波检测法。

1. 观察法 一般从母猪上一次配种后的第十八天开始观察，如果不再发情，并且食欲旺盛，动作稳重，贪睡，皮毛逐渐有光泽，膘情渐渐变好，表明已经妊娠。同时还可根据母猪配种后阴户的收缩情况确定，凡阴户收缩，阴户下联合向上弯曲的即为妊娠。有的母猪在配种后 20 多天出现假发情。假发情的母猪，发情征象不明显，持续期短，虽稍有不安，但食量不减，对公猪反应不明显，若赶公猪与之交配，母猪拒绝公猪爬跨。出现这种情况，就是假发情。如果在下一个发情期到来时，母猪阴户肿胀，精神不安，发情征象明显，则说明没有妊娠，要及时补配。该方法简单易行，但需要有一定的实践经验，是最常用的妊娠诊断方法。

2. 超声波检测法 超声波检测法采用超声波妊娠诊断仪对

母猪腹部进行扫描，观察胚胞液或心动的变化。28 天测定时有较高的检出率，不仅可确定妊娠，而且还可以估测胎儿的数目，无伤无痛，可重复使用，缺点是一次性投资较高。

（二）预产期推算

妊娠母猪的预产期，是从最后一次拒绝配种日期起加上 114 天。另一种简便的计算方法是，“月减 8、日减 7”，就是说在配种月数上减去 8，再从日数上减去 7，得到的日期就是预产期。例如，5 月 4 日配种，5 减 8 即 5（月）加上前一年的 12（个月）等于 17（个月），再减去 8（个月）为 9（月）；日减 7 即 4（日）加上前一个月的 30（天）等于 34（天），再减去 7（天）为前一个月（8 月）27（日），预产期为 8 月 27 日。

（三）接　产

根据母猪的预产期，在临产前 7～10 天做好接产准备。如清理栏圈，消毒，备好接产用具、药品等。在早春或冬季产仔时要采取保暖措施，如设仔猪保温箱（灯）、仔猪电热板等。同时要保持猪体清洁，特别是腹部、乳房、外阴等处的清洁卫生。

对临产前的母猪要随时注意观察其行为和体态的变化。临产前的主要征兆是乳房变大，有絮窝表现，当用手挤压乳房有清水样乳汁流出时，2～3 天即可分娩；当阴户松弛，尾根两侧凹陷（俗称塌胯），挤出的乳汁比较浓稠时，大约 1 天左右即可分娩。若发现母猪呼吸急促，起卧不安，频频排尿，粪球碎小，阴户流出黏液时，即马上就要分娩，应立即做好接产准备。

接产时要保持舍内安静，勿使母猪受惊。接产员要换上工作服，剪短指甲，手臂消毒。当羊水流出时即为产仔前兆，这时母猪多半侧卧，屏住呼吸，腹部膨起，四肢伸展，努责，尾巴摇动表示仔猪即将产出。仔猪产出后，接产员立即将仔猪口鼻黏液掏除，并用干布擦净仔猪口鼻、身上的黏液，将脐带内的血液向仔猪腹部方向挤压，在离腹部 4 厘米左右处将脐带扭断或剪断，断端用碘酊消毒，一般不需结扎。如果脐带出血，可用手指捏住或用线结扎，直到不流血为止。有时产出的仔猪被胎衣包住，应立即撕破胎衣，放出羊水，以免仔猪窒息死亡。在冬季接产做好上述处理工作后，应立即将仔猪放到保温灯下或保温箱内。

仔猪出生后 2 小时内必须吃上初乳。有的仔猪出生后出现“假死”现象，表现为不会动，无呼吸，但是脐带根部仍有跳动。对假死仔猪的抢救方法是，先擦去口鼻内的黏液，将脐带扎紧，一手倒提起仔猪后腿使其头朝下，另一只手轻轻拍打胸部，使口、鼻内黏液流出，然后使仔猪仰卧，抓住前腿有节奏地前后屈伸，一松一紧地压迫胸部做人工呼吸，直到恢复呼吸发出叫声为止。也可堵住仔猪嘴巴，对准鼻孔有节奏地吹气。

母猪产仔结束后，立即清除胎衣及污物，用温水和干净布擦净母猪外阴及后躯，并给母猪饮水。产后 3 天要控制喂食量，供足饮水，防止发生乳房炎或便秘。3 天以后逐渐增加喂食量，至 1 周后恢复到正常饲喂量。

(四)母猪假妊娠与难产处理

有的母猪配种后并未妊娠，但肚子一天天大起来，乳房也变大，“临产”期前后有时奶头还能挤出奶水，但最后并不产仔，肚子和乳房又慢慢收缩回去，这种现象称为假妊娠。预防假妊娠的方法，主要是改善母猪营养，预防和治疗生殖器官疾病，在日粮中添加多种维生素及青绿多汁饲料。有条件时最好做到常年喂青，对确保母猪正常发情、排卵、受胎大有好处。

母猪难产多见于体质瘦弱或体型较小的初产母猪，多因体质弱，子宫收缩无力或胎体过大，骨盆腔狭窄而引起难产。发现母猪难产时，先用双手托住母猪后腹部，随着母猪的努责，向臀部方向用力推送，促使胎儿产出。当看见仔猪头或腿时进时出时，可用手抓住仔猪的头或腿，随母猪用力而轻轻拉出。当母猪用力努责，仔猪仍产不下来时，可实施掏排术或剖宫产手术。

四、猪的人工授精

在本交情况下，1 头种公猪 1 次仅能配 1 头母猪，1 年可承担 80～100 头母猪的配种任务。而采用人工授精技术，1 头种公猪 1 年能承担 300～500 头母猪的配种任务，较本交提高 3～4 倍。为了挖掘种公猪的种用潜力，应大力推广采用人工授精技术。另外，人工授精还能克服公、母猪体重悬殊过大，交配不便的矛盾，同时由于公、母猪不直接接触，有利于防止疫病的传染。

（一）人工授精常用设备

1. 采精设备　包括采精室、采精台（也叫假台猪，用木料制成，要坚固耐用），假阴道（分内胎及外壳两部分），集精瓶、胶皮漏斗、双连球、温度计等。

2. 精液检查、稀释和保存设备　包括普通显微镜、盖玻片、载玻片、量筒、三角烧瓶、小天平、广口保温瓶等。

3. 输精器材及消毒用品　包括玻璃注射器（规格 20 毫升、50 毫升各 1 支），输精胶管（质地要硬），高锰酸钾，来苏儿，酒精，药棉，纱布，消毒铝锅，长柄镊子等。

4. 其他用品　脸盆、毛巾、液状石蜡油、阴道开张（膣）器、子宫洗涤器、采精及配种登记簿、大小毛刷等。

上述各项器材在医疗器械门市部都可买到，所需数量可酌情购置。有的可以自己制造或用代用品，例如用铁皮或竹筒自制假阴道外壳，用大口瓶代替集精瓶；用一般胶皮管代替输精胶管等。

若徒手采精，假阴道、胶皮漏斗、双连球等可不必制备。

（二）采精前准备

采精要选择在离公猪舍较近的地点。采精前应做好各项准备工作。若室内采精，应打扫干净，并进行消毒。若使用假台猪要对假台猪进行检查，看是否牢稳。常用的采精方法有徒手采精和假阴道（图 5-1）采精两种。徒手采精要做好手臂消毒，备好集精杯；假阴道采精要做好假阴道的消毒、润滑、灌温水、吹气等工作。无论采用哪种方法，都必须提前做好公猪的调教工作。采精前对种公猪下腹部及包皮用 0.1％的高锰酸钾进行消毒并擦干。若在室外采精，要选择宽敞平坦、背风向阳的地方。冬季最好在室内采精并采取保暖措施。

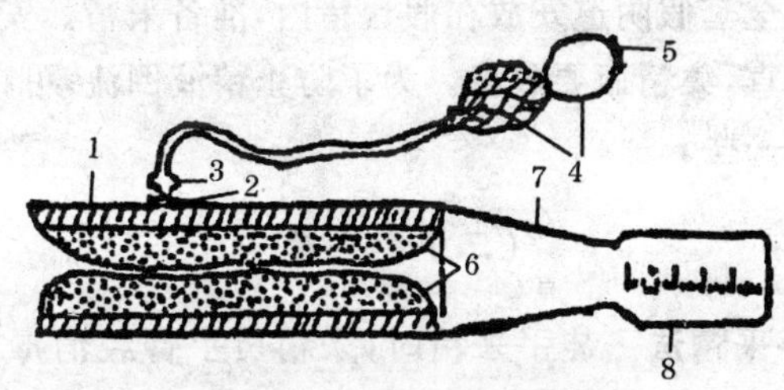

图 5-1　假阴道示意图

1. 假阴道外壳　2. 注水孔　3. 注水孔活塞　4. 双连球　5. 双连球活塞　6. 假阴道内胎　7. 胶漏斗　8. 集精瓶

1. 假阴道的安装　即将检查过不漏水的胶皮内胎（在胶皮内胎里灌水，抓紧两头挤压，观察是否有漏水砂眼）光滑面朝里，装在假阴道外壳内，两端露出相等的部分翻卷在外壳上，使其松紧适度，平正无扭褶，在离注水孔的近端，套上胶漏斗，外壳两端分别以胶圈固定。

2. 假阴道的消毒　用长柄镊子夹取 70％的酒精棉球，将内胎及胶漏斗进行彻底擦拭消毒，待酒精挥发后，再把消毒和用稀释液冲洗过的集精瓶安在胶漏斗的小端。然后由注水孔注入 40℃～50℃的温水 500～800 毫升,并在注水孔处安上调节钮和双连球。水温和水量,应根据气温的高低和公猪采精的难易灵活掌握,一般使假阴道内部的温度夏季达到 38℃～40℃,冬季保持在 40℃～42℃。但开始采精时假阴道的温度,应保持 38℃～40℃,在气温较低的季节,假阴道和集精瓶应加保温措施。

注水后涂灭菌的滑润剂(滑润剂可用白凡士林与液状石蜡 1∶1 制成)。用消毒的玻璃棒蘸取滑润剂,由外口向里均匀涂抹,深度达假阴道外壳长度的 1/2～2/3 即可。随后用双连球打气加压。气压的大小要根据公猪个体习惯灵活掌握,一般是以假阴道外口呈平满的三角形为宜。

最后把全套假阴道安放在假台猪内,准备采精。安放要牢靠,胶漏斗要拉直,集精瓶要放稳。为了防止精液倒流,可把胶漏斗的一端稍放低一些。

(三)采　精

1. 徒手采精法　徒手采精时,采精员手臂经消毒(或戴乳胶手套)后,待公猪爬上假台猪时,蹲于假台猪右侧,左手握成小空拳,拳心向下,右手按摩公猪包皮促使阴茎伸出。当公猪阴茎伸出后让其自行插入拳内,立即握紧阴茎,并使龟头尖端露出拳外 0.5 厘米左右,做到不滑掉,又不太紧。过紧时,公猪因不舒适、有痛感,往往立即跳下来;握得过松,会使阴茎滑出手外,向前乱伸,容易擦伤阴茎。

当公猪的阴茎来回抽动时,拳掌也随阴茎的抽动一紧一松,有节律地收缩,直至使其充分射精。最先排出的精液清亮并带有尿液,不可收集;等排出乳白色或灰白色精液时,立即用集精瓶收集;当排出胶状物时,用手指排掉。公猪射完 1 次精液后,左手应有节奏地收缩,并用拇指轻轻地摩擦阴茎前端以刺激其继续射精。一般在1次采精过程中，公猪射精2～3次。在公猪射精完毕、退下假台猪时，用手轻轻地将阴茎送回包皮内。

徒手采精是一种简单易行的方法，操作简便，不需要专门的采精器械，便于在农村推广应用。但由于在采精过程中，精液同空气接触的机会比假阴道方法要多，因此，要特别强调无菌操作和防止精液受污染。在寒冷季节，还要注意加保温措施，防止精子受低温打击，即用集精杯收集精液。

2. 假阴道采精法 假阴道采精时，采精员右手紧握假阴道，蹲于假台猪右侧(图5-2)。当公猪爬上假台猪阴茎勃起时，用左手速将阴茎导入假阴道内，然后有节奏地握捏连在假阴道上的双连球，使假阴道内的压力时大时小，有节律地收缩，以刺激公猪射精。握压双连球的频率和强度，要根据公猪交配时的状态灵活掌握，通常每分钟握压20～30次。

图5-2 用假台猪采精示意图

当公猪伏在假台猪上，闭目不动，尾根和肛门部有节奏的收缩时，并发出哼哼叫声，即开始射精。公猪射精时可以不压双连球。

当公猪射精完毕退下假台猪时，便可取出假阴道，将精液送入检精室。

3. 采精后的注意事项 采精后，采精场所应简单清理。种公猪最好运动数分钟后，再回圈休息。假阴道采精，采精后的假阴道应立即卸下，并浸泡在温水中，然后用肥皂或洗衣粉水洗去油污，再用清水冲洗干净，同时检查内胎有无漏水或破损，最后将光滑面朝里，吊在室内无尘处。

(四)精液品质检查

公猪精液品质的好坏,对母猪的受胎率和产仔数影响很大。因此,每次采精后要进行精液品质检查,鉴定精液品质优劣,决定精液的舍取,以确保较高的受胎率和产仔数。评定精液品质的主要指标有:射精量、精液的颜色及气味、精子活力、精子密度、精子存活时间、精子畸形率。一般每次采精后只对前三项指标进行常规检查,有条件的单位应定期(15～20 天)对上述指标进行全面系统的检查。

1. 射精量　公猪的射精量,在正常采精频率下一般 200～300 毫升,每次射出的精子数约 300 亿～500 亿个。射精量因品种、年龄、采精间隔时间、营养水平以及饲养管理等而有差别。

2. 精液的颜色和气味　正常精液颜色为乳白色或灰白色,有一种特殊腥味。

3. 精子活力　精子活力就是精子的活动能力,精子的活动分直线前进、旋转、原地摇摆 3 种方式,以直线前进活动的精子活力最好。一般以直线前进运动的精子占总精子数的比率来表示。猪精子活力的评定方法一般采用“十级一分”制。检查时,用灭菌的玻璃棒蘸取原精液 1 滴(高粱粒大小),点在清洁的载玻片上,再轻轻地盖上盖玻片,然后在放大 250～600 倍的显微镜下检查。检查时光线不宜太强,室温为 18℃～25℃,精液及载玻片的温度应保持 35℃～38℃。

精子活力评定全靠目测。在一个视野中,若呈直线前进运动的精子为 100%,则评为 1 分,90%的评为 0.9 分,80%的评为 0.8 分,往下以此类推。精子全部呈摆动记“摆”,全部死亡记“死”。

4. 精子密度　精子密度是指每毫升精液中的精子数目。检查方法常用估计法和计数法。

(1)估计法　是根据视野中精子之间的距离大小、稠密程度进行估计。检查方法是,取原精液1滴,滴在载玻片上,覆上盖玻片,然后置于250～400倍显微镜下观察。大致可分为“密”、“中”、“稀”三级。一般认为在一个视野中,精子所占的面积大于空隙部分为“密”,相反为“稀”,密稀之间为“中”。猪的精液通常认为每毫升含精子3亿个以上为“密”,1亿～3亿个为“中”,1亿个以下为“稀”(图5-3)。

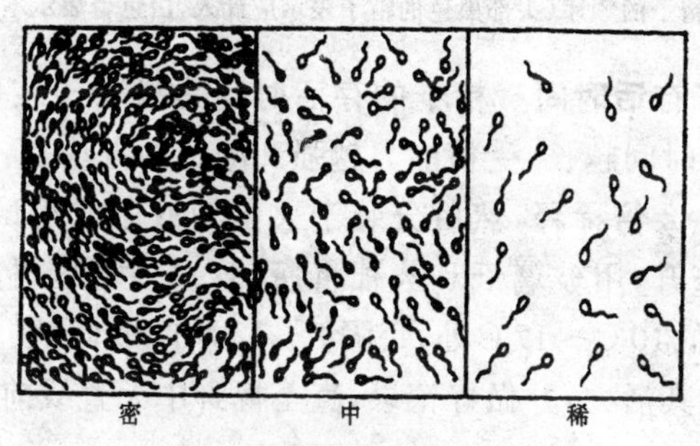

图5-3 精子密度等级示意图

(2)计数法 为了准确测定精液中所含精子数,可用血球计算器进行计数。具体操作是:先将盖玻片盖在计算板的正中,放在400～600倍显微镜下,对好光线,找准计数室。然后用白血球吸管吸取原精液至刻度0.5处,再吸入3%的氯化钠溶液至刻度11处(稀释20倍),以拇指与食指分别按住吸管的两端,充分震荡均匀,将吸管前部的液体(不含精子)弃去1～2滴,然后再向计数室与盖玻片之间的边缘滴1小滴,使精液渗入计数室内。最后调好显微镜进行计数。

计数时,应数5个有代表性的大方格(即80个小方格)的精子数。对头部压大方格边线的精子,只数任意两条边线上的精子,以免重数或漏掉(图5-4)。然后在5个大方格内所数精子总数后面加6个零。例如:5个大方格内精子总数为281个,那么每毫升精液中精子总数即为2.81亿个。

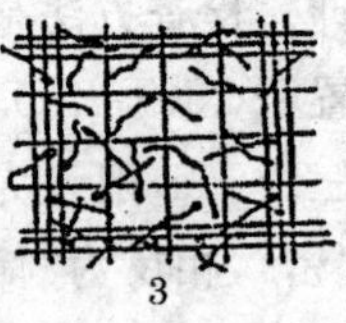

1　　2　　3

图 5-4　用血球计算器计算精子的方法

1. 将稀释后的精液滴入计数室　2. 计数室内的方格，黑色框为应数的方格
3. 计算精子的顺序（头部黑色的精子表示应计入，白色者表示不应计入）

5. 精子存活时间　精子的存活时间是指精子在体外保存的寿命。存活时间越长，受精能力越强。测定的方法是：将滤过的精液按 1：1～2 倍稀释，然后分装于灭菌精液瓶或小试管内，每管（瓶）2～4 毫升，用玻璃纸和药棉将瓶（管）口塞紧，再用数层纱布包好，放置在 10℃～17℃处，每隔 8～12 小时取样，在 35℃～38℃条件下检查其活力，并做好记录，直至视野中无直线前进运动的精子为止。

检查时，把开始和每次检查的时间、两次检查间隔的时数、精子的活力以及前后两次检查活力的平均值，都记在精子存活时间检查记录表中（表 5-1）。按下列公式计算。

$$\text{精子存活时间}=\frac{\text{各次检查间隔}}{\text{时间的总和}}-\frac{\text{最后一次间隔}}{\text{时间的一半}}$$

正常的精子存活时间应为 36～60 小时，生存指数不低于 10。

表 5-1　精子存活时间记录表

检查时间		两次检查间隔时间（小时）	精子活力的评分	2 次检查平均活力	2 次检查平均存活时间（小时）
月日	时间				
采精当天	6:00	0	0.8	—	—
	14:00	8	0.5	0.65	0.65×8=5.2
	22:00	8	0.3	0.4	0.4×8=3.2
第二天	10:00	12	0.2	0.25	0.25×12=3
	22:00	12	0.1	0.15	0.15×12=1.8
第三天	10:00	12	摆动	0.05	0.05×12=0.6
存活时间		46	生存指数		13.8

6. 精子畸形率　畸形精子也叫变态精子，没有受精能力。精液中如发现大量变态精子，即证明精子在生长过程中受到破坏。畸形精子过多，精液品质低劣，影响受胎效果。

如果饲养管理不当，公猪睾丸或附睾有疾病，长期未配种或配种过度以及采精不当等均能造成畸形精子的增多。

畸形精子的种类有很多，如双头精子、双尾精子、有头无尾精子、有尾无头精子等（图 5-5）。

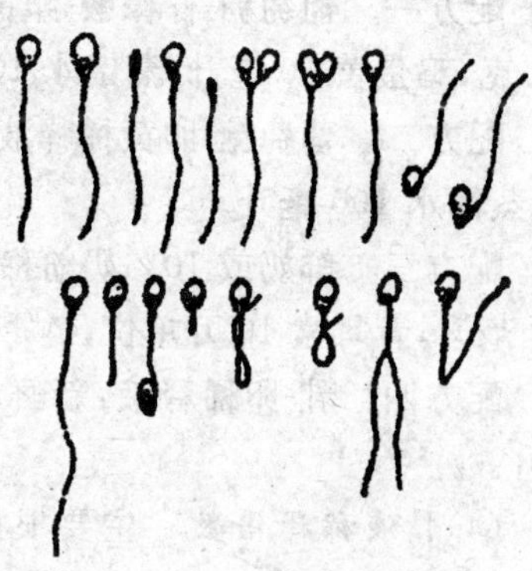

图 5-5　畸形精子形态

正常情况下，精子活力在 0.65～0.75 级以上，精子密度中等以上，畸形率不超过 18%～20%。如果精液颜色呈淡黄色（混有尿液）、淡红色（混有血液)、黄绿色(混有脓液)或有臭味,精子活力低于0.5级,密度过稀以及畸形率超过20%时则不宜使用。

(五)精液的稀释、保存与运输

1. 精液的稀释

(1)精液稀释目的　采得原精液后,为了增加精液容量和配种头数,延长精子存活时间,必须利用专门的稀释液进行精液稀释。

(2)稀释液配制要点　所用葡萄糖、柠檬酸、奶粉应用正规厂家生产的合格产品,准确称量;鲜奶要新鲜,用6～8层纱布过滤,煮沸消毒2～4分钟,取出后冷却至20℃～30℃,去掉奶皮,备用;卵黄,需取自新鲜鸡蛋,用注射器或吸管刺破卵黄膜抽取,亦可用玻璃棒剥开卵黄膜将卵黄轻轻倒出(不能混入卵白和卵黄膜),取一定量在容器中搅拌后再倒入稀释液中混匀;抗生素选用正规厂家生产的合格产品,纯度要高。

(3)稀释液配方

配方一　葡萄糖-柠檬酸-卵黄稀释液:葡萄糖5克,柠檬酸钠0.5克,鸡蛋黄30毫升,蒸馏水100毫升。

配方二　葡萄糖-卵黄稀释液:葡萄糖5克,鸡蛋黄20～30毫升,蒸馏水100毫升。

配方三　鲜奶或10%奶粉稀释液:鲜奶(或10%奶粉稀释液)100毫升,青霉素10万单位,链霉素0.1克。

配方四　乳-卵稀释液:新鲜乳(脱脂乳)100毫升,鸡蛋黄10毫升。

(4)精液稀释倍数　主要根据精子密度来定。密度大、活力高,可多加稀释液;反之,则少加稀释液。因为母猪每次的输精量所需精子数以50亿～110亿个、输精量30～50毫升为宜,所以稀释后的精液,每毫升含精子1.67亿～3.67亿个为宜。一般稀释1～3倍。

(5)稀释方法　稀释精液时，应将稀释液缓缓地沿着器壁倒入精液中，而不能将原精液倒入稀释液中。加稀释液时速度要慢，以免精子受到剧烈冲击造成损伤。然后分装、封好，在贮精瓶上注明公猪品种、耳号、采精时间、精液质量等。稀释液的温度应与精液温度一致。

2. 精液的保存　精液的保存方法，按其温度的差异，可分为常温、低温和超低温冷冻保存法。采取常温保存法(15℃～20℃)，也称室内保存法，可以保存1～3天；低温保存法(0℃～5℃)效果不如常温保存法；超低温冷冻保存法即在液氮(－196℃)冷藏器中保存。目前常用常温保存法和低温保存法。

(1)常温保存法　猪的鲜精输精，保存精液的适宜温度是12℃～18℃，在这种温度下，精子运动虽明显减弱，但其代谢过程并未停止。因此，只能在一定限度内延长精子存活时间，可以保存数日。此方法因为不需要低温装置，实用性比较好。但为了防止微生物的侵害，在稀释液中必须加入一定量的抗生素。该温度在普通冰箱中调节即可，方便又恒定。

在农村，可将精液瓶用塑料袋装好，放在底部穿孔的竹筒或竹篮等容器内，再把竹筒或竹篮连同精液瓶一起放到挖好的土井底保存，用时从井底取出。

(2)低温保存法　指在常温下进一步降低温度，使接近冰点。方法是把稀释的精液放在冰箱内或装有冰块的保温瓶中，温度一般控制在0℃～5℃，在这种温度下，精子运动完全停止，代谢显著降低，所以保存时间长于常温保存。

(3)超低温保存法　指将精液的温度降到冰点以下，使精液冻结起来，又叫冷冻保存。超低温保存的温度一般为－29℃～－196℃。在此温度下，精子的代谢完全停止，保存时间较长，经数月或数年后仍可使用，但要注意液氮罐中的液氮含量。

3. 精液的运输　精液稀释后，若需要运输到外地给母猪输精，应按头份分装，尽量把精液装满，塞紧瓶口，贴上标记，注明品种、耳号和精液质量。如常温精液，2 小时之内的短途运输，可将贮精瓶用毛巾或纱布包好，或装在特制的精液运输袋内，再放入提包或衣袋内即可运送。在运输途中，应力求温度稳定不变，若气温过高或过低时，可用 15℃水浸过的毛巾包裹贮精瓶，装入塑料袋内，进行运输。如果路途较远，最好用保温瓶(箱)进行运输。

经保存和运输的精液，输精前应逐渐升温至 35℃左右，有条件的用前应检查精子活力。

(六)输　精

为了确保母猪输精后能够获得较高的受胎率，除了依据发情鉴定结果做到适时输精外，还要采取正确的输精方法。一般情况下每头母猪一个发情期可输精 2 次，第一次在母猪发情后 18～20 小时，间隔 10～12 小时后再输精 1 次。输精量一般每头母猪每次 20～50 毫升。

1. 输精方法　输精时，要使母猪自然站稳，对不安静的母猪，应稍加保定。输精员一手开张母猪阴门，一手持输精器，将输精管前端插入阴门，先斜向上方插入 15 厘米左右，然后沿平直方向慢慢插入，边捻转，边抽送，边插入。待插入 30 厘米左右感到插不进时，稍稍向外退一点即可输精。输精时，一手固定输精管并随时揉捏母猪阴核，增加母猪快感，一手提高注射器或精液瓶(图 5-6)。输精速度不宜太快，所需时间随母猪

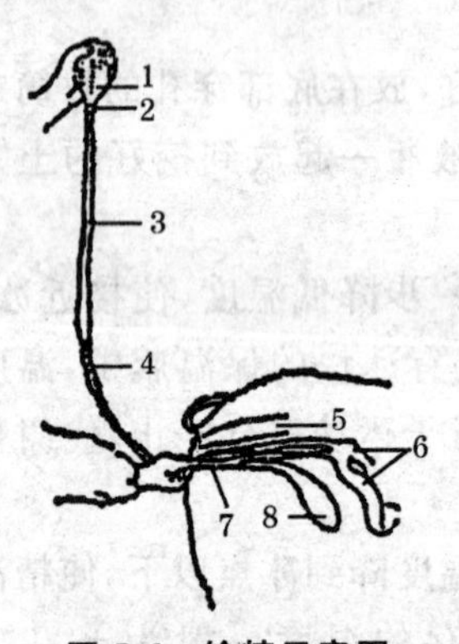

图 5-6　输精示意图

1. 精液瓶　2. 进气孔　3. 橡皮管　4. 输精管　5. 直肠　6. 子宫角　7. 阴道　8. 膀胱

子宫颈的松紧度而定，一般 2～5 分钟。在输精过程中，如发现精液倒流时，可以暂停，活动几下输精管再继续输。如果母猪走动，应立即跟随，待停稳后再继续输完。输精完毕后，将输精管提高并慢慢抽出，然后用手按压母猪腰部，以免母猪弓腰收腹，造成精液倒流。

2. 输精时间、次数与注意事项 人工授精时间和次数与本交相同。其注意事项：①输精时，精液的温度应不低于 30℃，输精器械也应保持相应的温度；②对个别输后逆流严重的，应及时补输；③输精后，使母猪安静，不得急赶；④输精胶管用过后立即清洗消毒备用。

（七）采精台的制作

假母猪台，亦称采精台，是猪人工授精的必要设备。假母猪台的制作力求简便、结实，便于操作，公猪易于爬跨，且要因地制宜设置。制作假台猪，可根据公猪的体型大小，仿照母猪的体型，用木料（或钢制支架）制成。台猪的体侧和背部，用柔软的草或麻袋片包裹，表面用带毛的猪皮（或黑胶皮）包好，后端可加盖一层塑料泡沫，留一定空间安装假阴道。有条件的单位，可用自控型的假台猪（假阴道电热控温，自动调压、升降）采精。采精台的构造见图5-7。

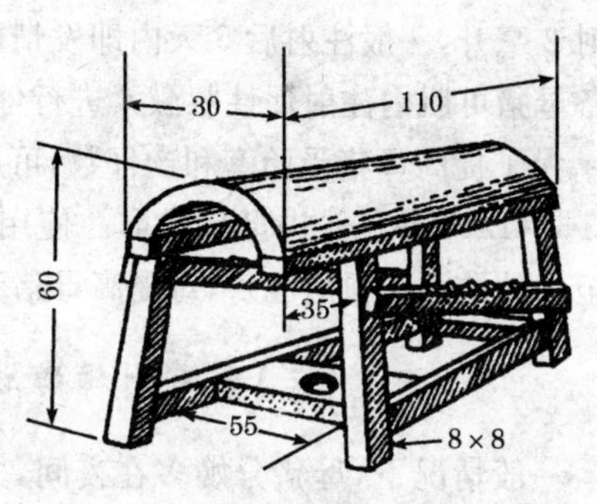

图 5-7 采精台的构造 （单位：厘米）

五、猪的高产繁殖技术

（一）疫苗预防猪的繁殖障碍病

猪的繁殖障碍病有猪细小病毒病、猪乙型脑炎、伪狂犬病、猪繁殖与呼吸综合征、猪圆环病毒病、猪瘟等，其疫苗、药物预防办法见第八章猪常见病无公害防治。

（二）药物诱导母猪发情、排卵

采取合理的营养水平使母猪处于良好的种用体况，是确保母猪正常发情、排卵的基础。但是，母猪发情、排卵是一个复杂的生理过程，受体内多种因素的制约，特别是体内激素的制约。正常情况下，母猪断奶后 3～7 天即可发情配种。对断奶后 7 天以上仍不发情的母猪，可采用药物催情、排卵。常用药物有三合激素，每毫升含丙酮睾丸素 25 毫克、黄体酮 125 毫克、苯甲酸雌二醇 15 毫克。1 次肌内注射 2 毫升，一般注射后 5 天内即发情配种。对发情症状不明显的后备母猪可肌内注射促性腺激素进行催情，效果良好。

为了提高母猪受胎率和产仔数，可应用促排 2 号（$LRH\text{-}A_2$）、促排 3 号（$LRH\text{-}A_3$）促进母猪排卵。使用方法是在母猪配种前 12 小时至配种的同时肌内注射，对提高母猪受胎率和产仔数效果良好。

（三）氯前列烯醇诱发分娩

一般情况下，母猪分娩多在夜间，尤其以上半夜较多。母猪夜间分娩，助产操作很不方便，特别是冬季或早春季节夜间分娩，天气寒冷，给母猪接产、仔猪护理带来较大困难。因此，人们希望让母猪集中在白天产仔，其方法是在母猪临产前 1～2 天颈部肌内注射氯前列烯醇注射液 2 毫升（内含氯前列烯醇 2 毫克），多数母猪在注射后 20～30 小时内分娩，并可缩短分娩持续时间，对母仔均无副作用。

（四）产后一针预防产期病

母猪产后阴道炎、子宫炎、乳房炎等产期病的发病率较高。发病后轻者影响母猪食欲、泌乳和仔猪生长，重者引起全窝仔猪和母猪死亡。其预防办法除了搞好圈舍及猪体清洁卫生外，在母猪产仔娩出胎衣后，根据其体重大小肌内注射青霉素 320 万～480 万单位、链霉素 3～4 克，氨基比林注射液 10～20 毫升。注射后如发现个别母猪仍有阴道流白、乳房发热、不食等症状，可间隔 12 小时后再注射 1 次。

（五）疫苗预防仔猪下痢病

仔猪下痢病发病率很高，它不仅影响仔猪增重，严重的会引起死亡。下痢分黄痢、白痢和红痢 3 种，以白痢多见。为了预防仔猪下痢病的发生，给妊娠母猪产前接种仔猪大肠埃希三价灭活疫苗或猪大肠杆菌-猪魏氏梭菌二联灭活菌苗，垂直传递抗体，对预防初生仔猪下痢效果十分显著。该疫苗安全、高效，可防止僵猪产出，提高饲料报酬。

第六章　猪无公害饲养管理技术

一、饲养管理原则

（一）制定饲养方案

为了保证各类猪只都能获得生长与生产所需要的营养物质，必须根据各类猪只的生理、体况表现以及产品要求，参照饲养标准中规定的营养需要量，分别制定一个合理使用饲料、提高生产水平的饲养方案。如母猪在妊娠期可饲喂较低营养水平的日粮、限量饲喂，而哺乳期应饲喂较高营养水平的日粮、敞开饲喂；商品瘦肉猪的肥育方式应采取前期、中期饲喂较高营养水平的日粮、自由采食，后期则适当降低日粮能量水平，控制日饲喂量，既可获得较高的增重速度，又可提高瘦肉产量，提高饲料利用率。

（二）改变饲喂方法

1. 改熟料为生料　熟料可以缩小青、粗饲料的体积，软化纤维素。对于豆科子实、甘薯，通过煮沸处理，可以提高利用率；对于某些饼类饲料，通过煮沸，可以达到去毒目的。但是，应该看到大部分饲料经过煮沸后，养分损失较大，维生素遭到破坏，而且有的饲料在煮沸不当的情况下，还会引起中毒现象，如猪亚硝酸盐中毒。同时，煮料既浪费燃料，又费人工，很不经济。所以，要改熟料为生料喂猪。生料喂猪的方法有以下几种。

（1）生干粉料　就是把粉碎后的饲料直接倒入饲槽，让猪自由采食，另供清洁饮水。一般大型猪场采用此法。

（2）生泡料　首先把饲料用少量水（料水比例大约 1∶1）浸泡

几小时(夏天用凉水,冬天用温水),待饲喂时再按规定的料水比例(一般料水比例为 1∶2.5～4)加水后进行饲喂。此法因为加水量过大,影响消化液的分泌和冲淡消化液,降低各种消化酶的活性,影响饲料的消化吸收。

(3)湿拌料　把粉碎好的饲料按料水比例 1∶1 左右混合后直接饲喂,另供清洁饮水。此法可提高适口性,有利于猪的采食,缩短饲喂时间,避免舍内有饲料粉尘。

(4)颗粒饲料　将饲料用饲料颗粒机(或压粒机)压制成块状或条状,直接装入饲槽或撒在地面上让猪采食,另供清洁饮水。

2. 改稀喂为稠喂　稀喂是用料水比例在 1∶6～8 的稀料喂猪。由于水分多,饲料稀,猪采食后在口腔内不能充分咀嚼,唾液分泌减少,到了胃内又冲淡了胃液,影响消化吸收,降低饲料利用率。据测定,稠喂(料水比例 1∶4 以下)较稀喂干物质消化率提高 3～4 个百分点,蛋白质的消化率提高 5～6 个百分点。改稀喂为稠喂的料水比例一般掌握在 1∶2.5～4 为宜,冬季可适当稠一些,夏季可适当稀一些。

3. 改单一饲料为配合(混合)饲料　猪的饲料种类繁多,各类饲料所含营养物质不同,质量也有差异。若用单一饲料喂猪,往往造成某种营养物质的缺乏或过剩,同时也影响猪的适口性。结果是即使饲喂了很多精饲料,也不可能取得较高的生产水平。而配合(混合)饲料由多种饲料搭配,营养比较齐全且合理,有利于提高猪的适口性和饲料利用率,提高生产水平。据试验,配合(混合)饲料比单一饲料喂猪,饲料利用率和生产水平都有大幅度提高。

4. 四定

(1)定时　即每天的饲喂时间和次数要固定,切不可忽早忽晚。按照一定时间饲喂,使猪形成条件反射,促进其消化液的分泌,这样才能使猪吃得多,吃得饱,消化率高,生长快。

(2)定量　即每次饲喂数量要稳定增加,且有一定的幅度。切不可忽多忽少,饥一顿饱一顿,更不要突击增加饲喂量。喂量不足,猪只饥饿,情绪不安,影响生长。喂量过多,轻者影响下顿食欲,浪费饲料;严重者造成过食,出现腹泻、胃肠炎,长期下去还会养成猪的挑食恶癖。在生产实际中,应根据猪的体重大小、生长快慢、采食状况掌握喂量,并采取勤添少添的方法均衡增加喂量,以猪吃饱不剩料,下顿保持旺盛食欲为准。

(3)定质　即饲料营养水平与饲料品种要固定,切不可忽高忽低,也不要随意更换饲料品种和饲喂方式,同时禁喂发霉变质饲料。需要变更其营养水平、饲料品种时,要逐步变更且幅度要小,切忌突然更换,以免引起猪的采食量下降或暴食,从而影响生长或患病。

(4)定温　主要指冬季天气寒冷时,要用温水拌料,勿用凉水,更不能饲喂冰冻饲料。

(三)供足清洁饮水

猪的饮水量随季节、饲料和饲喂方式的不同而有差异。夏季需水量多,冬季则少;喂干粉料时多,喂湿拌料时少。一般每100千克体重的猪,每天饮水量达17～21升。饮水次数一般应提倡自由饮水,也可以根据季节,每日定时饮水2～4次。冬季,要饮温水。

(四)合理分群

根据猪的品种、性别、类型、年龄和体重大小、体质强弱,合理分圈饲养,从而避免强欺弱夺、殴斗、咬伤等不良现象发生,确保猪只正常生长发育。公猪单圈;母猪可视不同生产时期,实行单圈或小群饲养;肥育猪可根据栏圈面积、肥育阶段,采取小群(4～8头)或大群(10～20头)饲养。

（五）合理的饲养密度

饲养密度指每头猪所占有的猪舍面积多少。饲养密度过大时，猪只拥挤，采食不匀，休息时间缩短，争斗机会增多，影响增重，造成生长不匀。饲养密度过小时，则使栏圈利用率降低，工作量增大，设备利用效率低。

（六）保持栏圈清洁卫生

对于新建猪场，在猪未进场前，对猪舍地面、墙壁彻底消毒。常用的消毒方法是用100升清水对烧碱3千克，搅拌溶化后喷洒地面。墙壁可用20%的石灰水粉刷。对于养猪时间较长的猪场，在猪群调圈的空隙时间做好上述消毒工作。平时坚持勤打扫粪便，保持栏圈清洁卫生。夏季做好猪舍内通风透光及防暑降温工作，冬季做好防寒保暖工作。

（七）保持猪舍内适宜的温度和湿度

猪舍内温度的高低对猪的生长影响较大。猪的适宜温度是，哺乳仔猪30℃～32℃，肥育猪12℃～18℃，种猪13℃～19℃。低于适宜温度，每低1℃降低日增重10～20克，温度过高往往也会造成猪只减重。

温度对猪的生长和繁殖也有一定影响，特别是高温影响最大，主要表现在公、母猪的各种性激素分泌减少，精、卵细胞发育受阻；母猪发情失常；公猪配种能力降低，精液质量下降，严重时会出现大量的畸形精子和弱死精子。妊娠母猪当舍内温度超过39℃以上时，还会引起流产、不食。猪舍内空气相对湿度以65%～75%为宜。为保持猪舍内适宜的温度和湿度，应使猪舍达到夏季通风透光、清洁、干燥、凉爽；冬季防寒保暖、无贼风侵袭。

二、生产工艺流程

采用小单元饲养、全进全出的饲养工艺有助于提高猪群的周转,环境的控制,减少猪病的发生。

(一)分段饲养工艺流程

1. 三段饲养工艺流程

空怀及妊娠期→泌乳期→生长肥育期

三段饲养二次转群是比较简单的生产工艺流程,它适用于规模较小的养猪企业,其特点是:简单,转群次数少,猪舍类型少,节约维修费用。此外,还可以重点采取措施,例如在分娩哺乳期,可以采用好的环境控制措施,满足仔猪生长的条件,提高其成活率。

2. 四段饲养工艺流程

空怀及妊娠期→泌乳期→仔猪保育期→生长肥育期

在三段饲养工艺中,将仔猪保育阶段独立出来就是四段饲养三次转群工艺流程,保育期一般 5 周,转入生长肥育舍。断奶仔猪比生长肥育猪对环境条件要求高,这样便于采取措施提高成活率。在生长肥育舍饲养 15～16 周,体重达 90～110 千克出栏。

3. 五段饲养工艺流程

空怀配种期→妊娠期→泌乳期→仔猪保育期→生长肥育期

五段饲养四次转群与四段饲养工艺相比,是把空怀待配母猪和妊娠母猪分开,单独组群,有利于配种,提高繁殖率。空怀母猪配种后观察 21 天,确定妊娠后转入妊娠舍饲养至产前 7 天再转入分娩哺乳舍。这种工艺的优点是断奶母猪复膘快、发情集中、便于发情鉴定,容易把握适时配种。

4. 六段饲养工艺流程

空怀配种期→妊娠期→泌乳期→保育期→育成期→肥育期

六段饲养五次转群与五段饲养工艺相比，是将生长肥育期分成育成期和肥育期，各饲养 7～8 周。仔猪从出生到出栏经过哺乳、保育、育成、肥育四段。此工艺流程优点是可以最大限度地满足其生长发育的饲养营养、环境管理的不同需求，充分发挥其生长潜力，提高养猪效率。

以上几种工艺流程的全进全出方式可以采用以猪舍局部若干栏位为单位转群，转群后进行清洗消毒，这种方式因其舍内空气和排水共用，难以切断传染源，严格防疫比较困难，所以，有的猪场将猪舍按照转群的数量分隔成单元，以单元全进全出，虽然有利于防疫，但是使夏季通风防暑困难，需要经过进一步完善。如果猪场规模在 3 万～5 万头，可以按每个生产节律的猪群设计猪舍，全场以舍为单位全进全出；或者部分以舍为单位实行全进全出，是比较理想的。

（二）全进全出饲养工艺流程

大型规模化猪场要实行多点式养猪生产工艺及猪场布局。以场为单位实行全进全出，有利于防疫、有利于管理，可以避免猪场过于集中给环境控制和废弃物处理带来负担(图 2-12)。

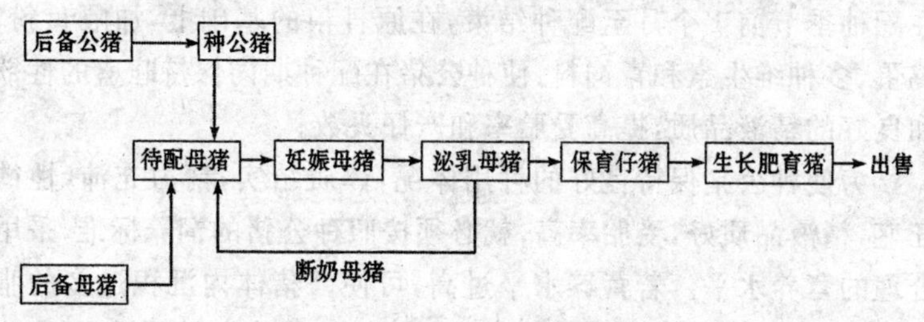

图 2-12　养猪生产的工艺流程

三、种公猪的饲养管理

(一)营养合理

为了提高与配母猪的受胎率和产仔头数,对种公猪要进行良好的饲养管理。种公猪与其他家畜公畜比较,有精液量大、总精子数目多、交配时间长等特点。因此,要消耗较多的营养物质。猪精液中的大部分物质是蛋白质,所以,猪特别需要氨基酸平衡的动物性蛋白质。形成精液的必需氨基酸有赖氨酸、色氨酸、胱氨酸、组氨酸、蛋氨酸等,其中赖氨酸更为重要。

种公猪的营养水平和饲料喂量,与其体重大小,配种利用强度等因素有关。在常年均衡产仔的猪场,种公猪常年配种使用,按配种期的营养水平和饲料给量饲养。我国 2004 年发布的《猪的饲养标准》规定,配种公猪每千克饲料养分含量为:消化能 12.95 兆焦、粗蛋白质 13.50%、钙 0.70%、磷 0.55%。每日采食量为 2.2 千克左右,冬季 2.5 千克左右。实行季节性产仔的猪场,种公猪的饲料管理分为配种期和非配种期。非配种期日采食量为 1.9 千克。在配种季节前 1 个月至配种结束,在原日粮的基础上,加喂鱼粉、鸡蛋、多种维生素和青饲料,使种公猪在配种期内保持旺盛的性欲和良好的精液品质,提高受胎率和产仔头数。

为使种公猪保持良好的种用体况,体质结实,精力充沛,性欲旺盛,精液品质好,受胎率高,就必须按照种公猪的饲养标准,采用合理的营养水平。若营养水平过高,可使公猪体内沉积过多的脂肪,变得过肥,引起性欲与精液质量的下降;营养水平过低,可使公猪体内脂肪、蛋白质损伤,变得消瘦。尤其是要注意蛋白质饲料的供给,特别是动物性蛋白质饲料,在配种前 1 个月和配种旺季增加动物性蛋白质饲料,对提高精液品质有良好效果。

矿物质(主要是钙、磷、食盐)对公猪精液品质有很大影响。公猪缺钙、磷或钙、磷比例失调,性腺会发生病理变化,精液中会出现发育不全、活力不强的精子。公猪日粮中钙、磷含量要充足,钙、磷比例以1.2～1.5∶1为宜,食盐含量0.3%～0.5%为宜。

维生素A、维生素D、维生素E是公猪不可缺少的营养物质,缺乏时公猪性欲降低,精液品质下降。如长期严重缺乏,会使睾丸发生肿胀或干枯萎缩,丧失配种能力。维生素D缺乏时,会影响机体对钙、磷的吸收利用,间接影响精液品质。维生素E缺乏时,睾丸发育不良,精子衰弱或畸形,受精力降低。

苋菜、甘薯藤、胡萝卜、南瓜等青绿多汁饲料含有丰富的维生素,在饲养过程中要不断供给,最好做到常年喂青饲料。每头公猪每天饲喂青饲料1.5～2千克。若青饲料缺乏时,可在日粮中补充维生素添加剂,添加量一般占日粮比例的0.01%～0.02%。

实践证明,种公猪不宜长期饲喂大量的高能量饲料,否则会使体态肥胖,性功能降低,严重时可丧失配种能力。种公猪严禁饲喂发霉变质和有毒饲料。

种公猪每天饲喂2～3次,控制喂量,不宜过饱,以七、八成饱为宜,膘情达七、八成为宜。日粮容积不可过大,以免造成腹大下垂而影响配种。

在营养水平和日喂量的安排上,要根据每头公猪的年龄、体况、配种情况灵活掌握,及时增减。

(二)管理要点

单圈饲养、加强运动和夏天防暑降温是种公猪科学管理的三要素。

1. 单圈饲养 种公猪以单圈饲养为宜,每间猪舍面积8～10米^2。猪舍应清洁、干燥,空气清新。母猪的气味和声响会引起公猪的性冲动,经常性的产生性冲动而得不到交配,会导致公猪产生自淫等异常性行为。因此,公猪舍应远离母猪舍,不可与母猪饲养在同一栋猪舍内。

2. 加强运动　运动具有促进机体新陈代谢、增强体质、锻炼四肢等功能。尤其是后肢较弱的公猪,由于无力支撑身体而缩短配种时间,影响配种能力,故更需要加强锻炼。运动的方式,可在大场地中让其自由活动,也可在较小场地上做驱赶运动。每天需保持0.5～1小时运动时间。夏天炎热时,应在早上和傍晚凉爽时进行;冬天寒冷时应在午后气温较高时进行。配种任务繁重或天气恶劣时,应酌减运动量或暂停运动。

3. 建立良好的生活制度　饲喂、采精或配种、运动、刷拭等各项作业都应在大体固定的时间内进行,利用条件反射养成规律性的生活制度,便于管理操作。

4. 刷拭和修蹄　每天定时用刷子刷拭猪体,热天结合淋浴冲洗,可保持皮肤清洁卫生,促进血液循环,少患皮肤病和外寄生虫病。这也是饲养员调教公猪的机会。使种公猪温驯听从管教,便于采精和辅助配种。要注意保护猪的肢蹄,对不良的蹄形进行修蹄,蹄不正常会影响活动和配种。

5. 定期检查精液品质和称量体重　实行人工授精的公猪,每次采精都要检查精液品质。如果采用本交,每月也要检查1～2次精液品质,特别是后备公猪开始使用前和由非配种期转入配种期之前,都要检查精液2～3次,严防死精公猪配种。种公猪应定期称量体重,可检查其生长发育和体况。根据种公猪的精液品质和体重变化,调整日粮的营养水平和饲料喂量。

6. 防止公猪咬架　公猪好斗,如偶尔相遇就会咬架。公猪咬架时应迅速放出发情母猪将公猪引走;或者用木板将公猪隔离开,也可用水或火猛冲公猪将其撵走。最主要的是应预防咬架,如不能及时平息,会造成严重的伤亡事故。

7. 防寒防暑　种公猪最适宜的温度为13℃～19℃。冬季猪舍要防寒保暖，以减少饲料的消耗和疾病发生。夏季高温时要防暑降温，高温对种公猪的影响尤为严重，轻者食欲下降、性欲降低，重者精液品质下降，甚至会中暑死亡。防暑降温的措施很多，有通风、洒水、洗澡、遮阳、种植绿色植物以及湿帘、空调等方法，各地可因地制宜进行操作。

（三）配种利用

配种利用是饲养种公猪的最终目的。公猪精液品质的好坏和利用年限的长短，不仅与营养水平、饲养管理关系密切，而且在很大程度上取决于能否正确地配种利用。

公猪的初配种年龄控制在 7 月龄以上、体重在 120 千克左右。若配种过早，不仅使母猪受胎率低，而且产仔少、产弱仔，并且影响公猪正常生长发育，缩短利用年限。但也不能配种过晚，过晚不仅增加饲养成本，而且还会使公猪骚动不安，容易发生自淫现象。

配种次数，不满 2 岁的公猪每周不超过 3～4 次，连配 2～3 天时要休息 1 天；2 岁以上的壮年公猪可适当增加配种次数，每周可配 6～7 次后休息 1 天。若 1 天配种 2 次，应早、晚各 1 次，两次间隔时间不应少于 6 个小时。

配种时间一般应安排在早上或下午进行。在夏季要避开炎热的正午，冬季避开寒冷的早晨。同时注意，不要在饲喂后立即配种或配种后立即饲喂，应在采食前后 1 小时左右进行。避免猪只在交配过程中出现实质器官损伤和生活条件反射的破坏。公猪配种后不要立即饮凉水或用凉水洗澡，以免公猪受凉突然发病。

四、母猪的饲养管理

(一)空怀母猪的饲养管理

母猪从仔猪断奶到妊娠开始这段时间叫空怀期，在正常情况下一般只有4～7天。但是，有的母猪在仔猪断奶后出现乏情、发情延迟或发情后未能及时配种受胎，需要进行有效治疗和下一次发情期时及时补配。因此，对于这些空怀母猪要保持良好的种用情况，供给合理的营养物质。我国2004年发布的《猪的饲养标准》规定，空怀及妊娠前期母猪每千克饲料养分含量为：消化能12.15～12.75兆焦、粗蛋白质12%～13%、钙0.68%、磷0.54%。对于产仔多、泌乳力强、膘情差的母猪，要适当提高日粮水平，促其尽快复膘，恢复体况，及时发情配种。同时注意饲喂一些青绿多汁饲料，以保证维生素和矿物质的供给。

空怀母猪一般日喂2～3次，日喂量根据母猪膘情、体重大小灵活掌握。一般每头每天饲喂混合料2～2.1千克，青绿多汁饲料1～2千克。

当发现母猪过肥或过瘦时，应及时调整日粮营养水平及饲喂量。对膘情较差的母猪要增加精饲料喂量，对膘情过肥的母猪则减少精料喂量，同时还要加强母猪运动。

(二)妊娠母猪的饲养管理

母猪的妊娠期为113～115天，平均114天。在妊娠期间又可分为妊娠前期(受胎后1～84天)和妊娠后期(受胎85天至分娩)。在妊娠前期，胎儿生长发育很慢，体重由妊娠后1个月的2克增长到0.5千克左右，而在妊娠后期体重猛长到1～1.5千克。由于妊娠前期胎儿生长慢，其日粮营养水平和空怀期相同，饲喂方法可参照空怀期的饲喂方法。对妊娠母猪重点放在妊娠后期。妊娠后期母猪每千克饲料养分含量为：消化能 12.55～12.75 兆焦、粗蛋白质 12%～14%、钙 0.68%、磷 0.54%。日采食量为 2.6～3 千克。

1. 选择适当的饲养方式 饲养方式要因个体而异。对于断奶后体瘦的经产母猪，应从配种前 10 天起就开始增加采食量，提高能量和蛋白质水平，直至配种后恢复繁殖体况为止，然后按饲养标准降低能量浓度，并可多喂青粗饲料。对妊娠初期膘情已达七成的经产母猪，前期只给予低营养水平的饲粮便可，到妊娠后期再给予丰富的饲粮。青年母猪由于本身尚处于生长发育阶段，同时负担胎儿的生长发育，哺乳期内妊娠的母猪要满足泌乳与胎儿发育的双重营养需要，对这两种类型的妊娠母猪，在整个妊娠期内，应采取随妊娠日期的延长逐步提高营养水平的饲养方式。不论是哪一类型的母猪，妊娠后期(90 天至产前 3 天)都需要短期优饲。一种办法是每天每头增喂 1 千克以上的混合精料。另一种办法是在原饲粮中添加动物性脂肪或植物油脂(占日粮的 5%～6%)，两种办法都能取得良好效果。近 10 年来的许多研究证实，在母猪妊娠最后 2 周，日粮中添加脂肪，有助于提高仔猪初生重和存活率。试验证明，在母猪妊娠的最后 2 周，饲喂占日粮干物质 6%的饲用动物脂肪或玉米油、豆油、橄榄油等，仔猪初生重可提高 10%～12%，每头母猪 1 年中的育成仔猪数可增加 1.5～2 头。

2. 日粮饲喂量与饲喂方法 妊娠母猪的日粮配制要考虑三方面：①保持预定的日粮营养水平，以湿拌料饲喂，料水比例为 1∶2～2.5；②使妊娠母猪不感到饥饿；③不感到压迫胎儿。操作方法是根据胎儿发育的不同阶段，适时调整精、粗饲料比例。尤其是妊娠后期，由于胎儿生长发育快，胎盘和胎水也不断扩展，致使腹腔容积不断缩小，这时必须增加精饲料喂量，尤其是蛋白质饲料的喂量，适当减少青、粗饲料的喂量。注意营养水平不可过高，否则容易引起母猪体内脂肪蓄积，发生难产或哺乳仔猪下痢，断奶后母猪发情失调等。其饲喂方法是根据母猪体重大小，每头每天饲喂混合料2.6～3千克、青饲料1～2千克，分3次饲喂。

妊娠母猪不喂发霉、腐败、变质、冰冻或带有毒性和强烈刺激性的饲料，否则会引起流产。饲料种类也不宜经常变换，饲料变换频繁，对妊娠母猪的消化功能不利。

3. 精心管理 对妊娠母猪要加强管理，防止流产。夏季注意防暑，严禁鞭打，跨越污水沟和门栏要慢，防止拥挤和惊吓，在急拐弯和在光滑泥泞的道路上防止驱赶和拥挤。雨雪天和严寒天气应停止驱赶运动，以免受冻和滑倒，保持安静。妊娠前期可合群饲养，后期应单圈饲养。

妊娠后期母猪应注意适当运动，多晒太阳，增强体质，使分娩顺利。

4. 妊娠母猪精细化饲养技术

(1)采取低妊娠的饲养方式 根据妊娠母猪食欲旺盛、饲料转化率高的特点，对妊娠母猪采取低妊娠的饲养方式，既满足了胎儿与仔猪的生长发育，又保证母猪有适度的膘情和分娩后旺盛的泌乳能力。

由于妊娠初期(妊娠1～4周)胎儿发育较慢，营养需要不多，此期要严格控制母猪采食量，否则，对胚胎早期着床不利；在妊娠4周后，要适当增加采食量，以促进胚胎的早期发育；妊娠后期，尤其是妊娠后的最后4周，由于胎儿发育很快(占仔猪初生重量的60%～70%)，应提高营养水平或增加采食量，以保证胎儿对营养的需要，也可让母猪积蓄一定的养分，以供产后泌乳的需要。妊娠母猪日粮营养水平不可过高，否则容易引起母猪体内脂肪蓄积，易发生难产、哺乳仔猪下痢、断奶后母猪发情失调等。

(2)精细化饲养技术

①妊娠母猪三阶段饲养方式(将母猪妊娠期分为三个阶段)

妊娠初期(妊娠1～4周，受精及胎儿着床期)：保持母猪的稳定(禁止群体饲养),严格限饲,促进胚胎着床。

妊娠中期(妊娠4周至产前4周,胎儿器官形成期,胎儿增重很慢,占初生重的30%~40%):适当增量并限饲,保持良好体况,防便秘,防肥胖。

妊娠后期(产前4周至产仔,胎儿快速生长期,占初生重的60%~70%):加强营养,适当增量,促进胎儿快速生长。

②妊娠母猪五阶段饲养方式(将母猪妊娠期分为五个阶段)

妊娠初期(配种至妊娠28天)(受精及胎儿着床期):保持母猪的稳定(禁止群体饲养);饲喂低能量饲料,严格限饲,提高受精卵受精率。

妊娠前期(妊娠28~75天)(胎儿器官形成及母猪体型调整期):适当增加饲喂量,并适当限饲,保证母猪体生长营养,控制母猪体况,背膘厚在18毫米左右(八成膘)。

妊娠中期(妊娠75~85天)(胎儿器官形成及母猪乳腺发育期):适当增加饲喂量,并适当限饲,促进乳腺充分发育,保证胎儿的营养需要,控制膘情,防止过肥。

妊娠后期(妊娠85~110天)(胎儿快速生长期):增加饲喂量,以供给胎儿生长需要的充足营养。

分娩期(妊娠110天至分娩)(预防产后疾病):逐渐减少饲喂量,防止产后疾病的发生。

妊娠母猪的精细化饲养方式,较传统的两阶段即妊娠前期(怀胎1~84天)和妊娠后期(怀胎85天至分娩)饲养方式相比,更符合妊娠母猪的生理特点和胎儿的发育需求。

(3)限量饲喂　妊娠母猪,每天饲喂2~3次,妊娠初期(前期)日喂量1.8~2.0千克;妊娠中期日喂量2.0~2.5千克;妊娠后期日喂量2.5~3.0千克。

对于头胎妊娠母猪,在适当提高日粮营养水平的基础上,其日喂量可适当提高,妊娠前、中、后期可分别达2.0~2.2千克、2.5~

2.8 千克、2.8～3.2 千克。

(三)哺乳母猪的饲养管理

1. 饲养　饲养好哺乳母猪不仅直接关系到仔猪的成活率和健壮性，也关系到母猪本身的健康状况，使其分泌丰富的乳汁，保持良好的种用体况，断奶后及时发情配种。

母猪在哺乳期间要分泌大量乳汁，一般在 60 天内能分泌 200～300 千克。所以，在整个哺乳期，尤其是泌乳的前 30 天，其物质代谢比空怀母猪要高得多，需要的营养物质和饲料量显著增加。在日粮配合中不仅确保足够的能量和蛋白质营养水平，同时要保证矿物质和维生素的供给。我国 2004 年发布的《猪的饲养标准》规定，哺乳母猪每千克饲料养分含量为：消化能 13.8 兆焦、粗蛋白质 17.5%～18.5%、钙 0.77%、磷 0.62%。每天采食量为 4.65～5.65 千克。

哺乳母猪的饲喂次数应当增加，一般日喂 3～4 次。饲料喂量除按母猪本身的基础喂量(日喂 3～4 千克)外，再加上哺乳仔猪所需要的饲喂量。哺乳仔猪每头每天所需饲料量大致在：出生至 20 天给料 0.2 千克，21～50 天给料 0.4 千克，51～60 日龄断奶给料 0.6 千克。例如，1 头哺乳母猪带仔 10 头，则在 21～50 天哺乳期间日喂量为 3＋0.4×10＝7 千克。给仔猪开始补料时，母猪的喂量要相应递减。青饲料每头每天饲喂 1.5～2 千克为宜。

在母猪刚刚分娩的 1～5 天内不宜喂料太多，要减少精料喂量，应喂少量加水拌成的稀粥或麸皮稀粥，随分娩后时间的延长，逐渐增加精料的喂量。经 3～5 天逐渐增加投料量，至产后 1 周，母猪采食和消化正常，可放开饲喂，任其采食。断奶前 2～3 天，适当减少日喂量，其减少幅度根据母猪膘情灵活掌握。断奶后应根据膘情酌情掌握喂量。

哺乳母猪要供足清洁饮水，以提高其泌乳量。如喂生干料，饮水充足与否是采食量的限制因素，饮水器应保证出水量及速度。泌乳母猪最好喂生湿料(料∶水＝1∶0.5～0.7)。如有条件可以喂豆饼浆汁，给饲料中添加经打浆的南瓜、甜菜、胡萝卜、甘薯等催乳饲料。

哺乳期母猪饲料结构要相对稳定，不要频变、骤变饲料品种，不喂发霉变质和有毒饲料，以免造成母猪乳质改变而引起仔猪腹泻。

仔猪断奶后，母猪在仔猪断奶的当天不喂料，并控制饮水，以防发生乳房炎。对哺乳期间掉膘太快的母猪可少减料或不减料，让其尽快恢复膘情，及时发情配种。对泌乳性能很差或无奶的母猪，经过1～2胎的繁殖观察，应及时淘汰处理。

2. 管理 哺乳母猪应单圈饲养，且每天应有适当运动，以利恢复体力，增强母、仔体质和提高泌乳力。有条件的地方，特别是传统养猪，可让母猪带领仔猪在就近牧场上活动，能提高母猪泌乳量，改善乳质，促进仔猪发育。无牧场条件，最好每天能让母、仔有适当的舍外自由活动时间。

保持栏圈清洁卫生，空气新鲜，除每天清扫猪栏、冲洗排污道外，还必须坚持每2～3天用对猪无副作用的消毒剂喷雾消毒猪栏和走道。尽量减少噪声、禁止大声吆喊、粗暴对待母猪，保持安静的环境条件。保持乳头清洁，防止乳头损伤、冻伤和萎缩，严禁惊吓和鞭打母猪。

3. 异常情况的处理

(1)乳房炎 哺乳母猪患乳房炎，一种是乳房肿胀，体温上升，乳汁停止分泌，多出现于分娩之后。病因是由于精料过多，缺乏青绿饲料引起便秘、难产、发高热等疾病而引起。另一种是部分乳房肿胀。病因是由于哺乳期仔猪中途死亡，个别乳房没有仔猪吮乳，或母猪断奶过急，使个别乳房肿胀，乳头损伤，细菌侵入而引起。

哺乳母猪患乳房炎后，初期可用手或湿布按摩乳房，后期可用温暖的毛巾进行热敷，将残存乳汁挤出来，每天挤 4～5 次，2～3 天乳房出现皱褶，逐渐萎缩。如乳房已变硬，挤出的乳汁呈脓状，可注射抗生素或磺胺类药物进行药物治疗。

(2)*产褥热*　母猪产后感染，体温上升到 41℃，全身痉挛，停止泌乳。该病多发生在炎热季节，主要是子宫炎症受外界因素感染造成。为预防此病的发生，母猪产前要减少饲料喂量，分娩前最初几天可喂一些轻泻性饲料，减轻母猪消化道的负担。母猪产后 3 天在饲料中添加保健药物防止子宫感染引起产褥热。如患病母猪停止泌乳，必须把全窝仔猪进行寄养，并对母猪及时治疗。

(3)*产后乳少或无乳*　母猪妊娠期间饲养管理不善，特别是妊娠后期饲养水平太低，母猪消瘦，乳腺发育不良；母猪年老体弱，食欲不振，消化不良，营养不足；母猪妊娠期间喂给大量碳水化合物饲料，而蛋白质、维生素和矿物质供给不足；母猪过胖，内分泌失调；母猪体质差，产圈未消毒，分娩时容易发生产道和子宫感染而引起乳少或无乳。为了防止产后乳少或无乳，必须搞好母猪的饲养管理，及时淘汰老龄母猪，做好产圈消毒和接产护理。对消瘦和乳房干瘪的母猪，可喂给催乳饲料，如豆浆、麸皮汤、小米粥、小鱼汤等。亦可用中药催乳（药方：木通 30 克，茴香 30 克，加水煎煮，拌少量稀粥，分 2 次喂给）。因母猪过肥而无乳，可减少饲料喂量，适当加强运动。

(4)*子宫炎*　母猪产后子宫炎症主要是由于难产，胎衣不下，子宫脱出，助产时手术不洁，操作不当，造成子宫损伤，产后感染而引起，主要表现是母猪体温升高，精神不振，食欲减退或废绝，时常努责，特别在母猪刚卧下时，阴道内流出白色黏液或带臭味污秽不洁红褐色黏液或脓性分泌物，分泌物粘于尾根部，腥臭难闻。治疗方案首先应清除积留在子宫内的炎性分泌物再结合全身疗法可用抗生素或磺胺类药物治疗。也可采用直达病灶的子宫栓剂与全身疗法相结合。

五、仔猪的饲养管理

（一）哺乳仔猪的饲养管理

哺乳仔猪生长发育迅速，物质代谢旺盛。生理调节能力差，消化器官发育不够完善，且肠胃容积小，少喂多餐，精心管理。

1. 喂养

（1）及时吃足初乳　初乳是指母猪分娩后 36 小时内分泌的乳汁，它含有大量的母源性免疫球蛋白。仔猪出生后 24～36 小时内肠壁可以吸收母源性免疫球蛋白，以获得被动免疫。初生仔猪不具备先天性免疫能力，必须通过吃初乳而获得。让仔猪出生后 1 小时内吃到初乳，是初生仔猪获得抵抗各种传染病抗体的唯一有效途径；推迟初乳的吸食，会影响免疫球蛋白的吸收。仔猪出生后立即放到母猪身边吃初乳，还能刺激消化器官的活动，促进胎粪排出。初生仔猪若吃不到初乳，则很难成活。

（2）早期补铁、补硒　早期补铁已成为培育仔猪的一项重要技术措施。补铁方法过去多在仔猪吮奶时，向母猪乳头上滴硫酸亚铁水溶液，让仔猪随着吮乳一起吸入铁溶液从而达到补铁的目的。目前，仔猪铁制剂已形成商品化生产。铁制剂每毫升含铁 150～200 毫克，每头仔猪在出生后 3 日龄内一次性肌内注射 1 毫升，即可有效地预防仔猪缺铁性贫血。大量实践证明，仔猪出生后 2～3 天补铁 150～200 毫克，平均每窝断奶育成活仔数可增加 0.5～1 头，60 日龄体重可提高 1～2 千克。

在缺硒地区，还应同时注射 0.1％亚硒酸钠与维生素 E 合剂，每头 0.5 毫升，10 日龄时每头再注射 1 毫升。

（3）水的补充　哺乳仔猪生长迅速，新陈代谢旺盛，需水量较多；而乳汁和仔猪补料中蛋白质和脂类含量较高，若不及时补水，就会有口渴之感，生产实践中便会看到仔猪喝尿液和污水，不利于仔猪的健康成长。补水方式，可在仔猪补料栏内安装自动饮水器或适宜的水槽，随时供给仔猪充足的饮水。据试验，3～20 日龄仔猪可补给 0.8%的盐酸水溶液，20 日龄后改用清水。补饮盐酸水溶液可弥补仔猪胃液分泌不全的缺陷，具有活化胃蛋白酶和提高断奶重之功效，且成本较低。

(4)提早诱食补料　仔猪出生 1 周后，前臼齿开始长出，喜欢啃咬硬物以消解牙痒，这时可向饲槽中投入少量易消化的具有香甜味的颗粒料，供哺乳仔猪自由采食，其主要目的是训练仔猪采食饲料。给仔猪提早开食补料，是促进仔猪生长发育，增强体质，提高成活率和断奶重的一个关键措施。仔猪出生后随着日龄的增长，其体重及营养需要与日俱增，自第二周开始，单纯依靠母乳不能满足仔猪体重日益增长的要求，如不及时诱食补料，弥补营养的不足，就会影响仔猪的正常生长。及早诱食补料，还可以锻炼仔猪的消化器官及其功能，促进胃肠发育，防止腹泻。诱食补料在生后 5～7 日龄进行，此时把饲料撒入饲槽，让仔猪自由采食。补料的同时补喂一些幼嫩的青菜、瓜类等青绿多汁饲料，供足清洁饮水，并注意观察仔猪排便情况。诱食补料后 1 周左右，仔猪才习惯采食饲料，俗称“开食”。我国 2004 年发布的《猪的饲养标准》规定，仔猪体重 3～8 千克阶段每千克饲料养分含量：消化能 14.02 兆焦、粗蛋白质 21%、钙 0.88%、磷 0.74%。每天采食量 0.3 千克左右，预计日增重 0.24 千克。

提早诱食补料，不仅可以满足仔猪快速生长发育对营养物质的需要，提高日增重，而且可以刺激仔猪消化统的发育和功能完善，防止断奶后因营养性应激而导致腹泻，为断奶的平稳过渡打下基础。

2. 管理

(1)加强分娩看护，减少分娩死亡　母猪分娩一般持续 5 小时左右，分娩时间越长，则仔猪死亡率越高。因此，母猪分娩时应保持安静，若分娩间隔超过 30 分钟，应仔细观察并准备实施人工助产。另外，仔猪出生时编耳号、断尾以及注射铁制剂等工作可放到 3 日龄时进行，避免使哺乳仔猪感到疼痛而减少吮乳次数和吮乳量。

(2)加强保温，防压防冻　前已述及，哺乳仔猪体温调节机制不完善，防寒能力差，且体温较成年猪高 1℃～2℃，需要的能量亦比成年猪多。因此，应为仔猪创造一个温暖舒适的小气候环境，如设保温箱，以满足仔猪对环境温度的特殊要求。因小猪怕冷，仔猪日龄越低，要求的温度越高。母猪的适宜环境温度为 18℃～22℃。而哺乳仔猪所需要的适宜温度为：1～3 日龄 30℃～32℃，4～7 日龄 28℃～30℃，8～15 日龄 25℃～27℃，16～27 日龄 22℃～24℃，28～35 日龄 20℃～22℃。为保证仔猪有适宜的温度，较为经济的方法是施行 3～5 月份和 9～10 月份的季节产仔制度，避免在严寒或酷暑季节产仔。若常年产仔，则应设产房。产房内设产床和仔猪保温箱，保温箱内挂白炽灯或红外线灯，底部铺设电热板，使仔猪舍温度保持在适宜的范围。

新生仔猪反应迟钝，行动不灵活，稍有不慎就会被压死。因此，新生仔猪的防压也很重要。一般仔猪出生 3 天后，行动逐渐灵活，可自由出入保温箱，被踩、压死的危险减少。生产中可训练仔猪养成吃乳后迅速回保温箱休息的习惯，可用红外线电热板等诱使仔猪回保温箱内。此外，仔猪出生 3 天内，应保持产房安静，工作人员应加强照管，提高警惕，一旦发现母猪有踩压仔猪行为，应立即将母猪赶开，以防仔猪被踩或被压。

(3)固定乳头　母猪的乳房各自独立，互不相通，自成 1 个功能单位。各个乳房的泌乳量差异较大，一般前部乳头奶量多于后部乳头。每个乳房由 1～3 个乳腺组成，每个乳腺有 1 个乳头管，没有乳池贮存乳汁。因此，猪乳汁的分泌除分娩后最初 2 天是连续分泌外，以后是通过刺激有控制地放乳，不放乳时仔猪吃不到乳汁。仔猪吮乳时，先拱揉母猪乳房，刺激乳腺放乳，仔猪才能吮到乳汁，母猪每次放乳时间很短，一般为10～20秒，哺乳间隔约为1小时，后期间隔加大，日哺乳次数减少。

仔猪有固定乳头吮乳的习性，乳头一旦固定，直到断奶时不变。仔猪出生后有寻找乳头的本能，产仔数多时常有争夺乳头的现象。初生重大、体格强壮的仔猪往往抢先占领前部的乳头，而弱小的仔猪则迟迟找不到乳头，即使找到乳头，也只能是后部的乳头，且常常被强壮的仔猪挤掉，造成弱小的仔猪吃乳不足或吃不到乳。甚至由于仔猪互相争夺乳头，从而咬伤乳头或仔猪颊部，导致母猪拒不放乳或个别仔猪吮不到乳汁。为使同窝仔猪生长均匀，放乳时有序吮乳，须在仔猪生后2～3天内进行人工辅助固定乳头，使其养成固定吮乳的良好习惯。

人工辅助固定乳头方法：在分娩过程中，让仔猪自寻乳头，待大多数仔猪找到乳头后，对个别弱小或强壮争夺乳头的仔猪再进行调整，把弱小的仔猪放在前边乳汁多的乳头上，体大强壮的放在后边的乳头上。这样就可以利用母猪不同乳头泌乳量不同的生理特点，使弱小的仔猪获得较多的乳汁以弥补先天不足；后边的乳头泌乳量不足，但仔猪的初生重较大，体格健壮，可弥补吮乳量相对不足的缺点，从而达到窝内仔猪生长发育快且均匀的目的。

当窝内仔猪差异不大，且有效乳头足够时，可不干涉。但如果个体间竞争激烈，则有必要人工辅助仔猪固定乳头。固定乳头工作要有恒心和耐心，开始时不很顺利，经过2～3天的反复人工固定后，就能使仔猪自己固定下来。

(4)寄养与并窝　在多头母猪同期产仔的猪场，若母猪产仔数过多，无奶或少奶，或母猪死亡，对其所生仔猪可进行寄养或并窝。寄养是指母猪分娩后因疾病或死亡造成缺乳或无乳的仔猪，或超过母猪正常哺育能力的过多的仔猪寄养给1头或几头同期分娩的母猪哺育。并窝则是指将同窝仔猪数较少的2窝或几窝仔猪，合并起来由一头泌乳能力好、母性强的母猪集中哺育，其余的母猪则可以提前催情配种。寄养和并窝是提高哺乳仔猪成活率，充分发挥母猪繁殖潜力的重要措施。

寄养与并窝时应注意：①寄养和并窝仔猪的母猪产仔时间接近，时间相隔在2～3天内为宜，同时做到寄大不寄小；②寄养和并窝仔猪之前，要使仔猪吃过初乳为佳，否则不易成活；③仔猪寄养和并窝之前，使仔猪处于饥饿状态，在养母放乳时引入或并入；④所有寄养和并窝仔猪均用养母的乳汁或尿液涂抹，混淆母猪嗅觉，使养母接纳其他仔猪吮乳；⑤寄养于同一母猪的仔猪数可视具体情况而定，最好控制在2头以内。并窝后仔猪总数不可过多，以免养母带仔过多，影响仔猪的生长发育。

(5)预防下痢与腹泻　仔猪下痢与腹泻的发病率很高，它不仅影响仔猪增重，严重者会引起死亡。下痢分黄痢、白痢和红痢3种，以白痢多见；腹泻分疫病性腹泻、应激性腹泻、营养性腹泻等。引起仔猪下痢和腹泻的原因是多方面的，如饲养管理不当，营养不良，疫病感染，气候突变，阴雨潮湿等。所以，为预防仔猪下痢与腹泻，必须做到让仔猪吃上充足的初乳，增强仔猪抗病力；对哺乳母猪的日粮要合理搭配，营养水平要适当，并注意补充维生素、矿物质和微量元素；建立母仔药物保健措施；搞好疫苗免疫；保持圈内清洁卫生、干燥，通风；冬季做好舍内保暖工作，同时注意气候变化，避免和控制仔猪下痢与腹泻病的发生。

(6)剪犬齿与断尾　初生仔猪的犬齿容易咬伤母猪的乳头或其他仔猪颊部，可在仔猪出生后3天内剪去犬齿。钳刀要锐利，用前消毒，从牙根部剪去，断面要平整，不要弄伤仔猪牙龈。

用作肥育的仔猪，为防止肥育期间的咬尾现象，可在去犬齿的同时断尾。方法是用钳子剪去仔猪尾巴的1/3，然后涂上碘酊以防感染。

(7)断奶 仔猪一般在21～28日龄断奶。仔猪断奶的方法有两种：一种是一次断奶法，即按照预定的断奶时间，全窝仔猪在同一天一次断奶；另一种是逐渐断奶法，即在临近断奶前的3～5天，逐日减少哺乳次数至预定日期进行断奶。仔猪断奶时采取赶母留仔的方法，即仔猪留在原圈饲养，把母猪调离到其他圈舍饲养。

(二)保育(断奶)仔猪的饲养管理

保育(断奶)仔猪是指35日龄到70日龄阶段的仔猪。当仔猪刚刚断奶后，往往因生活环境条件的意外变化，大多数在1～2周内表现出食欲不振、生长缓慢，甚至掉膘、消瘦。为了消除和减轻这种现象，应于仔猪断奶后采取赶母留仔的方法，使仔猪仍留在原圈进行饲养；仔猪断奶后10～15天继续饲喂哺乳仔猪料，以后逐渐改喂保育(断奶)仔猪料。

1. 饲料与饲喂方式 通常刚断奶的仔猪采食量会减少，这是由于断奶应激造成的。如果饲养管理得当，1周后即可正常进食。鉴于保育(断奶)仔猪的生理特点，保育(断奶)仔猪对饲料和饲养方式有着特殊要求。

保育(断奶)仔猪饲料要求适口性好，易消化，能量和蛋白质水平高，限制饲料中粗纤维的含量，补充必需的矿物质和维生素等营养物质。我国2004年发布的《猪的饲养标准》规定，体重8～20千克阶段，仔猪每千克饲料养分含量为：消化能13.60兆焦、粗蛋白质19%、钙0.74%、磷0.58%。平均每天采食量0.74千克，预计日增重0.44千克。保育(断奶)仔猪日粮中添加酶制剂、有机酸和有益微生物，对保育(断奶)仔猪的生长发育有很多益处。早期断奶仔猪体内消化酶分泌不足。许多研究表明，在保育(断奶)仔猪日粮中添加酶制剂(尤其注意淀粉酶和蛋白酶的添加)可弥补内源酶之不足，提高了饲料利用率和日增重，减少因消化不良所造成的腹泻。日粮中添加有机酸(如乳酸、柠檬酸、乙酸等)可弥补胃内盐酸分泌不足的缺点,使胃内 pH 值降低,提高胃蛋白酶的活性,增强对饲料蛋白质的消化能力,防止腹泻。有益微生物添加剂能维持肠道菌群平衡,其所产生的有机酸和过氧化氢可以杀死有害微生物或抑制有害微生物的生长。有益微生物可产生多种酶类和维生素,提高饲料转化率,增强机体的免疫力。

为使保育(断奶)仔猪尽快适应断奶后的饲料,减少断奶应激,应做好以下工作:一是对哺乳仔猪提早开食;二是断奶前减少母乳供给(通过减少哺乳次数和减少母猪饲料喂量);三是对仔猪断奶后实施饲料过渡和饲喂方式的过渡,所谓饲料过渡就是仔猪断奶后 2 周内仍饲喂哺乳仔猪饲料,并在饲料中添加适量微生态制剂、维生素和氨基酸,以减轻断奶应激,2 周后则逐渐过渡到投喂断奶仔猪料;四是仔猪断奶前后 1 周时间内不要去势,以免因过多的意外刺激而影响仔猪的生长。

饲喂方式上,仔猪断奶后前几天仍饲喂断奶前的饲料,并控制仔猪饲喂量,以免胃肠道负担过重而导致仔猪消化不良,引起腹泻。而后,逐渐换喂保育(断奶)仔猪料。为使仔猪进食次数与哺乳期进食次数相似,可以少喂、勤喂,每天饲喂 5～6 次,或自由采食。

2. 管理

(1)同窝原圈饲养　仔猪断奶后将母猪转走,仔猪仍是同窝在原圈中进行培育,3 天后转入保育舍,这样可有效减轻仔猪断奶造成的应激。若要分圈饲养,要按仔猪性别、体重大小、体质强弱、采食快慢等同窝分圈饲养,同圈内体重差异以不超过 2～3 千克为宜。

(2)创造适宜的生活环境　保育(断奶)仔猪的适宜温度为 18℃～22℃。冬季可适当增加栏内仔猪头数,最好能根据当地的气候条件安装暖气、热风炉等取暖设备,以做好断奶仔猪的保温工作。酷暑季节则要做好防暑降温工作，主要方法有湿帘降温、通风、喷雾、淋浴等。

猪舍湿度过大，冬季会使仔猪感到更加寒冷，夏季则更加炎热。湿度过大还为病原微生物孳生繁衍提供了温床，可引起仔猪患多种疾病。保育（断奶）仔猪舍适宜的相对湿度为65%～75%。

（3）保持良好的环境卫生　猪舍内含有氨气、硫化氢、二氧化碳等有害气体，对猪的危害具有长期性、连续性和累加性，使仔猪生长减缓，抗病力下降，还会引起呼吸系统、消化系统和神经系统疾病。因此，猪舍要定期打扫，及时清除粪尿，勤换垫草，保持垫草干燥，控制通风量，使舍内空气清新，为仔猪生长创造一个良好、清洁的环境条件。

（4）"三点"定位的调教训练　仔猪分圈后其采食、睡卧、饮水和排泄还没有形成固定位置，除设计好仔猪栏的合理分区外，还要加强调教训练，使仔猪形成理想的采食、睡卧和排泄的"三点"定位的习惯。要根据猪的生活习性进行训练。排泄区内的粪便暂时不清除或将少许粪便放到排泄区，诱使仔猪在指定地点排泄，其他区域的粪便随时清除干净。睡卧区的地势可稍微高些，并保持干燥，可铺一层垫草，使仔猪喜欢在此躺卧休息。个别猪不在指定位置排便时，要及时将其粪便铲到指定位置，并结合守护看管，经过3～5天的行为训练，就会养成采食、睡卧、排便"三点"定位的习惯。

（5）供给充足的饮水　保育舍栏内安装自动饮水器，保证仔猪有充足的饮水。仔猪采食干饲料后，渴感增加，需水较多，若供水不足则阻碍仔猪生长发育，还会因口渴而饮用尿液和脏水，从而引起胃肠道疾病。采用鸭嘴式饮水器时要注意控制其出水量，断奶仔猪要求的最低出水量为1.5升/分钟。

（6）减少保育（断奶）仔猪腹泻　腹泻通常发生在断奶后2周内，所造成的仔猪死亡率可达10%～20%。若发生腹泻，则死亡率在40%以上。腹泻是对早期断奶仔猪危害性最大的一种断奶后应激综合征(PWSD)。引起仔猪断奶后腹泻的因素很多,一般可分为断奶后腹泻综合征(WDS)和非传染性腹泻(NID)。腹泻综合征多发生于仔猪断奶后7～10天,主要是由于仔猪消化不良导致腹泻之后,肠道中正常菌群失调,某些致病菌大量繁殖并产生毒素。毒素使仔猪肠道受损,进而引起消化功能紊乱,肠黏膜将大量的体液和电解质分泌到肠道内,从而导致腹泻。非传染性腹泻多在断奶后3～7天发生,这主要是断奶的各种应激因素造成的。若分娩舍内寒冷,仔猪抵抗力减弱,特别是弱小的仔猪腹泻发生率更高。传染性病原体引起的下痢病,如痢疾、副伤寒、传染性胃肠炎等,都有很高的死亡率。

早期断奶仔猪腹泻还与体内电解质平衡有很大关系。饲料中电解质不平衡,极易造成仔猪体内和肠道内电解质失衡,最终导致仔猪腹泻。因此,补液是减少仔猪腹泻而导致死亡的一项有效措施。补液通过腹腔注射生理盐水或口服补液盐,以补充仔猪因腹泻而流失的电解质。

仔猪断奶应激也是引发仔猪腹泻的诱因。如饲料中不易被消化的蛋白质比例过大或灰分含量过高,粗纤维水平过低或过高,日粮不平衡,氨基酸和维生素缺乏,日粮适口性不好,饲料粉尘大,发霉或生螨虫,鱼粉混有沙门氏菌或含盐量过高等。饲喂技术上,如开食过晚,断奶后采食饲料过多,突然更换饲料,仔猪采食母猪饲料,饲槽不洁净,槽内剩余饲料变质,水供给不足,只喂汤料及水温过低等应激因素,都可导致仔猪腹泻。

(7)保育(断奶)仔猪的网床培育　保育(断奶)仔猪网床培育是一项科学的仔猪培育技术。粪尿、污水可随时通过漏缝网格滑到网下,减少了仔猪接触污染源的机会,可有效地预防和遏制仔猪腹泻病的发生和传播。

断奶仔猪在产房内经过3天过渡期后,再转移到保育猪舍网床培养，可提高仔猪日增重，生长发育均匀，仔猪成活率和饲料转化率提高，减少疾病的发生，为提高养猪生产水平、降低生产成本奠定良好的基础。网床培育已在我国大部分地区试验并推广应用，取得了良好的效果，对我国养猪业的发展和现代化起到了巨大的推动作用。

试验结果表明，仔猪在相同的营养与环境条件下，网床培育仔猪，对仔猪的增重速度、采食量、料肉比等都有影响，35 天的培育期，网床培育比平地饲养平均日增重提高 15%，日采食量提高 12.6%。

(8)防止形成僵猪　僵猪是指那些年龄不小、个头不大、被毛粗乱、消瘦、头尖、屁股瘦、肚子大的猪。这些猪光吃不长，给生产造成损失。僵猪形成的原因：一是由于母猪妊娠期间饲养不当，胚胎发育受阻，初生体重小；二是母猪在哺乳期饲养不当，母乳不足甚至无乳，致使仔猪死不了也活不好发生奶僵；三是由于仔猪患病，如气喘病、下痢、蛔虫病等，发生病僵；四是仔猪补料不及时以及断奶不当，断奶后管理不善，营养不足，特别是蛋白质、矿物质、维生素缺乏等，引起仔猪发育停滞，形成僵猪。

僵猪的预防：一是加强妊娠期和哺乳期母猪的饲养，保证仔猪在胚胎期有良好的发育，出生后有充足的母乳供应；二是初生仔猪要注意固定奶头，使每头仔猪都能及时吮吸到母乳，特别是初生重小的仔猪应有意识地固定在前部乳头上，并抓好早期补料，提高断奶体重，使仔猪健康生长；三是抓好断奶期的饲养管理；四是仔猪日粮搭配多样化，既营养全价又适口性良好，仔猪喜食，营养充足；五是日常管理应保持圈舍清洁干燥，冬暖夏凉，定期驱虫；六是与配公、母猪应选择亲缘关系远的优良猪种，以提高仔猪的质量，同时淘汰老、弱种猪及泌乳力低的母猪。

对已形成的僵猪应按其原因对症治疗或单独饲养，单独调理饮食及营养供应，喂些健胃药或采取饥饿疗法，定时定量。如若不进食,可只给饮淡盐水,不给饲料,等有食欲时再喂,也不要一次喂得太饱。

六、生长肥育猪的饲养管理

体重20～100千克阶段的猪为生长肥育猪。其中:20～35千克体重阶段为肥育前期,35～60千克体重阶段为肥育中期,60～90千克体重阶段为肥育后期。生长肥育猪管理得好坏,是衡量养猪生产水平高低的一个主要标志,对商品猪场更为重要。因此,必须改进肥育技术,提高出栏率,才能在最短时间内用最少的饲料和劳力,获得量多质好的猪肉产品。

1. 选好仔猪 要选择优良杂种仔猪,要求体质健壮,被毛光亮,发育匀称,动作灵敏,食欲旺盛。这样的仔猪不仅增重快,省饲料,且屠宰率高,胴体瘦肉率高。

2. 饲养标准 我国2004年发布的《猪的饲养标准》规定,20～35千克体重生长肥育猪每千克饲料养分含量为:消化能13.39兆焦、粗蛋白质17.8%、钙0.62%、磷0.53%,平均每天采食量1.43千克,预计日增重0.61千克;30～60千克体重生长肥育猪每千克饲料养分含量为:消化能13.39兆焦、粗蛋白质16.4%、钙0.55%、磷0.48%,平均每天采食量为1.9千克,预计日增重0.69千克;60～90千克体重生长肥育猪每千克饲料养分含量为:消化能13.39兆焦、粗蛋白质14.5%、钙0.49%、磷0.43%,平均每天采食量2.5千克,预计日增重0.8千克。

3. 饲喂方法

(1)不限量饲喂和限量饲喂 采用不限量饲喂方法时,猪采食量大,日增重高,胴体背膘较厚。不限量饲喂,一种方法是将饲料装入自动饲槽,任猪自由采食,但夏季要防止剩余饲料发霉变质;另一种方法是按顿不限量饲喂,直到饲料稍有剩余为止。限量饲喂时，猪的日增重较低，但饲料利用率较高，胴体背膘较薄。

在猪达到最大的肌肉生长强度之前，脂肪生长相对较少，仅限于肾周脂肪等保护性脂肪组织的生长。达到最大肌肉生长强度后，脂肪沉积能力逐步增强，这时若摄入过多的能量物质，就会导致脂肪的大量沉积。所以限量饲喂必须在肌肉达最大生长潜力后进行，否则会影响肌肉的生长。在生长肥育后期(60 千克以后)采用限制饲喂的方法，可以有效地降低胴体的背膘厚度，提高胴体的瘦肉率，同时还可以提高饲料转化率。但限制饲喂幅度不可过大，否则会延长肉猪的出栏时间，并因此增加饲养成本，降低猪舍的使用效率。

生长肥育猪饲养还应根据市场需求和饲养条件等采取不同的饲养方式，如果追求增重速度快，出栏期早，则以自由采食方式为好。但由于后期脂肪沉积能力较强，而能量饲料含量又较高，胴体往往较肥。如要使肉猪既有较快的增重速度，又有较高的瘦肉率，可以采取前敞后限(前高后低)的饲养方式，即在生长肥育前期、中期采用高能量、高蛋白质日粮，让其自由采食或不限量按顿饲喂，以保证肌肉的充分生长；生长肥育后期适当降低日粮能量蛋白质水平，限制能量的摄入量，这样既不会严重降低增重，又能减少脂肪的沉积，得到较瘦的酮体。

后期限饲的方法，一是限制猪的采食量，大约较自由采食量减少 15%～20%；另一种方法是降低日粮中的能量水平，仍让猪自由采食或不限量饲喂。日粮中能量水平降低，虽不限量饲喂，但由于猪的胃肠容积有限，每天摄入的能量总量必然减少，因而同样可达到限饲的目的，且简便易行。

(2)日喂次数　肥育猪每天的饲喂次数，应根据猪的生长阶段和日粮组成做适当调整。体重在 35 千克以下时，猪的消化道容积小，消化能力差，应少添勤喂，每天宜喂 3～4 次。在喂干料或颗粒料时，应实行自由采食的方法。35 千克以后，胃肠容积增大，消化功能逐步完善，每天应喂 3 次。60 千克以后，每天可饲喂 2 次。饲喂次数过多会影响猪只的休息，也增加了人力投入。

饲喂次数应保持适当的时间间隔，保证猪有足够时间消化食物和休息，饲喂时间应选在猪只食欲旺盛时为宜，如夏季应选在早、晚天气凉爽时饲喂。

(3)投料方法　生长肥育猪宜采用饲槽饲喂。饲槽分为普通饲槽和自动饲槽，用普通饲槽时，要保证每头猪有足够的采食空间，以防强夺弱食。个别猪场采用硬地面撒喂的方法，造成饲料损失较大，且饲料易污染，不宜提倡。

(4)供给充足洁净的饮水　生长肥育猪的饮水量随体重、环境温度、日粮性质和采食量等有所不同。在冬季，其饮水量应为采食饲料风干量的 2～3 倍或体重的 10%左右；春、秋两季为采食饲料风干量的 4 倍或体重的 16%；夏季约为采食饲料风干量 5 倍或体重的 23%。因此，必须供给充足洁净的饮水，饮水不足或限制饮水，会引起食欲减退，采食量减少，日增重降低和饲料利用率降低，严重缺水时将引起疾病。在气温较低的季节里，最好能供应 30℃～40℃的温水，以免小猪饮用温度过低的冷水而出现胃肠疾病。饮水设备以自动饮水器为宜，也可以在圈栏内单设水槽经常保持充足而洁净的饮水，让猪自由饮用。

4. 管理

(1)圈舍定期消毒　建立并严格执行卫生消毒制度，将猪病的发生率降至最低限度。饲养人员要定期对猪舍、圈栏、用具等进行彻底的消毒。对猪舍走道、猪栏内的粪便、垫草等污物，用水洗刷干净后再进行消毒，猪栏、走道、墙壁等可用 2%～3%苛性钠(烧碱)水溶液或 0.3%过氧乙酸、次氯酸盐喷洒消毒，停半天或 1 天后，再用清水冲洗猪栏和地面。墙壁也可用 20%石灰乳粉刷。

(2)合理组群　为保证每头猪都能采食到足够的饲料，同群猪生长发育均匀，缩短肥育周期，提高日增重和饲料利用率，降低生产成本，合理组群是十分必要的。组群要选择父母本相同的杂交后代，如果品种不同，其后代常具有不同的气味和生活、行为特征，从而相互厮咬，使各自的生产性能难以得到充分发挥，甚至被咬死。这样，不仅会造成饲料的浪费，还会给管理带来诸多不便。按杂交组合组群，可避免因生活习性不同而相互干扰采食和休息，并且因营养需要、生产潜力相同，而使得同一群的猪只发育整齐，同期出栏。

要注意按性别、体重大小和强弱进行组群，否则影响猪的肥育效果。性别不同，肥育性能也不同，如去势公猪具有较高的采食量和增重速度。国外试验表明，如果从体重 25～30 千克起按性别分组进行饲养至上市体重，则小母猪生长慢 5%～10%，少耗料 9%～12%，饲料转化率提高 2%～5%，瘦肉率增加 1%～3%。为达到最高的增重和饲料转化率，小母猪应比阉公猪饲喂较高浓度氨基酸的日粮，相当于日粮蛋白质水平提高 1～2 个百分点。一般要求小猪阶段体重差异不超过 4～5 千克，中猪阶段不超过 7～10 千克为宜。

稳定的猪群环境是动物个体正常生长发育所必需的，群体环境的变化对动物个体是一种不良刺激。因此，组群后要求相对固定，因为每一次重新组群后，需 1 周左右的时间，才能建立起比较安定的新群居秩序，在最初的 2～3 天，往往会发生频繁的个体间争斗。所以，猪群重组后 1 周内增重缓慢，确实需要进行调群时，要按照“留弱不留强”（即把处于不利争斗地位或较弱小的猪只留在原圈，把较强的猪调走），“拆多不拆少”（即把较少的猪留在原圈，把较多的猪并到其他猪群），“夜并昼不并”（即要把两群猪合并为一群时，要在夜间进行）的原则进行，并加强调群后 2～3 天内的饲养管理，尽量减少争斗发生。

（3）饲养密度与群体的大小　饲养密度是以每头猪所占栏圈面积的多少来表示，确定饲养密度要从提高圈舍利用率和生长肥育猪的饲养效果两个方面来考虑。实践证明，体重20～60千克的生长肥育猪，所需面积为0.8～1米^2，60千克以上的生长肥育猪为1.1～1.4米^2。在具体生产中，应根据不同的环境条件，如温度、湿度、风力等具体情况而有所不同。在夏季，由于气温较高，湿度大，可以适当降低饲养密度；在冬季，由于气温较低，空气干燥，则可适当增大饲养密度。

在正常生长情况下，猪群中个体与个体之间要保持一定距离。群体密度过大时，个体间冲突增加，炎热季节还会使圈内局部气温过高而降低猪的食欲，这些都会影响猪的正常休息、采食和健康，而影响增重和饲料利用率。随着猪体重的增大，适宜圈舍面积逐渐增大。为满足猪对圈栏面积的需求，又保证肥育期间不转群，最好的办法就是采取移动的栏杆圈栏。这样既可以随猪只体重增大，相应地扩大圈栏面积，又可避免转群造成的应激。

虽然饲养密度适当，但是群体大小不适当，同样不会达到理想的饲养效果。当群体过大时，猪与猪个体之间的位次关系容易被打乱，使个体之间争斗频繁，互相干扰，影响采食和休息。生长肥育猪的最有利群体大小为4～5头，群体过小会相应地降低圈舍及设备的利用率。因此，在温度适宜、通风良好的情况下，每群以10～15头为宜，最多不宜超过20头。

(4)调教　就是根据猪的生物学特性进行引导与训练，使猪只养成在固定地点排泄、躺卧、进食的习惯，这样既有利于其自身的生长发育和健康，也便于进行日常的管理工作。

在正常条件下，猪大部分时间在躺卧或睡觉，一般喜欢躺卧在高处、圈角黑暗处。因此，在猪转圈时，如在洁净干燥处铺上垫草或木板，创造一个舒适的躺卧环境，有利于猪只迅速养成固定地点躺卧的习惯。

猪一般多在门口、低洼处、潮湿处、圈角等处排泄，排泄时间多在喂饲前或是在睡觉刚起来时。因此，如果在转群前，事先把圈舍打扫干净(特别是猪床),在指定的排泄区堆放少量的粪便或泼点水,然后再把猪调入,可使猪养成定点排便的习惯。

如果仍有个别猪只不在指定地点排泄,应将其粪便铲到指定地点并守候看管,必要时要加以驱赶,3～5天后,猪只就会养成采食、躺卧、排泄"三点定位"的良好习惯。

(5)适宜的生长环境

①温度。生长肥育猪在适宜温度下,猪的增重快,饲料利用率高。过冷过热都会影响猪只生产潜力的发挥,温度低时,饲料消耗增多以增加机体代谢产热来维持正常体温,日增重降低,耗料量增大。如舍内温度在4℃以下时,日增重下降50%,料肉比是最适温度时的2倍。温度过高时,为加强散热,猪只的呼吸频率增高,心跳加速,食欲降低,采食量下降,增重速度减慢,长期的高温会使猪体重减轻,如果再加之通风不良,饮水不足,还会引起中暑。因此,在生产实践中,必须加强管理,做好防寒保暖,防暑降温工作。

当温度过低时,可给生长肥育猪铺垫较厚的干燥垫草,堵塞门窗上的风洞,防止贼风。目前在北方,有的猪场采取建塑料大棚的方法来保持猪舍的温度。

高温会给养猪生产者造成巨大的损失。为使高温对猪造成的应激降低到最低,应做好以下措施。

第一,严格控制饲养密度,防止因密度过大而引起舍温升高。夏季较适宜的饲养密度,体重45千克以下的猪只不低于0.8米^2/头,体重45千克以上的猪只不低于1米^2/头。

第二,必要时需采取降温措施,可以安装风扇或风机进行通风,排出舍内热气。还可以向猪舍地面喷洒冷水降温,每天3～4次,每次2～3分钟。或给猪进行凉水浴,直接降低猪体表温度。

第三,在猪舍周围种植树木和草坪,能有效降低猪舍温度。

第四,调整日粮配方,适当提高日粮中的能量水平,一般在日粮中添加2%～3%的混合脂肪,能稳定猪的增重速度。

第五，尽量在天气凉爽时进行饲喂，增加猪的采食量。一般早上 7 时以前，下午 6 时以后喂料，以减轻热应激对采食量的不良影响。同时，一定要供给足够的清洁凉水，因为水不但是机体所不可缺的，而且在机体体温的调节中起重要作用。

②湿度。湿度的影响远远小于温度，如果温度适宜，则空气相对湿度的高低对猪的增重和饲料利用率影响很小。实践证明，当温度适宜时，空气相对湿度从 45％上升到 90％都不会影响猪的采食量、增重和饲料利用率。猪适宜的相对湿度为 65％～75％。

对猪影响较大的是低温高湿和高温高湿。低温高湿，会加剧体热的散失，加重低温对猪只的不利影响；高温高湿，会影响猪只的体表蒸发散热，妨碍体热平衡调节，加剧高温所造成的危害。同时，空气湿度过大时，还会促进微生物的繁殖，容易引起饲料、垫草的霉变。但空气相对湿度低于 40％时，容易引起皮肤和外露黏膜干裂，降低其生理屏障作用，易患呼吸道和皮肤疾病。

③空气。猪舍内的空气经常受到排泄物、饲料、垫草的发酵或腐败形成的氨气或硫化氢等有害气体的污染，猪只自身的呼吸又会排出大量的水汽、二氧化碳以及其他有害气体。如果猪舍设计不合理或管理不善，通风换气不良，饲养密度过大，卫生状况不好，就会造成舍内空气潮湿、污浊，充满大量氨气、硫化氢和二氧化碳等有害气体，从而降低猪的食欲，影响猪的增重和饲料利用率，并可引起猪的眼病、呼吸系统和消化系统疾病。因此，猪舍建筑设计时要考虑通风换气的需要，设置必要的换气通道，安装必要的通风换气设备。在建造塑料棚舍时，也要留足通风孔以利换气。在管理上，要注意定期打扫猪舍，保持圈舍清洁，减少污浊气体及水汽的产生，以保证舍内空气清新。

④光照。许多研究表明，光照对生长肥育猪增重、饲料利用率和胴体品质及健康状况的影响不大，从猪的生物学特性看，猪对光也不敏感。因此，生长肥育猪舍的光照只要不影响日常操作和猪

的采食就可以了。但是适当提高肥育猪舍的光照强度,具有促进物质代谢,提高增重的作用。

(6)执行全进全出制度 养猪业当今推广的全进全出式小群饲养法,是保证猪群健康和促进猪只生长的有效方法。现介绍国外在生产实践中完善全进全出制度的最新经验。

第一,全进全出式小群饲养法,要求小猪日龄相差要小且身体健壮。同群小猪日龄相差在1～4天之内,绝对不允许超过7天。如果无视断奶仔猪日龄而只是按照仔猪体重大小去组成仔猪小群,则容易发生意想不到的疾病。

第二,组成全进全出式小群时,原则上小猪都是来自同一繁殖农场。若是从几个繁殖场购买来的小猪组成小群,就可能会随之带来各种疾病,进而在猪场内蔓延开来。

第三,全进全出饲养过程中,不同的小群之间要严格禁止猪、物资和工作人员的相互流动,防止疾病的传播和流行,始终坚持各小群隔离饲养。

第四,全进全出饲养法,必须将断奶仔猪同繁殖母猪舍远离相隔,另建培育猪舍,且要一直到最后的肥育阶段。

第五,许多研究表明,实施全进全出制度,使仔猪在以后的饲养过程中发病率降低,使猪群健康成长。

5. 适时出栏 肉猪适时出栏通常以体重表示。适时出栏体重是以得到产量高、质量好和成本低的猪肉产品为目的。影响适时出栏期的主要因素是:消费者对胴体品质的要求、生产者的最佳经济效益、猪肉的供求状况、猪种类型等。一般情况下,我国南方品种猪与引进的大型瘦肉型品种猪的杂种猪适宜出栏体重为70～85千克;华北地方品种猪与大型瘦肉型品种猪的杂种猪适宜出栏体重为80～95千克;我国培育的瘦肉型猪和引进的瘦肉型及其杂种猪适宜出栏体重为90～110千克。

七、后备猪的饲养管理

为了选育强群壮群，每年必须在原种猪群中，选留和培育一定数量的后备公、母猪来补充和替代年老、生病和繁殖性能低下的种猪，调整猪群的年龄结构比例。

选留后备猪要遵循从体质健壮、适应性强、无遗传疾病、体型外貌具有本品种特征、遗传稳定、体质结实、产仔多、哺育能力强、断奶窝重大的种猪后代中选留。后备母猪要 3 选 1，后备公猪要 5 选 1。

1. 饲养水平与饲喂方式 2004 年我国发布的《猪的饲养标准》规定，瘦肉型后备猪的饲养标准，代谢能、粗蛋白质含量和日采食量，参照肥育猪的饲养标准执行，惟钙、磷含量提高 0.05%～0.1%。除控制日粮中的蛋白质和能量水平外，还应供给后备猪足够的矿物质和维生素，以满足其正常生长发育需要，从而获得种用性能良好的后备种猪。

后备猪 5 月龄体重应控制在 75～80 千克，6 月龄达到 95～100 千克，7 月龄控制在 110～120 千克，8 月龄控制在 130～140 千克。在饲喂方法上应采取限制饲喂方式，既可保证后备猪的生长发育良好，又可控制体重的生长速度，使得各组织器官能够协调发展。

2. 管理

(1)分群 后备猪在体重 60 千克以前，可按性别和体重大小分成 4～6 头为一群进行饲养；60 千克以后，按性别和体重大小再分成 2～3 头为一小群饲养。群养密度适中，后备猪生长发育均匀；密度过高，则影响后备猪生长发育速度，还会出现咬尾现象。后备猪达到性成熟时，常出现相互爬跨行为，易造成阴茎损伤，对生长发育不利，最好单栏饲养。

(2)调教　后备猪从一开始就应加强调教管理，使猪容易与人接近，为以后的采精、配种和接产等工作打下基础。饲养人员要经常触摸猪只，对猪的耳根、腹侧及母猪乳房等敏感部位进行抚摸，既可使人、猪亲和，又可促进乳房充分发育。

(3)定期测量体长和体重　后备猪应逐月测量体尺和体重，不同品种类型在不同月龄有一个相应的体尺和体重范围。通过后备猪各月龄体重变化，可间接判断其生长发育的优劣状况，并及时调整日粮营养水平和饲喂量，使后备猪生长符合其品种类型要求。

(4)日常管理　后备猪在冬季同样需要注意防寒保暖，夏季要防暑降温，舍内通风换气良好，保持猪舍空气清新；猪舍地面及饲养设备和工具要定期消毒；经常刷拭猪体并定期驱虫，防止体内外寄生虫的寄生。后备公猪每天要有适当的运动，这样既可以使猪体格健壮，四肢灵活，并能接受日光浴和呼吸新鲜空气，又可以防止自淫恶癖。后备猪达到适配月龄和适配体重时，即可准备配种。

(5)环境适应　后备母猪要在猪场内适应不同的猪舍环境，与老母猪一起饲养，与公猪隔栏相望或者直接接触，这样有利于促进母猪发情。

第七章　生态发酵床养猪技术

一、发酵床养猪技术定义与优势

（一）定　义

发酵床养猪技术是猪在发酵床上生长、粪污免清理的一种有机农业养殖技术，其技术核心是利用特定的微生物进行的一种动态好氧发酵调控，该发酵过程将养殖生产与粪污处理两环节有机结合，从而达到促进生猪生长，改善养殖环境，实现资源循环利用的目的。

（二）优　势

生态发酵床养猪与我国常见的水泥地面养猪法相比，优势主要体现在以下几个方面。

第一，粪污原位消纳，即猪排泄的粪尿经过垫料中的微生物分解、发酵，臭味消失，猪场内外感觉不到臭味。猪舍内“粪污原位消纳”是本技术最显著的特征。有的养殖户将“粪污原位消纳”形象地称为“零排放”。

第二，提高抗病力。由于猪在发酵床垫料上生长，应激减少，福利程度提高，抗病力明显增强，发病率降低，特别是消化道疾病和冬季呼吸道疾病较传统集约饲养有大幅下降。北方冬季气候严寒，仔猪趴卧在温暖的垫料上，腹感温度明显增加，仔猪下痢（黄痢、白痢）明显减少。发酵床养猪饲料中一般不添加抗生素，猪活动范围增加，所生产的猪肉安全优质。经对发酵床肉猪屠宰检测，猪肉中抗生素残留显著减少，达到了无公害猪肉的要求。

第三,省水省能源。因为发酵床养猪技术不需要用水冲洗圈舍,仅需要满足猪饮用水和保持垫床湿度的水即可,所以较传统集约化养猪可节省用水 85%～90%。微生物在发酵过程中产生热量,这就解决了冬季养猪场的取暖问题,节省了大量能源。

第四,消纳大量农副废弃资源。发酵床养猪可使用的垫料有锯末、稻壳、玉米秸秆、花生壳、棉花秸秆、大豆秸秆、甘蔗渣、酒糟、菌糠等。废弃垫料可用于生产有机肥和沼气,实现农副资源的循环利用。

二、发酵床猪场与猪舍

(一)发酵床猪场的选址与设计

发酵床猪场的选址与我国常规猪场基本相同,应适当选址,合理布局。发酵床猪场的建设项目也与我国常规猪场建设项目基本一致。不同的是,发酵床猪场应设计废弃垫料贮存室,不必再建设粪污无害化处理设施。目前发酵床饲养生猪,主要用于仔猪及生长肥育猪,用于母猪及种猪较少。养猪场可根据当地实际情况灵活选择。

(二)发酵床猪舍的建筑类型与布局

1. 猪舍的建筑要求　我国北方发酵床猪舍设计时要注意夏季防暑,冬季保暖、除湿、通风、水管防冻,饮用水及雨水污染垫料、防屋顶结水珠、穿堂风及注意发酵床地下水位高低等;南方发酵床猪舍设计时,要注意夏季降温、增加通风、雨水污染垫料及热射病等。

2. 猪舍的基本结构　猪舍的基本结构包括地面、墙、门窗、屋顶等,这些又统称为猪舍的"外围护结构"。猪舍的小气候状况,在很大程度上取决于外围护结构的性能。发酵床猪舍设计与我国常规猪舍设计有些不同，主要包括：

(1)地基、基础和地面　发酵床猪舍的地基、基础和地面虽与常规猪舍基本相同，但发酵床猪舍更注重地下水位情况。根据地下水位情况，来确定发酵床是采用地下式、地上式还是半地上半地下式。

(2)墙脚和墙壁　墙脚是墙壁与基础之间的过渡部分，一般比舍外的地面高出10～20厘米左右，在墙脚与地面的交接处应设置防潮层，以防止地下或地面的水沿基础上升，使墙壁受潮，通常可用水泥砂浆涂抹墙脚。

(3)屋顶　发酵床猪舍更加注重猪舍屋顶的结构。猪舍的屋顶要求结构简单、坚固耐用、排水便利，且应具有良好的保温隔热性能。目前发酵床猪舍屋顶常见结构为“砖瓦-泥-芦苇”、“彩钢瓦＋塑料泡沫＋PVC板”或“石棉瓦＋塑料泡沫板”结构。

(4)地面　在我国多采用土、砖、石料水泥等修建地面。为防止垫料中的水分或粪尿渗入地下，污染土壤或地下水，发酵池地面建议水泥固化。如发酵池地面为泥土，考虑泥土地面上方铺垫玉米秸秆等防漏层。

3. 发酵床猪舍种类　根据猪舍栏种类的不同，发酵床猪舍可分为地面槽式结构、半坑道式结构和地下坑道式结构(图7-1)。

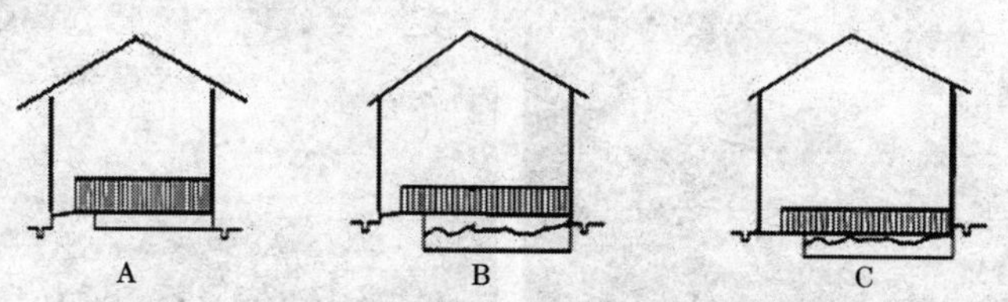

图7-1　发酵床猪舍结构示意图

A. 地面槽式结构(发酵床在地上)　B. 半坑道式结构(发酵床部分在地上，部分在地下)
C. 地下坑道式结构(发酵床在地下)

(1)地面槽式结构　又称地上式结构,即垫料池建在地面上。垫料池深度为保育猪50～70厘米,中大猪60～90厘米。该结构优点为雨水不容易溅到垫料上,地面水不易流到垫料,通风效果好,且垫料进出方便。缺点为猪舍整体高度较高,造价相对高些;猪转群不便;饲喂不便。适用于地下水位高的地区。

(2)地下坑道式结构　又称地下式结构,即垫料池建在地下。该结构猪舍整体高度较低,造价相对低;猪转群方便;冬季保温效果好,投喂饲料方便。缺点为雨水容易溅到垫料上;垫料进出不方便。

(3)半坑道式结构　又称半地下式结构,即垫料池一半建在地下,一半建在地上。

4. 几种常见的发酵床猪舍　见图7-2至图7-7。

图7-2　山东省等地采用的单列式发酵床猪舍

图7-3　山东省等地采用的双面坡式发酵床猪舍

图7-4　云南省等地采用的内含吊顶的塑料大棚式发酵床猪舍

图7-5　吉林省等地采用的塑料大棚式发酵床猪舍

图 7-6 吉林省等地采用的遮盖覆盖物的半钟楼式发酵床猪舍

图 7-7 福建省等地采用的卷帘式双列式发酵床猪舍

三、发酵床制作

(一)垫料原料的选择

1. 锯末稻壳型原料 锯末稻壳型发酵床垫料原料主要为锯末、稻壳、猪粪、米糠及发酵床微生物。锯末主要起保持垫料水分的作用。稻壳或秸秆主要起支撑垫料增加透气功能。米糠和猪粪为发酵床微生物发挥功能的营养源。发酵床菌种起分解猪粪尿、提高和稳定发酵状态、促进饲料吸收、抑制病菌繁殖作用。不得使用经防腐剂处理过的锯末,如三合板等高密板材锯下的锯末。稻壳最好不水洗。锯末、稻壳等无霉变、无杀虫剂等。掺杂谷糠或酸败的米糠不得使用。无米糠时,可用玉米面、麸皮等代替。生猪粪最好是一周内的新鲜猪粪,也可不加。

2. 锯末稻壳替代品原料 锯末、稻壳可用不同原料代替。在选择垫料原料时,尽量选择不易腐烂的原料(即木质素含量较高的材料),原料选择时可从材料的吸水性、透气性、易发酵性、碳氮比等几个方面考虑(表 7-1)。

表 7-1　发酵床一些垫料原料的特性

垫料的特征	锯末	稻壳	碎稻谷	废纸	树皮	麦秆
吸水性	○	△	○	◎	△	△
透气性	△	◎	○	△	◎	○
易调整性	○	○	○	○	○	△
易搅拌性	△	○	△	△	×	△
易搬运	○	×	△	◎	△	○
易发酵	○	◎	○	△	◎	△
持续发热性	○	○	○	×	◎	△
易到手	○	△	○	◎	○	○
成本	△	◎	○	○	○	○

注："◎"表示最好，"○"表示良好，"△"表示可以，"×"表示不好

锯末稻壳替代品原料有：

(1)刨花　可完全替代发酵床垫料中的锯末。刨花不应霉变、污染。

(2)花生壳　粗蛋白质含量7%左右，粗纤维含量(含木质素)约为69.9%。花生壳可替代稻壳使用。花生壳粉碎后，在发酵床中易降解，故花生壳代替稻壳时，以不粉碎为好。

(3)甘蔗渣　是甘蔗制糖后的剩余物。干的甘蔗渣可完全替代锯末制作发酵床。湿的甘蔗渣容易霉变，湿甘蔗渣不用于发酵床。

(4)干玉米秸秆　粗蛋白质含量约为3%，粗纤维含量为33%，碳氮比为25∶1。玉米秸秆制作发酵床时有两种利用方式，一种是将干的玉米秸秆需事先切成2～4厘米小段，然后与锯末、稻壳、猪粪等混匀，制作混合垫料；另一种方式是将干的整株玉米秸秆铺在发酵床垫料底层，起到降低混合垫料层厚度、防止垫料水分渗入地下、保护垫料温度的作用。干玉米秸秆使用时，最好将玉

米秸秆的叶、梢去掉。

(5)小麦秸秆和稻草秸秆　秸秆中空，比重轻，易降解腐烂，碳氮比在80～90∶1之间，蛋白质含量在1.8%～3.1%，粗纤维含量约为33%，在发酵床中的添加比例低于10%。小麦秸秆和稻草秸秆使用时，将其铡短成10厘米左右的小段后应用。小麦秸秆作发酵床原料时，注意和锯末、稻壳等原料的混匀。

(6)食用菌菌渣　是食用菌出菇后的废料。因生产食用菌菌菇种类不同，其废料组成不同。菌渣水分含量变化大。干菌渣可替代发酵床垫料中锯末的80%～100%。

(7)玉米芯　是用玉米棒破碎加工后的产物，玉米芯粗蛋白质含量约为2.0%，粗纤维含量约为28%，碳氮比为88∶1。玉米芯粉碎成20～60目后可替代锯末。

(8)玉米面　作为营养源，可代替猪粪及米糠添加在垫料中。玉米面的粉碎粒度无严格要求，按人类食用要求即可。将玉米面与发酵床菌种混匀后，可再与锯末、稻壳混匀，制作发酵床。玉米面添加剂量为夏季每立方垫料中添加2.0～2.5千克，冬季为2.5～3.0千克。玉米面没有时，可用次粉代替。

(9)其他　棉秆、棉壳、芦苇秆、树叶、苹果渣、玉米皮等也可用来制作发酵床。一些含有抗菌物质的植物如桉树、樟树、烟秆、紫茎泽兰(一种牧草)等则不适宜制作发酵床。各地在制作发酵床时，可灵活合理选用当地的一些原料。

3. 发酵床菌种的选择　目前市场上主要存在三种发酵床微生物，一种为已知的芽孢杆菌，一种为土著菌，另一种为EM或其他菌种。对于芽孢杆菌，因为菌种属性明确，菌种质量较为安全，因此可以推广使用。对于土著菌，由于微生物培养，主要存在菌种属性不明确、菌种未经纯化、培养质量因区域、技术差异等问题，对于大型规模猪场，在专业技术人员的操作下，菌种质量可能得到保证，而对于中小型规模猪场可能不适合推广。对于利用EM或其他菌种制作发酵床，是否可行值得探讨。

我们国家尚没有发酵床菌种的判定标准。发酵床菌种的选择可从以下几个方面考虑：①粪污分解性，即微生物分解粪污的能力。②耐热性能，即微生物菌种在发酵床垫料中耐热情况。发酵床垫料在堆积发酵、杀灭病菌过程中的温度一般为60℃以上，一般乳酸菌、酵母菌在60℃以上高温时即灭活，不适宜用于发酵床。③发酵床菌种应安全、稳定，生长优势强。研究结果表明，发酵床功能菌主要为具有分解粪污能力的芽孢杆菌。

（二）发酵床的制作

1. 各垫料组分比例　不同的材料，季节不同，所占的比例不一样，详见表7-2。

表7-2　不同季节所需的原料比例

	稻壳（%）	锯末（%）	鲜猪粪（%）	米糠（千克/米^3）	发酵床微生物（克/米^3）
冬　季	40	40	20	3.0	200～250
夏　季	50	40	10	2.0	200～250

注：1. 夏季也可不用猪粪，可适当增加米糠用量

2. 因生产厂家不同，发酵床微生物添加剂量不同

2. 垫料制作过程　根据制作场所不同，垫料制作方法一般可分为集中统一制作和猪舍内直接制作两种。集中统一制作方法是在舍外场地统一搅拌、发酵制作垫料，该方法可用较大的机械操作，如挖掘机，操作自如，效率较高，适用于规模较大的猪场；猪舍内直接制作方法是在猪舍内逐栏把谷壳、锯末、米糠以及发酵床微生物均匀后使用，这种方法效率低些，适用于中小规模猪场。

3. 湿法发酵床制作过程　根据垫料的干湿情况，发酵床制作可分为湿法发酵床和干法发酵床。“湿法”即在制作发酵床的过程

中，添加外源水，调节水分含量；"干法"是指在发酵床制作过程中不再添加外源水，垫料较干燥。以下着重介绍湿法发酵床的制作过程，干法发酵床制作见第 154 页"节省人工的垫料铺垫方法"。

首先选择当地适宜的、廉价的垫料原料，根据原料特性确定各原料的添加比例。单纯根据碳氮比确定各原料的比例并不准确。各种原料的碳氮比受原料产地、成熟季节、测定方法等不同，而存在差异。制作发酵床的各参数标准仍没有确定。制作发酵床时，建议选取不易腐烂的原料及成本低的原料。

(1)原料准备　首先根据所处季节、发酵床面积大小以及所需垫料厚度计算出谷壳、锯末、米糠以及微生物添加剂的使用数量。如果准备冬季饲养肥育猪，猪舍垫料层厚度一般为 90 厘米(图 7-8)，各原料用量比例为稻壳 40%、锯末 40%、猪粪 20%、米糠 3.0 千克/米^3，发酵床微生物 200 克/米^3，此时可准备铺设 36 厘米(90 厘米乘以 40%)厚的稻壳材料、36 厘米厚的锯末以及一定量的猪粪、米糠和发酵床微生物。由于猪在发酵床上跑动时，垫料表面下沉，故应多准备些锯末和稻壳。此时，可准备铺设 40 厘米厚的锯末和 40 厘米厚的稻壳。根据发酵床面积大小，计算出应购买的锯末和稻壳体积数。

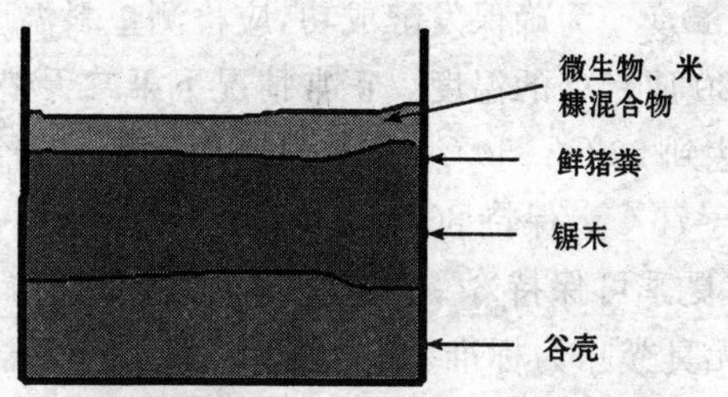

图 7-8　肥育猪舍发酵床垫料结构示意图

将所需的米糠与适量的发酵床微生物提前逐级混合均匀备用。

(2)混匀　将谷壳或锯末取 10%备用。将其余按图 7-8 把谷壳和锯末倒入垫料场内，在上面倒入生猪粪及米糠和混匀的米糠微生物，用铲车等机械或人工充分混合搅拌均匀。

(3)调控水分　原料混合过程中，注意水分含量调节，水分含量保持在50%左右(手握成团，不能滴水，料落地散开)。如水分不足，可加水后再混匀堆积。如水分过多，可再略微补充干的锯末和稻壳，进行调整。

(4)预堆积发酵　将各原料搅拌均匀混合后像梯形或丘形状堆积起来。堆积好后用具有透气性的麻袋或凉席、草帘等覆盖周围中下部。垫料堆积高度一般1米以上。寒冷季节堆积体积应足够大，且全部覆盖。

预堆积发酵失败时，可从以下几个因素考虑查找：谷壳、锯末、米糠、生猪粪等原材料质量是否符合要求；谷壳、锯末、米糠、生猪粪以及微生物比例是否恰当；垫料是否混合均匀；垫料水分是否合适，是否在50%，太干还是太湿。预先堆积发酵时应注意：其一，调整水分含量，特别注意尽可能不要过量。其二，制作发酵床时原料的混合，什么样的作法都可以考虑，以高效、均匀为原则。其三，所堆积的垫料摊开的时候，中心部水分比较低，垫料干燥。摊开的垫料气味应清爽，不能有恶臭情况出现。

(5)检测温度　为确保发酵成功，应检测垫料温度。用温度计测定垫料深20厘米处的温度。正常情况下第二天垫料约20厘米深处温度可达到20℃～50℃，以后温度便逐渐上升，第三天最高可达到60℃～75℃。保持60℃以上发酵一段时间，一般冬季可保持7～15天，夏季可保持3～7天。垫料温度刚下降时即摊开，摊开垫料后以无臭粪味为标准。一般夏季用玉米面代替猪粪时，可发酵3天，冬季可发酵7～10天。

“锯末-稻壳-猪粪”发酵床垫料堆积发酵温度变化见图7-9。

(6)铺好垫料　将发酵好的垫料在每个栏内摊开铺平，垫料中的热气迅速扩展。在摊开的垫料上平铺备用的10%锯末或稻壳。

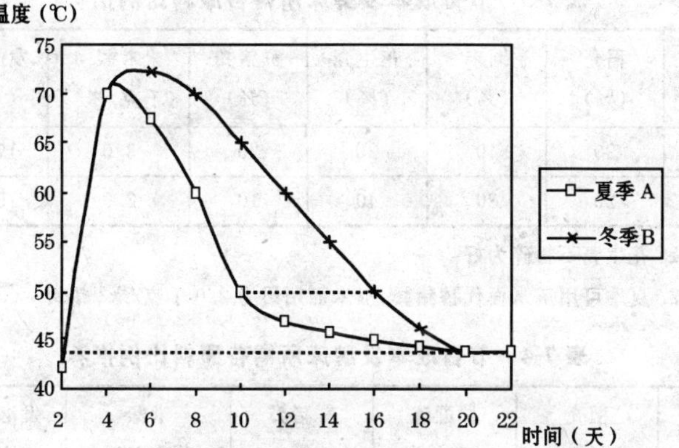

图 7-9 “锯末-稻壳-猪粪”发酵床垫料堆积发酵温度变化

说明:

a. 正常情况下,锯末-稻壳型、菌渣-稻壳型、玉米秸秆-棉秆型等发酵床垫料温度都有快速上升,然后逐渐下降的类似温度变化规律

b. 夏季A曲线因垫料中不加猪粪,所以温度衰减很快,原因是垫料中的营养(米糠)在发酵中很快被消耗完毕,所以曲线很快趋于稳定

c. 冬季B曲线因垫料中含有猪粪等丰富的营养,发酵时间加长,温度曲线衰减慢

d. 垫料发酵成熟与否,关键看温度曲线是否趋于稳定

e. 夏季放猪前,如果是新垫料,温度曲线趋于稳定的时间一般为10天左右;如果是旧垫料,温度曲线趋于稳定的时间一般为15天左右

f. 垫料发酵状况会随着气温的变化和垫料状况的不同有所变化,以上曲线仅作参考

隔日进猪饲养。

发酵好的垫料上平铺部分锯末或稻壳的作用在于使未发酵好的垫料再次发酵,防止垫料温度散失,防止垫料高温伤害猪体。

(三)低成本发酵床的制作

1. 调整垫料配方,降低垫料成本 见表7-3至表7-5。

表 7-3　节省成本发酵床所需各原料比例推荐

	稻壳（%）	锯末（%）	花生壳（%）	鲜猪粪（%）	米糠（千克/米³）	发酵床菌种（克/米³）
冬季	20	40	20	20	3.0	150～250
夏季	20	30	40	10	2.0	150～200

注：1. 花生壳不粉碎为好

2. 夏季可用玉米面代替猪粪，玉米面用量为 2.0 千克/米³ 垫料

表 7-4　节省成本发酵床所需各原料比例推荐

	稻壳（%）	甘蔗渣（%）	鲜猪粪（%）	米糠（千克/米³）	发酵床菌种（克/米³）
冬季	40	40	20	3.0	150～250
夏季	55	35	10	2.0	150～200

注：1. 夏季可用玉米面代替猪粪，玉米面用量为 2.0 千克/米³ 垫料

2. 甘蔗渣以干甘蔗渣为好

表 7-5　节省成本发酵床所需各原料比例推荐

	稻壳（%）	锯末（%）	醋糟（%）	鲜猪粪（%）	米糠（千克/米³）	发酵床菌种（克/米³）
冬季	15	40	25	20	3.0	150～250
夏季	20	35	35	10	2.0	150～200

2. 改变垫料结构，降低垫料成本　首先在发酵床猪舍底部铺设一定厚度的干玉米秸秆。玉米秸秆应干燥，不能潮湿。最好将玉米秸秆去掉叶、梢部分后再铺设；然后将发酵好的发酵床垫料铺设在已铺好的玉米秸秆上；再在发酵床垫料上平铺锯末或稻壳，隔日后进猪（图 7-10）。

此方法适合北方玉米主产区，发酵床垫料成本可降低 30%～40%。由于地理位置及气候的不同，各地区铺垫厚度也各异。山

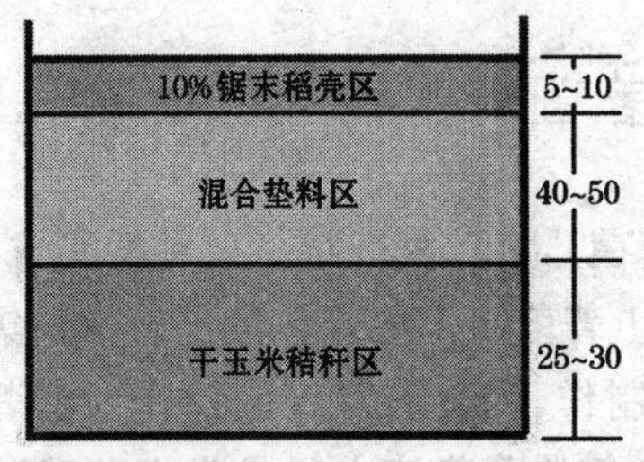

图 7-10 利用玉米秸秆节约成本的发酵床结构示意图 （单位:厘米）

东省干玉米秸秆区铺垫厚度不宜超过 30 厘米，东北三省等北方寒冷地区可适当铺至 40～50 厘米。山东省混合垫料区厚度以 40～50 厘米为好，厚度不宜低于 40 厘米，东北三省等北方寒冷地区混合垫料厚度以 45～60 厘米为好。夏季混合垫料层厚度可降低，冬季混合垫料层厚度可增加。此方法不适宜挖掘机机械化翻挖垫料。

3. 节省人工的垫料铺垫方法 随着发酵床技术的推广，一些企业推广发酵床垫料直接铺垫的方法（干撒式发酵床），即干法发酵床。具体操作方法是将垫料组分中的稻壳铺垫一层，其上铺垫一层锯末，再铺垫营养源和菌种混合物，再在上面铺设稻壳、锯末及营养源和菌种混合物，如此层层铺垫，最后进猪饲养。

干法发酵床适宜夏季及南方地区，不适宜冬季及北方地区。在确保锯末、稻壳等垫料原料没有受寄生虫、霉菌等污染的情况下可以采用干法。

干法发酵床可节省发酵床劳动力，缩短制作时间，缺点在于各种垫料组分比例不易掌握，各垫料组分没有混匀，发酵床垫料温度不易升高，对于病菌、病毒等感染的垫料杀灭效果有限。干法不适宜寒冷地区冬季发酵床的制作。湿法发酵床虽然费时费力，但发酵床制作成功率高，易养殖成功，对于病菌、病毒等感染的垫料杀灭效果较好。所以初次使用发酵床技术的养猪户，最好采用湿法制作发酵床。

四、土著菌制作

自己培养发酵床菌种(土著菌),可以降低垫料菌种购买成本,大规模猪场可自己制作菌种。土著菌制作主要包括土著菌采集培养、天慧绿汁制作、鱼类营养液制作、乳酸菌营养液制作。土著菌的分离培养是关键。天慧绿汁、鱼类营养液主要是为土著菌菌种提供营养成分。乳酸菌是额外补充土著菌中的微生物。土著菌制作程序繁琐,质量有时难以保证。

(一)土著菌的采集与培养

在高于本地 100～200 米的山上的乔木、灌木及竹林落叶丰厚区,挖 5～20 厘米深坑。将八成熟的米饭(俗称夹生饭)手握成团,放入杉木盒或瓷碗中,用宣纸封好,置于坑内,用树叶和腐殖质土将其埋好,放置 5～6 天。外用铁网扣住,上面再覆盖塑料布,用石头压好。5～6 天后打开木盒,就可以看到从周围聚集过来的微生物形成很多白色的小颗粒,米饭上长满菌丝,饭也变得绵软而湿润。这时将米饭取出,装入缸里或杉木桶里,然后掺入原材料量 1/3 左右的红糖,将其混合均匀,用宣纸封好,18℃～20℃继续培养,放置一段时间(7 天左右)后就会转化成液体。这就是土著菌原液。

将采集成的土著菌原液稀释成 500 倍,再掺入糖饴、小麦粉或米糠,搅拌均匀,用天慧绿汁调节水分,含水量为 65%～70%,然后用尼龙袋或草垫子盖在上面,进行扩增培养。扩增培养期间注意室温、通风换气及原料的翻扒,经过 7～8 天培养后,即可装袋放在阴凉的房间里备用,一般要求 3～6 个月使用完,最好现配现用。

（二）天慧绿汁的制作

天慧绿汁提取的是艾蒿、水芹等植物中的汁液和叶绿素。制作天慧绿汁可以为艾蒿、水芹、大麦、竹笋、葛蔓、地瓜蔓、黄瓜、角瓜、香瓜、芹菜和苜蓿等。

采集的材料不要用水洗，直接切断，然后与红糖混匀，再装进容器里，用宣纸封口，最后放在阴凉处进行发酵。室温在 20℃左右时，发酵 5～7 天。将发酵好的汁液进行过滤，即为天慧绿汁。将天慧绿汁按 1∶500 的比例稀释后同土著菌菌种一起喷洒在发酵床上。新酿造的天慧绿汁应用效果较好。

（三）鱼类营养液的制作

用青花鱼或沙丁鱼等脊背发青的鱼种的头骨、骨头和内脏等废弃混合物切成块状，混合等量的红糖腌渍。腌渍 2～3 天后，开始产生液体，放置 7～10 天即可做成，将液体过滤保存。使用时，将抽提液按 1∶500 的比例稀释，根据发酵床中微生物的发酵状态适时泼洒。在制作鱼类营养液时，最好将动物性原料进行加热消毒。

（四）乳酸菌营养液的制作

将最初的淘米水过滤后装入罐中，用宣纸封口，放在阴凉处。在 20℃～25℃的条件下，发酵 5～6 天，乳酸菌就会繁殖出来。将乳酸菌按 1∶10 比例倒入牛奶中，再次培养。将培养液导出，在导出液中添加少量红糖并混匀，然后放冰箱保存，此为乳酸菌培养液。使用时，与天慧绿汁一起用水按 1∶500 的比例稀释后使用。

（五）土著菌发酵床的制作

北方一些省份使用韩国自然养猪法——土著菌发酵床养肥育

猪，其发酵床主要为地下式，即向地下深挖 90 厘米，然后层层铺垫不同材料。例如一间面积为 25 米^2、发酵池深为 90 厘米的猪舍，准备锯末 2 300 千克，占 10%左右红土或黄土大约 375 千克（没有用过化肥农药的 20 厘米以下的干净泥土），0.3%食盐（或天然盐）约 12 千克，土著微生物原种 50 千克，天惠绿汁、鲜鱼氨基酸、乳酸菌各 2 千克 500 倍稀释使用。所有材料须分 3 次放入，按以下顺序进行：先铺一层锯末作为透气底层，然后铺土，接下来均匀地撒上盐，有利于锯末的分解，再洒土著微生物，再洒天惠绿汁、鱼类营养液、乳酸菌营养液各 2 千克 500 倍稀释液，最后调整水分至 65%，以保证土著微生物的繁殖。按照这个顺序再重复两次，把所有的材料都填进去，发酵床制作完毕。

五、发酵床垫料管理

（一）垫料管理监控指标

维护管理好发酵床，是发酵床持续发酵、微生物不断分解粪污的重要保证，是发酵床养殖成功的一个关键环节。而加强发酵床垫料的管理起着重要作用。

发酵床垫料的监控指标包括：

1. 垫料温度 垫料温度是判定发酵床正常与否的主要指标。春、秋、冬三季正常状况下，发酵床 20 厘米深处垫料温度为 40℃～55℃，夏季发酵床 20 厘米深处垫料温度可以略低于 40℃。

2. 舍内空气相对湿度 发酵床猪舍内空气相对湿度应低于 85%。

3. 垫料泥泞状况 泥泞化区域应该小于 40%，如果泥泞化区域面积过大，发酵床易失败。

4. 舍内氨气浓度 正常情况下，猪舍内有淡淡的酸香味，人感觉不到臭味，猪舍内氨气浓度很低。猪舍内氨气味过高，此时应查找原因，及时翻挖垫料。

5. 垫料表面干燥状况 垫料干燥时，猪舍中粉尘含量增加，猪易得呼吸道疾病。此时可在垫料表面喷洒发酵床微生物水溶液，防止表面垫料干燥。

6. 猪行为观察 根据猪的行为判断猪的健康状况。冬季猪爱扎堆，表明发酵床温度低或猪舍保暖性能差。猪在水泥饲喂台上长时间趴卧，表明猪舍环境温度高。正常情况下，生猪在垫料上散开趴卧或自由活动。

（二）垫料再生

垫料再生时，再生比例不可过大，一般控制在30%以内。各种垫料再生方式，各地根据实际情况灵活运用。

垫料再生方法可分为三种。

其一，在发酵床垫料泥泞部分上面再铺设一层新制作的发酵床垫料，该方法常用于夏季。

其二，将发酵床垫料泥泞化部分清除，将发酵床垫料干燥区域部分摊开铺平，在垫料上面再略微铺设一层新垫料，该方式常用于冬季。

其三，将泥泞化部分挪至发酵床干燥区域并铺开，将泥泞化部分与干燥部分搅拌混匀后重新铺平，该方式也常用于冬季。

（三）二次堆积发酵

二次堆积发酵，即将发酵的垫料摊开，补充水分、营养源或锯末稻壳后堆积发酵几天，然后将垫料外翻，重新堆积发酵。在第一次发酵失败后，或垫料被寄生虫感染或被病菌污染，建议进行第二次堆积发酵。二次发酵，应彻底发酵，并且发酵时间适当延长，寒冷地区可延长至20天或更长。利用二次发酵，可杀灭垫料中的病菌，保证再次进猪饲养的安全。二次堆积发酵时，应确保最高发酵温度高于 60℃。

二次堆积主要分为三种情况。

第一，由于对发酵床垫料特性不熟悉、各垫料添加比例不合适、水分含量没有控制好等原因，导致第一次发酵失败，此时应针对第一次失败原因，采取添加各种原料、调整水分含量、补充菌种、添加营养源等措施，确保发酵成功。

第二，发酵床饲养过程中，垫料被病菌污染，猪生病了，猪排泄物中的病原菌污染垫料，此时应将垫料重新堆积发酵，发酵温度达到 60℃以上时，维持 5～7 天，然后再将堆积的垫料外翻，再次堆积发酵，发酵温度仍达到 60℃以上并维持 5～7 天，达到充分杀灭病菌的目的。预堆积发酵或二次堆积发酵成功，是确保发酵床安全养猪的重要措施。

第三，猪出栏后，垫料中含有大量的粪污，通过二次堆积发酵，杀灭垫料粪污中的病菌，确保下次进猪安全。

（四）垫料夏季管理

夏季，猪在发酵床上生长，易受到垫料高温及环境高温双重热应激不利影响，此时，要做好热应激的预防工作。

1. 通风　环境温度高于 32℃时，开启风扇、送风机或湿帘降温系统进行通风降温。

2. 隔热　猪场和猪舍周围种植高大乔木，可减少阳光照射。猪舍屋顶有隔热措施，建筑材料一般不用石棉瓦或塑料布，如果使用石棉瓦，建议石棉瓦下增添一层塑料泡沫板，阻止热的传入。

3. 扩大水泥台面积　猪舍建筑时水泥台宽度可不必局限于 1.5 米，炎热地区可适当加宽至 2.0 米。

4. 减少垫料翻挖次数　增加稻壳用量，降低垫料厚度，减少翻挖次数。夏季发酵床温度略低于 40℃，垫料湿度略高，只要猪舍无臭味就行。

5. 预防垫料干燥 垫料表面喷洒含有发酵床微生物的水溶液。将发酵床微生物与水按500倍稀释后喷洒，不但可以增加垫料湿度，还可以补充垫料中的有益微生物。

6. 加强管理，改变饲喂方式 减少饲养密度，把干喂改为湿喂，将饲槽和水槽设置在猪舍同侧，日粮中添加抗热应激添加剂，调整饲喂时间，增加饲喂次数等。

（五）垫料冬季管理

冬季发酵床养殖效果好于夏季，主要体现为发酵床猪舍内温度高于常见水泥地面猪舍，省去取暖费，密闭猪舍内的环境得到明显改善。南方冬季气候较北方气候温和，也更适宜发酵床饲养。冬季发酵床养猪，要做好以下工作。

1. 保暖 注意后窗的密封、加厚及天窗（屋顶通风口）的开关。区域不同，寒冷程度不同，保暖方式不同。

2. 通风除湿 猪舍为了保暖，常忽视湿度问题。通风除湿时，应注意猪舍温度的维持，防止猪感冒。冬季发酵床猪舍内相对湿度应低于85%。

3. 预防垫料干燥 冬季气候干燥，垫料表面水分蒸发，垫料翻挖时易起灰尘，猪易得呼吸道疾病（肺炎）。可在垫料表面喷发酵床微生物水溶液（菌种500倍稀释）。

4. 水管防冻结 发酵床猪舍内水管一般不会冻结。猪舍设计时，将水管从发酵床区域边沿穿过，利用垫料温度提高水温。冬季防猪饮用冷水。

六、发酵床仔猪与生长肥育猪的饲养管理

进入发酵床的猪必须健康无疫病，而且最好大小均衡。尽量

推行自繁自养、单栋全进全出的生产模式，其品种应大体一致。本场健康猪可直接进入发酵床饲养，外购种猪建议从有《种畜禽经营许可证》的种猪场引进，外地猪应先饲养于观察栏中，要给猪驱虫、健胃并按程序防疫、控制疾病的发生，确定无疫病后再进入发酵床。目前，发酵床养猪主要用于仔猪和生长肥育猪，下面着重介绍这两种猪的发酵床饲养管理。

（一）仔 猪

1. 预防被母猪挤压 有的发酵床猪场母猪使用产床，有的不使用产床；有的母猪母性良好，有的品种母性稍差。母猪躺卧时，有可能压死或挤伤仔猪。

2. 补充外源有益菌 开食料中添加有益菌，或饮水中添加有益菌。将发酵床微生物与水按 1∶100 的比例给出生仔猪灌服，或涂抹在乳房上，可促进仔猪肠道有益菌的增殖。

3. 提高舍内环境温度 垫料上设置保暖箱，或安装红外线灯，或安装暖气，提高冬季舍内环境温度。

4. 注意伤口感染 仔猪去势后，将其赶在水泥台上饲养，或在发酵床垫料上铺设一层软质的稻草。伤口愈合后，恢复正常饲养。

5. 注意饲养密度 断奶仔猪发酵床饲养密度为 0.3～0.5 米^2/头，防止密度过大，降低垫料温度。

6. 注重消毒、免疫及寄生虫病预防 消毒、免疫及寄生虫病预防程序及要求可参照水泥地面猪舍。发酵床饲养仔猪，仔猪腹泻疾病明显减少。

（二）生长肥育猪

生长肥育猪发酵床饲养管理重点在于维持好发酵床状态，使发酵能正常运行。由于发酵床为好氧微生物持续发酵过程，因此发酵床应不间断翻挖(供养),保持一定水分含量,补充发酵营养物质等。

1. 防止粪便堆积 在粪便较为集中地方,在粪尿上喷洒发酵床微生物水溶液,然后将粪尿用粪叉分散开来,并从发酵床底部反复翻弄均匀。

2. 定期翻挖垫料 根据发酵床状态、猪饲养量多少及猪生长阶段,建议间隔 3～7 天翻挖 1 次,翻挖深度 20～30 厘米。一般猪个体小,饲养密度小,翻挖间隔时间长;猪个体大,饲养密度高,翻挖间隔时间短。从生猪进入发酵床之日起 50 天,建议大动作翻挖垫料 1 次,从发酵床底部完全翻挖,以增加垫料中的氧气含量。

3. 补充垫料 猪在发酵床上生长,发酵床垫料不断被挤压,并且猪不断拱食垫料,随着时间的不断延长,发酵床垫料高度逐渐下降,此时应根据情况不断补充垫料。

4. 猪出栏后,全面翻挖垫料,重新堆积发酵 猪出栏后,将垫料放置 2～3 日,使垫料水分适宜,然后根据垫料情况,在垫料表面适当补充米糠和发酵床微生物混合物,用小型挖掘机或铲车或人工将垫料从底部反复翻弄均匀一遍,重新堆积发酵。垫料重新堆积发酵好后摊开,在上面用谷壳、锯末覆盖,厚度约 10 厘米,间隔 24 小时后可再次进猪饲养。

七、卫生与保健体系建设

第一,疾病防治。根据日本等国家多年发酵床养殖经验,结合我国实际情况,对猪寄生虫病、霉菌中毒、呼吸道疾病、抗酸菌病应给予足够重视。

第二,强化消毒防疫观念,尤其是发酵床养殖与我国传统养殖模式混养的猪场。发酵床养殖场大门口设有消毒池、人员消毒室等消毒设施。猪在上发酵床前,应对发酵床舍消毒处理。垫料表面不应喷洒消毒液。

第三，加强生猪保健，提高机体抗病力。疾病流行季节，饲料中可以添加抗生素、中草药等进行预防。日常，可在饲料中或饮水中添加微生态制剂。

第四，患病猪应抓紧治疗。病猪治疗同时，应翻挖垫料。病猪可通过肌内注射、饲料给药、灌服等多种方式治疗。根据发酵床状况，及时再生或更换垫料。

八、发酵床养猪技术的相关参数

目前，我国发酵床养猪技术的相关参数见表 7-6 至表 7-8。

表 7-6　我国瘦肉型及肉脂型生长肥育猪饲养标准

（干物质含量 86%）

	适用对象（千克）	猪消化能（兆焦/千克）	猪代谢能（兆焦/千克）	粗蛋白质（%）	粗纤维（%）	钙（%）	总磷（%）	食盐（%）	赖氨酸（%）	蛋+胱氨酸（%）	苏氨酸（%）	异亮氨酸（%）
瘦肉型猪	1～5	16.74	16.07	27	5	1.00	0.80	0.25	1.40	0.80	0.80	0.90
	5～10	15.15	14.56	22	5	0.83	0.63	0.26	1.00	0.59	0.59	0.67
	10～20	13.85	13.31	19	5	0.64	0.54	0.23	0.78	0.51	0.51	0.55
	20～60	12.97	12.47	16	5	0.60	0.50	0.23	0.75	0.38	0.45	0.41
	60～90	12.55	12.05	14	5	0.50	0.40	0.25	0.63	0.32	0.38	0.34
肉脂型猪	20～35	12.97	12.05	16	5	0.55	0.46	0.30	0.64	0.42	0.41	0.46
	35～60	12.97	12.09	14	5	0.50	0.41	0.30	0.56	0.37	0.36	0.41
	60～90	12.97	12.09	13	5	0.46	0.37	0.30	0.52	0.28	0.34	0.38

八、发酵床养猪技术的相关参数

表 7-7　不同猪群发酵床饲养参数

生猪类别	垫料厚度(厘米)	垫料体积(米^3/头)	垫料面积(米^2/头)
保育猪	55～60	0.2～0.3	0.3～0.5
生长猪	50～90	0.7～0.9	0.7～1.0
肥育猪	50～90	1.0～1.2	1.1～2.0
后备猪	70～90	1.0～1.2	1.1～1.5
妊娠母猪	70～95	1.3 以上	1.0～2.0
哺乳母猪	70～95	1.5 以上	1.7～1.9
种公猪	55～60	1.5～1.6	2.5～2.9

表 7-8　发酵床猪舍室温、湿度与猪生长状态参考数据

［空气的热量指数(ER 指数)］

室湿度／室温度	40%	50%	60%	70%	80%	90%		根据猪体重最适合的 ER 值	
								体重(千克)	最适 ER 值
40℃	1600	2000	2400	2800	3200	3600	←危险		
38℃	1520	1900	2280	2660	3040	3420		10	2100
36℃	1440	1800	2160	2520	2880	3240		20	1740
34℃	1360	1700	2040	2380	2720	3060		30	1652
32℃	1280	1600	1920	2240	2560	2880		40	1566
30℃	1200	1500	1800	2100	2400	2700	←热	50	1482
28℃	1120	1400	1680	1960	2240	2520		60	1400
26℃	1040	1300	1560	1820	2080	2340		70	1320
24℃	960	1200	1440	1680	1920	2160	←15 千克以下	80	1242
22℃	880	1100	1320	1540	1760	1980		90	1160
20℃	800	1000	1200	1400	1600	1800	←20～35 千克以下	100 以上	1000
18℃	720	900	1080	1260	1440	1640			

续表 7-8

室湿度 / 室温度	40%	50%	60%	70%	80%	90%		根据猪体重最适合的ER值	
								体重(千克)	最适 ER 值
16℃	640	800	960	1120	1280	1440	←40～85千克以下		
14℃	560	700	840	980	1120	1260			
12℃	480	600	720	840	960	1080	←90 千克以下		
10℃	400	500	600	700	800	900			
8℃	320	400	480	560	640	720	←冷		
6℃	240	300	360	420	480	540			
4℃	160	200	240	280	320	360	←过冷		
2℃	80	100	120	140	160	180			

注:ER 指数为温湿指数,ER 指数=气温×湿度

第八章 猪常见病无公害防治

一、猪病的预防

预防为主,对养猪业特别重要。养猪空间一般都比较密集,一旦发生传染病、寄生虫病,就可能波及很多的猪,除了造成死亡的直接经济损失外,痊愈猪发育生长缓慢,饲料利用率降低,还会给猪场留下病原体,成为后患。因此,必须给予高度重视。

(一)自繁自养,防止补充猪时带进传染病

自己饲养公猪和母猪,繁殖仔猪,可以减少疾病传播。农户和养猪场如果必须购买仔猪,需由特定猪场的健康猪群提供,不应由几个不同猪场或猪群提供。买猪时,要严格检查猪的健康状况,看皮肤、呼吸、鼻子、眼睛以及排便是否正常。大批购进仔猪,一定要同当地兽医部门联系,了解疫情,打防疫针,观察5～7天,才能运回。买回的仔猪,还要进行预防接种并隔离检疫30～45天。

(二)全进全出

全进全出,即同批猪同期进一栋猪舍,催肥后全部出售。猪舍空出后,及时消毒,然后再进新猪。消毒用药可选用20%生石灰乳、5%漂白粉溶液、2%热氢氧化钠溶液等。消毒时先彻底清扫,然后再用消毒药液刷洗或泼洒。实行全进全出饲养,可以消灭上批猪留下的病原体,给新进猪提供一个清洁的环境,避免交叉感染。同时,同一批猪日龄接近,也便于饲养管理。

（三）疫苗免疫接种

规范的疫苗接种，可以使猪主动获得有效的抗体免疫力，防止传染病的发生。不同的猪场要根据本地区的疫情制订本场的免疫程序，适时进行预防接种（打防疫针）。每次预防接种，要将接种时间、疫（菌）苗种类、批号、有效日期、生产厂家、接种头数、接种反应等情况进行登记。养猪生产中有关猪的常用疫（菌）苗使用方法见附录十。

（四）疫情监测

规模化无公害养猪场应建立疫情监测体系，每天都应进行普遍观察，疫情报告要及时、准确。检测的疫病种类除国家强制免疫计划中的猪瘟、口蹄疫、高致病性蓝耳病外，还应包括：猪水疱病、伪狂犬病、结核病、布鲁氏菌病、乙型脑炎、猪丹毒、猪囊尾蚴病和弓形虫病等。当发生疫病或怀疑发生疫病时，应及时采取以下措施：①猪场兽医应及时进行诊断，并尽快向当地畜牧兽医行政管理部门报告疫情。②确诊发生口蹄疫、猪水疱病时，养猪场应配合当地畜牧兽医管理部门，对猪群实施严格的隔离、扑杀措施；发生猪瘟、伪狂犬病、结核病、布鲁氏菌病、猪繁殖与呼吸综合征等疫病时，应对猪群实施净化措施。③整个猪场进行彻底清洗消毒，病死或淘汰猪的尸体进行无害化处理，避免疫情进一步扩散。

（五）建立严格的消毒制度

1. 进场消毒　场门消毒池内放置2%烧碱或20%石灰乳，每周更换1次。进场人员、车辆及物品应从消毒池中趟过，另外用喷雾消毒装置，消毒车身和车底盘，消毒液可用氯制剂或季铵盐制剂。人员进入时还应更换工作衣帽或在消毒间消毒。

2. 猪舍消毒　在引进猪群前，应彻底消除空猪舍内的杂物、粪尿及垫料,用高压水彻底冲洗顶棚、墙壁、地面及栏架,直至洗涤液透明清澈为止。干燥后按其容积每立方米用14克高锰酸钾和28毫升福尔马林混合,密闭熏蒸12～24小时,通风后再用2%烧碱或其他消毒剂冲洗消毒1次,24小时后用洁净水冲去残药。

3. 场内消毒 整个场区每半个月要用2%～3%烧碱溶液喷洒消毒1次,不留死角,各栋舍内的走廊、过道每5～7天用3%烧碱溶液喷洒消毒1次。

4. 用具消毒 饲槽、水槽等用具每天洗刷,每周用氯制剂或季铵盐制剂消毒1次。

5. 猪体消毒 饲养期间猪舍应每周进行带猪消毒1次,消毒液可用氯制剂、季铵盐制剂、酚制剂、碘制剂等,按使用说明进行喷雾或喷洒消毒。母猪进产房前应洗刷干净全身,用0.1%高锰酸钾消毒乳房和阴部。

6. 污水和粪便的消毒 猪场粪便和污水中含有大量的病原菌,应对其进行严格消毒。对于猪只粪便,可用发酵池法和堆积法消毒;对污水可用含氯25%的漂白粉消毒,用量为每立方米水中加入6克漂白粉,如水质较差可加入8克。

7. 处理病死猪场地的消毒 病死猪要在指定地点烧毁或深埋,病猪走过或停留的地方,应清除粪便和垃圾,然后铲除其表土,再用2%～4%烧碱溶液消毒,每平方米1升左右。

8. 发生重大疫病时应采取带猪喷雾消毒 带猪喷雾消毒应选择毒性、刺激性和腐蚀性小的消毒剂,如过氧乙酸和二氧化氯溶液等。各类猪只的消毒应用频率为:在疫情期间,产房每天消毒1次,保育舍可隔天消毒1次,成年猪舍每周消毒2～3次。带猪喷雾消毒时,所用药剂的体积以做到猪体体表或地面基本湿润为准。实践证明在疫病流行期间,为了防止或控制疾病蔓延,在治疗的同时,采用带猪消毒可取得良好的效果。

猪场常用消毒药品的配制和使用方法见附录十一。

(六)定期驱虫

1. 驱虫方法 猪寄生虫的防治应坚持"预防为主"的方针，每年春、秋两季各进行1次常规驱虫。在具体用药上，必须根据当地寄生虫流行状况和猪感染寄生虫的种类选择不同的药物，有时需要几种药物配合使用。除丙硫咪唑外，其他药物对寄生虫的幼虫和卵基本没有驱除作用，为了驱虫彻底，常需要在第一次驱虫的1周后再次用药。对妊娠母猪和仔猪，为避免引起不良反应，应注意掌握药物的剂量，慎用敌百虫等，可使用伊维菌素等安全性高的药物。

2. 驱虫程序 仔猪断奶后20天驱虫1次，间隔1.5～2个月再驱虫1次；后备猪间隔1.5～2个月进行第三次驱虫；新购进的仔猪到场后立即进行驱虫；肥育猪在50千克体重时驱虫，如果需要转群，转群前应用药1次；后备母猪、空怀母猪在配种前驱虫；妊娠母猪于产前2周再次驱虫后进入产房，以打破母猪与仔猪之间的寄生虫传播环节；后备种公猪进入配种前2周驱虫1次，以后每隔半年驱虫1次，如寄生虫危害严重，可每3个月驱虫1次。

3. 采取配套防治措施 在开展药物防治的基础上，还应采取以下配套措施：保持水源、饲料的清洁，防止粪便污染；应经常清扫猪舍、运动场，定期消毒；防止猫、鼠等动物进入猪场，以免污染饲料和环境；仔猪与成年猪分群饲养，避免互相传染；猪粪集于粪池经生物发酵以杀灭虫卵。

(七)猪场灭鼠

老鼠对养猪场的危害较大，不仅浪费猪饲料，破坏猪场的建筑物，还常常携带多种微生物和寄生虫，从而引起疫病的流行。猪场灭鼠工作非常重要，可以通过以下方法进行防鼠、灭鼠。

一是建筑防鼠。从猪场建筑和卫生着手控制鼠类的繁殖和活动。猪舍及周围的环境整洁，及时清除残留的饲料和生活垃圾，猪舍建筑如墙基、地面、门窗等方面要坚固，一旦发现洞穴立即封堵。

二是器械灭鼠。常用的有鼠夹子和电子捕鼠器（电猫）。用此方法捕鼠前要考察当地的鼠情，弄清本地以哪种鼠为主，便于采取有针对性的措施。此外诱饵的选择常以蔬菜、瓜果作诱饵，诱饵要经常更换，尤其阴天老鼠更容易上钩。捕鼠器要放在鼠洞、鼠道上，小家鼠常沿壁行走，褐家鼠常走沟壑。捕鼠器要经常清洗。

三是药物灭鼠。中药主要有马钱子、苦参、苍耳、曼陀罗、天南星、白龙蓄、狼毒、山宫兰等。药物灭鼠时应千万注意人兽安全。

此外，猪场还要建立健全灭鼠制度。一般猪场根据实际情况定期普查，及时灭鼠。

（八）实施预防性保健投药

规模化猪场在养猪生产中，易发生相应的某些疾病。适时添加药物，能够起到较好的预防保健作用，降低猪的发病率，提高养猪经济效益。猪群预防保健方案见附录十二。

（九）发生疫情时的扑灭措施

1. 报告疫情 猪场一旦发生疫情，必须尽快作出诊断，同时向当地人民政府及业务部门报告，以便采取紧急预防措施。

2. 早期诊断，及时确诊 发生疫病时，要根据流行病学、临床症状、病理变化和必要的生物学检查，尽早确诊。如不能立即确诊，可采集病料送上级业务部门化验，以确诊定性。

3. 封锁疫区，防止疫情扩散 对流行猛烈和传播迅速的疫病，应划定疫区，报告上级封锁并采取综合措施，防止疫病蔓延。

根据我国兽医防疫条例的规定，对于猪瘟、口蹄疫、炭疽等传染病都要进行封锁，防止疫情向安全区扩散。

4. 隔离病猪，消灭传染源 将病猪、可疑猪和假定健康猪分别进行隔离。隔离后要注意观察,并进行治疗。

5. 彻底消毒　对污染猪舍、用具、场地、场内人员衣物进行彻底消毒。猪粪应堆积发酵,无害化处理。

6. 彻底消除病源　将病死猪尸体焚烧、深埋或经无害化处理。

二、无公害食品生猪饲养允许使用药物及使用规定

在无公害养猪生产中,使用药物要严格按照国家《无公害食品生猪饲养允许使用的抗寄生虫药和抗菌药及使用规定》(NY 5030—2001)(附录八)和《食品动物禁用的兽药及其他化合物清单》(NY 5030—2006)(附录六)的规定执行。

三、猪的主要传染病

(一)猪　瘟

俗称"烂肠瘟"。是一种传染性极强的病毒性疾病,可感染各种年龄的猪只,一年四季均可发生,发病率和死亡率均很高,危害极大。本病是威胁养猪业最重要的传染病,我国定为一类烈性传染病。

【病　原】　猪瘟病毒属于黄病毒科瘟病毒属,与牛黏膜病病毒、马动脉炎病毒有共同抗原性。本病毒只有1个血清型,但病毒株的毒力有强、中、弱之分。猪瘟病毒对外界环境有一定抵抗力,在自然干燥情况下,病毒易死亡,污染的环境如保持充分干燥和较高的温度,经1～3周病毒即失去传染性。病毒加热至60℃～70℃ 1小时才可以被杀死,病毒在冻肉中可生存数月。病尸体腐

败2～3天，病毒即被灭活。2%氢氧化钠、5%～10%漂白粉、3%来苏儿能很快将其灭活。

【流行病学】 临床上典型猪瘟较少见，多出现亚急性型和非典型猪瘟，而流行速度趋向缓和。当母猪感染弱毒猪瘟或母猪免疫水平低下时感染强毒，可引起亚临床感染，并可通过胎盘感染仔猪，导致母猪繁殖障碍，产出弱仔胎、死胎、木乃伊胎。

【临床症状】 可分为最急性型、急性型、亚急性型、慢性型及温和型。

(1)最急性型 突然发病，高热达41℃，可视黏膜和皮肤有针尖大密集出血点，病程1～3天，死亡率达100%，多发于新疫区或未经免疫的猪群。

(2)急性型 病猪精神沉郁，减食或厌食，伏卧嗜睡，常堆睡一起，呈怕冷状。全身无力，行动迟缓，摇摆不稳。体温达41℃以上稽留不退。死前降至常温以下。病初便秘，排粪呈球状，附有带血的黏液或黏膜，发病5～7天后腹泻，一直到死亡。有的病猪初期即可出现腹泻，或便秘和腹泻交替。在外阴部、腹下、四肢内侧有出血点或出血斑，病程长的形成较大出血坏死区。在公猪包皮内常积有尿液，排尿时流出异臭、浑浊、有沉淀物尿液。

(3)慢性型 病程长达1个月以上，体温时高时低，病猪食欲不佳，精神沉郁，消瘦，贫血，便秘与腹泻交替，皮肤有陈旧性出血斑或坏死痂，注射退热药和抗菌药后，食欲好转，停药后又不吃食。

(4)温和型 又称非典型性猪瘟。病情发展慢，发病率和病死率均低，是由低毒力的猪瘟病毒引起的。皮肤常有出血点，腹下多见淤血和坏死。大猪和成年猪都能耐过，仔猪死亡。妊娠母猪感染时可导致流产、木乃伊胎、死胎，新生仔猪衰弱打颤、残废，或出生后健康但在几天内突然死亡。

【病理变化】

(1)最急性型 浆膜、黏膜和肾脏中仅有极少数的点状出血，淋巴结轻度肿胀、潮红或出血。

(2)急性型　耳根、颈、腹、腹股沟部、四肢内侧的皮肤出血，初为明显的小出血点，病程稍久，出血点可相互融合形成较大的斑块，呈紫红色。猪瘟的特征性病变出现在淋巴结、脾脏和肾脏等。淋巴结变化出现最早，呈明显肿胀，外观颜色从深红色到紫红色，切面呈红白相间的大理石样，特别是颌下、咽部、腹股沟、支气管、肠系膜等处的淋巴结较明显。脾脏不肿胀，边缘常可见较多的梗死灶，一个脾出现几个或十几个梗死灶。肾脏色较淡呈土黄色，表面点状出血非常普遍，量少时出血点散在，多时则布满整个肾脏表面，宛如麻雀蛋模样，出血点颜色较暗。肾切面皮质和髓质均只有点状和绒状出血，肾乳头、肾盂常见有严重出血。喉和会厌软骨黏膜常有出血点，扁桃体常见有出血或坏死。心包积液、心外膜、冠状沟和两侧沟及心内膜均见有出血斑点，数量和分布不均。

(3)慢性型　败血症变化较轻微，主要特征性病变为回盲口的纽扣状溃疡。断奶仔猪肋骨末端与软骨交界部位发生钙化，呈黄色骨化线。

(4)温和型　母猪具有高水平抗体，不发病，但子宫内胎儿却因感染猪瘟病毒而发病或死亡，致使母猪流产，产死胎、畸形胎或弱仔，或出生健康，几天内突然死亡。猪瘟病毒主要侵害微血管，其次是中、小血管，而大血管很少受侵害。皮肤、淋巴结、肾脏、肝脏等组织内的毛细血管或小动脉，表现为管壁内皮细胞肿胀、核增大、淡染、缺乏染色质。病变严重时，小动脉壁均匀红染呈玻璃样透明变性。病程较长的病例，小血管内皮增殖，管腔变窄，闭塞形成内皮细胞瘤样。

【诊　断】　实验室检验有血液学检查、病毒学诊断、酶联免疫吸附试验、猪接种试验、免疫荧光试验、间接血凝试验(IHA)。大型猪场发生猪瘟，早期诊断意义重大。在临床实践中，猪瘟的诊断一定要依靠实验室。

【防制措施】 本病治疗无效，主要靠免疫接种和综合防制措施。抗体检测能客观地反映猪群的抗体水平，指导猪场合理科学免疫，还能检查免疫的效果，避免因疫苗质量(如运输、保存不当疫苗效价偏低等)和伪狂犬病、猪繁殖与呼吸综合征等疾病干扰导致猪瘟免疫失败。同时，发病猪场可用抗体检测来指导猪瘟的紧急免疫，并检查免疫效果，以免盲目重复接种。

免疫程序如下(供参考)。

第一，初配母猪配种前接种 1 次，4 头份/头。经产母猪断奶时免疫，剂量同前。公猪每年免疫 2 次，剂量同母猪。

第二，在已发生猪瘟的猪场，对乳猪进行超免疫，即出生后先注射猪瘟疫苗，剂量为 2 头份/头，2 小时后吃初乳。这种方法比较烦琐，但很有效。60～65 日龄二免或根据抗体检测决定二免的时间。

第三，在无疫情猪场，仔猪初免可在 20～25 日龄进行，剂量为 3 头份/头，60～65 日龄时二免，剂量为 4 头份/头。平时加强饲养管理，坚持定期消毒。

(二)猪繁殖与呼吸综合征

该病俗称“蓝耳病”(PRRS)，是近几年在我国迅速流行扩散的一种高致病性的猪传染病，病毒危害力较经典毒株大 30 倍。临床症状以母猪妊娠后期流产，死胎和弱胎明显增加，母猪发情推迟等繁殖障碍以及仔猪出生率低，仔猪的呼吸道症状为特征。

【病　原】 该病原属动脉炎病毒科动脉炎病毒属，为 RNA 病毒。有两个血清型，即美洲型和欧洲型。我国猪群感染的主要是美洲型。该病毒对 pH 值敏感，pH 值小于 5 或大于 7 的条件下，感染力下降 90%。且对氯仿和乙醚敏感。

【流行病学】 猪是唯一的易感动物，不分大小、性别的猪均易感，但以妊娠母猪和 1 月龄内的仔猪最易感，并出现典型的临床症状。本病主要是通过直接接触和空气、精液传播而感染。病猪和带毒猪为主要传染源。本病无季节性,一年四季均可发生。饲养管理不善,防疫消毒制度不健全,饲养密度过大等是本病的诱因。

【临床症状】 本病临床症状的共同点是死胎率高和仔猪死亡率高,从哺乳期到肥育期死亡率也很高。

妊娠母猪表现发热、厌食和流产,产出木乃伊胎、死胎、弱仔等,有的母猪出现肢体麻痹性症状。活产的仔猪体重小而衰弱。经 2～3 周后母猪开始恢复,但配种的受胎率可降低 50%,发情期推迟。

仔猪以 1 月龄内最易感并表现典型的临床症状,体温升高达 40℃以上,呼吸困难,有时呈腹式呼吸,食欲减退或废绝,腹泻,被毛粗乱,后腿及肌肉震颤,共济失调,渐进消瘦,眼睑水肿。死亡率可高达 60%～80%,耐过仔猪消瘦,生长缓慢。

生长肥育猪对本病易感性较差,临床表现轻度的类流感症状,呈现厌食及轻度呼吸困难。少数病例表现咳嗽及双耳背面、边缘及尾部皮肤出现深青紫色斑块。

公猪发病率较低,症状表现厌食,呼吸加快,咳嗽、消瘦,昏睡及精液质量明显下降,极少公猪出现双耳皮肤变色。

【病理变化】 肺脏呈红褐色花斑状,不塌陷,感染部位与健康部位界线不明显,常出现在肺前腹侧。淋巴结中度至重度肿大,腹股沟淋巴结最明显。胸腔内有大量的液体。病猪常因免疫功能低下而继发猪支原体病或传染性胸膜肺炎。

【诊　断】 本病的确诊要借助实验室诊断技术,进行病毒分离或血清学检测。

【防制措施】 本病无特效药物治疗,疫苗接种免疫是预防本病的唯一方法。已有灭活疫苗和弱毒疫苗供应。实践证明:已确定为猪繁殖与呼吸综合征阳性猪场接种弱毒疫苗效果明显。感染场母猪可在配种前 10～15 天接种弱毒苗,仔猪在 3～4 周龄接种疫苗。此外，要加强饲养管理，严格消毒制度，切实搞好环境卫生，每圈饲养猪只密度要合理。商品猪场要严格执行“全进全出”。在本病流行期，可给仔猪注射抗生素实行对症疗法，用以防止继发性细菌感染和提高仔猪的成活率。

（三）猪伪狂犬病

伪狂犬病是由伪狂犬病毒引起的一种急性传染病。成年猪常为隐性感染，妊娠母猪感染可引起流产、死胎及呼吸系统症状，15日龄内的仔猪死亡率达100%。除猪外，其他动物主要表现为发热、奇痒，带有神经症状。

【病　原】 伪狂犬病病毒属于疱疹病毒科疱疹病毒亚科的猪疱疹病毒型。伪狂犬病病毒对脂溶剂如乙醚、丙酮、氯仿、酒精等高度敏感。0.5%次氯酸钠、3%酚类消毒剂10分钟可使病毒灭活。

【流行病学】 猪是伪狂犬病病毒的传染源和贮藏宿主。猪场伪狂犬病病毒主要通过已感染猪排毒而传给健康猪；被污染的工作人员和器具在传播中起着重要的作用。本病还可经呼吸道黏膜、破损的皮肤和配种等发生感染。妊娠母猪感染本病时可经胎盘侵害胎儿。本病一年四季都可发生，但以冬、春两季和产仔旺季多发。

【临床症状】 本病的临床症状主要表现为呼吸道和神经症状，其严重程度主要取决于被感染猪的年龄。发病猪主要是15日龄以内的仔猪，发病最早是2～3日龄，发病率约98%，死亡率85%，随着年龄的增长，死亡率可逐渐下降。育成猪和成年猪多轻微发病，发病率高，但极少死亡。新生仔猪出生后表现非常健康，第二天有的仔猪就发病，体温升高至41℃～41.5℃，精神沉郁，不吮奶，口角有大量泡沫或流出唾液，眼睑和嘴角水肿。有的病猪呕吐或腹泻，其内容物为黄色。有的仔猪出现神经症状，肌肉震颤，运动障碍，共济失调，最后角弓反张。神经症状几乎所有新生仔猪都有。病程最短4～6小时，最长为5天，大多数为2～3天，发病24小时以后表现为耳朵发紫，后躯、腹下等部位有紫斑。出现神经症状的仔猪几乎100%死亡，耐过的仔猪往往发育不良或成为僵猪。20日龄以上的仔猪至断奶前后的小猪，症状轻微，体温41℃以上，呼吸短促，被毛粗乱，沉郁，食欲不振，有时呕吐和腹泻，几天内可完全恢复，严重者可延长半个月以上。妊娠母猪于受胎后40天以上感染时，常有流产、死产及延迟分娩等现象。流产、死产胎儿大小相差不显著，无畸形胎，死产胎儿有不同程度的软化现象，流产胎儿大多为新鲜的，脑壳及臀部皮肤有出血点，胸腔、腹腔及心包腔有多量棕褐色潴留液，肾及心肌出血，肝脏、脾脏有灰白色坏死点。母猪妊娠末期感染时，可有活产胎儿，但往往因活力差，于产后不久出现典型的神经症状而死亡。有的母猪分娩延迟或提前，有的产下死胎、木乃伊胎或流产，产下的仔猪初生重小，生命力弱。

【病理变化】 母猪流产时，肉眼可见母猪有轻度子宫内膜炎变化，胎盘部分钙化，胎儿在子宫内有被溶解和被吸收的现象。大多数死胎、死仔或弱仔皮下充血或水肿，胸、腹腔积有淡红或淡黄色渗出液。肝脏、脾脏、肾脏有时肿大脆弱或萎缩发暗，个别死胎、死仔皮肤出血，弱仔生后半小时先在耳尖，后在颈、胸、腹部及四肢上端内侧出现淤血、出血斑，半日内皮肤变紫而死亡。

【诊　断】 根据临床症状及流行病学，可作出初步诊断。确诊本病必须结合病理组织学变化或其他实验室诊断。

(1)动物接种试验　采取病猪脑组织接种于健康家兔后腿外侧皮下，家兔于24小时后表现有精神沉郁，发热，呼吸加快(98～100次/分)，局部奇痒，用力撕咬接种点，引起局部脱毛、皮肤破损出血。严重者可出现角弓反张，4～6小时后病兔衰竭而亡。

(2)血清学诊断　可直接用免疫荧光法、间接血凝抑制试验、琼脂扩散试验、补体结合试验、酶联免疫吸附试验、乳胶凝集试验。

【防制措施】 目前无特效的治疗方法，免疫预防是控制本病唯一有效的办法。猪伪狂犬病有灭活疫苗、弱毒疫苗和基因缺失疫苗3种。目前我国主要是应用灭活疫苗和基因缺失疫苗。在刚刚发生流行的猪场，用基因缺失疫苗鼻内接种，可以达到很快控制病情的作用。

(1)免疫接种

第一，种猪(包括公、母猪)第一次注射后，间隔4～6周后加强免疫1次，以后每次产前1个月左右加强免疫1次，可获得非常好的免疫效果，可保护哺乳仔猪至断奶。

第二，种用仔猪在断奶时注射1次，间隔4～6周后，加强免疫1次，以后按种猪免疫程序进行。

第三，肉猪断奶时注射1次，直到出栏。

(2)发病猪场的处理方法　发病仔猪予以扑杀深埋，病死猪要深埋，全场范围内要进行灭鼠和扑灭野生动物，禁止散养家禽和防止猫、犬进入场区。将未受感染的母猪和仔猪以及妊娠母猪与已受感染的猪隔离管理，以防机械传播。暴发本病的猪舍地面、墙壁、设施及用具等隔日用3%来苏儿溶液喷雾消毒1次，粪尿放发酵池处理，分娩栏舍用2%氢氧化钠溶液消毒，哺乳母猪乳头用0.1%高锰酸钾溶液清洗后才允许吃初乳。

(四)猪细小病毒病

猪细小病毒病是由猪细小病毒引起的母猪繁殖障碍性传染病。临床上以妊娠母猪流产、死胎、不受孕为主要特征。

【病　原】 本病病原属细小病毒科细小病毒属。本病毒只感染猪，对热、消毒药的抵抗力强，对酸、碱适应范围广，在pH值3～9间稳定。本病毒对外界抵抗力极强，在56℃恒温48小时，病毒的传染性和凝集红细胞能力均无明显改变。70℃经2小时处理后仍不失感染力，在80℃经5分钟加热才可使病毒失去血凝活性和感染性。0.5%漂白粉、2%氢氧化钠溶液5分钟可杀死病毒。

【流行病学】 发病常见于初产母猪。猪是唯一的宿主，不同年龄、性别和品种的家猪、野猪都可感染，一般呈地方流行性或散发。一旦猪场发生本病后，可持续多年。本病常呈地方流行性或散发性，特别是在易感猪群初次感染时，可呈急性暴发，造成相当数量的头胎母猪流产、死胎等繁殖障碍。感染本病的母猪、公猪及污染的精液等是本病的主要传染源。本病可经胎盘垂直感染和交配感染，公猪、肥育猪、母猪主要通过被污染的食物、环境，经呼吸道、消化道感染。

【临床症状】 本病的症状主要是妊娠母猪表现流产。在妊娠30～50天感染时，主要是产木乃伊胎；妊娠50～60天感染时，多出现死胎；妊娠70天感染时，常发生流产。仔猪和母猪的急性感染通常都表现为亚临床症状。猪细小病毒感染的主要症状表现为母源性繁殖障碍。感染的母猪可重新发情而不分娩，或只产出少数仔猪，或产大部分死胎、弱仔及木乃伊胎等。妊娠中期感染母猪的腹围减小，无其他明显临床症状。

【病理变化】 母猪流产时，肉眼可见母猪有轻度子宫内膜炎变化，胎盘部分钙化，胎儿在子宫内被溶解和被吸收。大多数死胎、死仔或弱仔皮下充血或水肿，胸、腹腔积有淡红色或淡黄色渗出液。除上述各种变化外，还可见到畸形胎儿、木乃伊胎及骨质不全的腐败胎儿。

【诊　断】 如果初产母猪发生流产、死胎、胎儿发育异常等情况，而母猪没有什么临床症状，同一猪场的经产母猪也未出现症状时，可作出初步诊断。确诊必须依靠实验室诊断。常用的实验室检测方法有免疫荧光试验、病毒分离和血凝抑制试验等。

【防制措施】 本病无特效药物治疗，通常应用对症疗法，可以减少仔猪死亡率，促进康复。发病后要及时补水和补盐，给大量的口服补液盐，防止脱水。用肠道抗生素防止继发感染可降低死亡率。可试用康复母猪抗凝血或高免血清每日口服 10 毫升，连用 3 天，对新生仔猪有一定治疗和预防作用。同时应立即封锁，严格消毒猪舍、用具及通道等。母猪在配种前一个月注射细小病毒灭活苗，可有效预防该病的发生。

（五）猪乙型脑炎

又称流行性乙型脑炎、日本乙型脑炎，简称乙脑，是一种嗜神经性病毒引起的人兽共患病毒性疾病。该病导致妊娠母猪死胎和其他繁殖障碍，公猪感染后发生急性睾丸炎。

【病　原】 乙型脑炎病毒属于黄病毒科黄病毒属。病毒呈球形，乙脑病毒在外界环境中的抵抗力不强，56℃加热 30 分钟或 100℃2 分钟均可使其灭活。常用消毒药如碘酊、来苏儿、甲醛等都有迅速灭活作用。

【流行病学】 本病流行的季节与蚊虫的繁殖和活动有很大的关系，蚊虫是本病的重要传播媒介。在我国，约有 90%的病例发生在 7～9 月份。乙脑发病形式具有高度散发的特点，且有明显的季节性。

【临床症状】 病猪体温突然升高达 40℃～41℃，呈稽留热，精神不振，食欲不佳，结膜潮红。粪便干燥，如球状，附有黏液。尿深黄色。有的病例后肢呈轻度麻痹。关节肿大，视力减弱，乱冲乱撞，最后倒地而死。母猪感染乙脑病毒后无明显临床症状，妊娠母猪表现流产，产出死胎、畸形胎或木乃伊胎等症状。同一胎的仔猪，在大小及病变上都有很大差别，胎儿呈各种木乃伊的过程，有的胎儿正常发育，但产出后体弱，产后不久即死亡。此外，分娩时间多数超过预产期数日。公猪常发生睾丸炎，多为单侧性，少为双侧性的。初期睾丸肿胀，触诊有热痛感，数日后炎症消退，睾丸逐渐萎缩变硬，性欲减退，精液品质下降，失去配种能力而被淘汰。

【病理变化】 早产仔猪多为死胎，死胎大小不一，黑褐色，小的干缩而硬固，中等大的茶褐色、暗褐色。死胎和弱仔的主要病变是脑水肿、皮下水肿、胸腔积液、腹水、浆膜有出血点、淋巴结充血、肝和脾有坏死灶、脑膜和脊髓膜充血。出生后存活的仔猪，高度衰弱，并有震颤、抽搐、癫痫等神经症状，剖检多见有脑内水肿，颅腔和脑室内脑脊液增量，大脑皮层受压变薄，皮下水肿，体腔积液，肝脏、脾脏、肾脏等器官可见有多发性坏死灶。

【诊　断】 根据本病发生有明显的季节性及母猪发生流产、死胎、木乃伊胎，公猪睾丸一侧性肿大等特征，可作出初步诊断。确诊必须进行实验室诊断。鉴别诊断应包括布鲁氏菌病、猪繁殖与呼吸综合征、伪狂犬病、细小病毒病和弓形虫病等。

【防制措施】 本病目前无有效治疗措施。按本病流行病学的特点，消灭蚊虫是消灭乙型脑炎的根本办法。控制猪乙型脑炎主要采用疫苗接种，注射剂量为 1 毫升/头。该苗除使用安全外，还具有剂量小、注射次数少、免疫期长、成本低等优点。接种疫苗必须在乙脑流行季节前使用才有效，一般要求 4 月份进行疫苗接种，最迟不宜超过 5 月中旬。

(六)猪附红细胞体病

附红细胞体病是猪、牛、羊及猫共患的传染病。

【病　原】 其病原是立克次氏体目中的猪附红细胞体。临床特征是呈现急性黄疸性贫血和发热。

【流行病学】 本病的传播途径还不清楚。由于附红细胞体寄生于血液内，又多发生于夏季，所以推测本病的传播与吸血昆虫有关，特别是猪虱。另外，注射针头、剪耳号、剪尾和去势的工具上的血液污染也可发生机械性传播。在胎儿发育期间(在子宫内)，可经感染的母猪而发生感染。控制猪体外寄生虫是控制本病的必要工作之一，目前这项工作的重要性还没引起足够的重视。

【临床症状】 发病猪不分年龄，病初发热、扎堆；后期步态不稳、发抖、不食，随病程进展，皮肤苍白，可视黏膜黄染。母猪不发情或配种后返情率很高。妊娠母猪流产，延期分娩，分娩后普遍发热，出现乳房炎和缺乳现象。仔猪出生后多表现贫血症状。仔猪出生后断脐带、剪耳号和断尾时流血时间延长。产死仔及出生后不久死亡的弱仔猪数量增高。

【病理变化】 耳、腹下四肢末端出现紫红色斑块，皮肤可视黏膜苍白。全身淋巴结肿大，脾脏肿大，质地柔软，边缘有出血点。心包内有淡红色积液，血液稀薄，凝固不良。肾脏肿大，表面有针尖大小出血点，切开后可见肾盂积液。膀胱充盈，黏膜点状出血。肝肿大呈土黄色，表面有灰白色坏死灶。肠黏膜有大量出血斑块。

【诊　断】 根据流行病学和临床症状，可作出初步诊断。确诊需实验室诊断。

【防　治】 做好器械、用具的更换与消毒，驱除体内、外寄生虫。药物治疗：①在母猪饲料中添加阿散酸 100 克/吨，必要时也可在每吨饲料中同时添加 2 千克的土霉素；②出生时贫血仔猪，可在颈部肌内注射土霉素 1 毫克/千克体重，连续 2～3 天；③保育和生长肥育猪被感染，可用阿散酸 100～125 克/吨饲料处理；④用贝尼尔(血虫净)进行治疗，按 5～7 毫克/千克体重进行深部肌内注射，每天 1 次，连用 3 天。

(七)猪流行性感冒

该病是由流行性感冒病毒引起的一种急性高度接触性传染病。其特征为突然发病，并迅速蔓延全群，咳嗽、呼吸困难、发热。现已呈世界性流行，严重危害养猪业的发展。

【病　原】 猪流感由正黏病毒科中 A 型流感病毒引起。流感病毒对干燥和低温抵抗力强大，冻干或－70℃可保存数年，60℃ 20 分钟可被灭活，一般的消毒药都有很好的杀灭作用。病毒对碘特别敏感。

【流行病学】 本病的传染源主要是患病动物和带病毒动物(包括康复的动物)。病原存在于动物鼻液、痰液、口涎等分泌物中,多由飞沫经呼吸道感染。本病一年四季均可发生,多发生于天气突变的晚秋、早春以及寒冬季节。病程短,发病率高,死亡率低,常突然发作,传播迅速,一般在3～5天可达高峰,2～3周迅速消失。

【临床症状】 本病潜伏期1～3天,突然发生,猪群中多数猪表现厌食、迟钝、衰竭、蜷缩、扎堆,结膜充血,眼、鼻流出浆液性分泌物。出现急促的呼吸和腹式呼吸,特别是强迫病猪走动时更明显,伴发严重的阵发性咳嗽。体温高达40.5℃～41.5℃,高者可达42℃。多数病猪可于6～7天后康复。如继发感染多杀性巴氏杆菌、副猪嗜血杆菌和肺炎链球菌,则使病情加重。

【病理变化】 颈部、肺部及纵隔淋巴结明显增大、水肿,呼吸道黏膜充血、肿胀并被覆黏液,有的支气管被渗出物堵塞而使相应的肺组织萎缩。主要的肉眼病变是病毒性肺炎,多见于肺的心叶和尖叶,呈现为紫色的硬结,与正常肺界线明显。呼吸道内含有血色纤维蛋白性渗出物。

【诊　断】 根据本病流行的特点、发生的季节、临床症状及病理变化特点,可初步诊断。确诊尚需进行分离病毒及血清学试验。

【防制措施】 本病无特效药治疗,但可用解热镇痛药对症治疗,应用抗生素防止并发症。预防本病,目前还无效果好的疫苗。因此要加强饲养管理,保持猪舍清洁卫生,控制并发或继发的细菌感染。特别要精心护理,提供舒适避风的猪舍和清洁、干燥、无尘土的垫草。为避免其他的应激,在猪的急性发病期内不应移动或运输猪只。由于多数病猪发热,故应保持供给新鲜的洁净水。

（八）猪传染性胃肠炎

猪传染性胃肠炎是由猪传染性胃肠炎病毒引起的一种高度接触性肠道传染病。临床特征为呕吐、严重腹泻、脱水。可发生于各种年龄的猪，10 日龄以内仔猪死亡率高（可达 100%），但 5 周龄以上的猪很少死亡。

【病　原】 猪传染性胃肠炎病毒属冠状病毒科冠状病毒属。病毒存在于病猪的各器官、体液和排泄物中，但以病猪的空肠、十二指肠组织、肠系膜淋巴结含毒量最高。病毒对乙醚、氯仿敏感，所有对囊膜病毒有效的消毒剂对其均有效。用 0.5% 石炭酸在 37℃处理 30 分钟可杀死病毒。

【流行病学】 所有的猪均有易感性，但 10 日龄以内的仔猪发病最严重。而断奶猪、生长肥育猪和成年猪的症状较轻，大多能自然康复。主要经消化道传染，也可以通过空气经呼吸道传染。本病具有明显的季节性，以冬、春季发病较多。在老疫区由于母猪大都具有抗体，所以哺乳仔猪 10 日龄以内发病率和死亡率均很低，而仔猪断奶后易重新成为易感猪。

【临床症状】 该病潜伏期为 15～18 小时，有的可延长 2～3 天。传播迅速，数日内可蔓延整个猪场。仔猪的典型症状是短暂的呕吐和水样腹泻，粪便呈黄色、绿色或白色，常含有未消化的凝乳块，气味恶臭。病猪极度口渴，严重脱水，体重迅速减轻。日龄越小，病程越短，发病越严重。10 日龄内的仔猪多于 2～7 天内死亡。随着日龄的增长，病死率逐渐降低。痊愈仔猪生长发育不良。育成猪和成年猪的症状较轻，1 日至 1 周内食欲不振，个别猪有呕吐，主要是发生水样腹泻，呈喷射状，排泄物灰色或褐色，体重迅速减轻。成年母猪泌乳减少或停止，病程 1 周左右，腹泻停止而康复，极少死亡。

【病理变化】 具有特征性的病理变化主要见于小肠。整个小肠肠管扩张，内容物稀薄，呈黄色、泡沫状，肠壁弛缓，缺乏弹性，变薄有透明感，肠黏膜绒毛严重萎缩。胃底黏膜潮红充血，并有黏液覆盖，且有小点状或斑状出血，胃内容物呈鲜黄色并混有大量乳白色凝乳块。

【诊　断】 根据发病的季节、年龄及临床特点，可作出初步诊断，确诊要进行实验室检查。

【防制措施】 本病没有特效药物治疗。发病后要及时补水和补盐，给大量的口服补液盐，防止脱水，用肠道抗生素防止继发感染可减少死亡率。口服或注射抗生素和磺胺药，如庆大霉素、黄连素、氟哌酸、恩诺沙星、环丙沙星、制菌磺(磺胺间甲氧嘧啶)等。猪场发生猪传染性胃肠炎时应立即隔离病猪，用2%～3%氢氧化钠溶液对猪舍、运动场、用具、车辆等进行全面消毒。预防本病可在每年10～11月份给母猪接种猪传染性胃肠炎弱毒疫苗，对3日龄仔猪被动免疫效果好。

(九)口蹄疫

口蹄疫是口蹄疫病毒感染偶蹄动物引起的急性、热性、接触性传染病，以口腔黏膜、蹄部、乳房、皮肤出现水疱为特征，传播速度极快。

【病　原】 口蹄疫病毒现有7个血清型，各型不能交互免疫。我国口蹄疫的病毒型为O、A型及亚洲Ⅰ型。不同血清型的病毒感染动物所表现的临床症状基本一致。本病的病毒在水疱皮和水疱液的含量最高。口蹄疫病毒对酸和碱十分敏感，易被碱性和酸性消毒剂灭活。

【流行病学】 本病易感动物是偶蹄兽。新生仔猪发病率100%，死亡率达80%以上。本病的传染性极强，常呈大流行性，传播方式有蔓延式和跳跃式2种。病猪、带毒家畜是最主要的直接传染源，尤以发病初期，通过水疱液、排泄物、呼出的气体等途径向外排出病毒，污染饲料、饮水、空气、用具和环境。本病主要通过消化道、呼吸道、破损的皮肤、黏膜、眼结膜、人工输精等直接或间接性的途径传播。另外，鸟类、鼠类、昆虫等野生动物也能机械性地传播本病。本病一年四季均可发生，但以冬、春季节寒冷时多发。

【临床症状】 口蹄疫自然感染的潜伏期为1～4天。主要症状表现在蹄冠、蹄踵、蹄叉、副蹄和吻突皮肤、口腔腭部、颊部以及舌面黏膜等部位出现大小不等的水疱和溃疡，水疱也会出现于母猪的乳头、乳房等部位。病猪表现精神不振，体温升高，厌食，在出现水疱前可见蹄冠部出现一明显的白圈，蹄温增高，之后蹄壳变形或脱落，跛行明显，病猪卧地不能站立。水疱充满清朗或微浊的浆液性液体，水疱很快破溃，露出边缘整齐的暗红色糜烂面，如无细菌继发感染，经1～2周病损部位结痂愈合。口蹄疫对成年猪的致死率一般不超过3%。仔猪受感染时，水疱症状不明显，主要表现为胃肠炎和心肌炎，致死率高达80%以上。妊娠母猪感染可发生流产。

【病理变化】 病死猪尸体消瘦，除鼻镜、唇内黏膜、齿龈、舌面上发生大小不一的圆形水疱疹和糜烂病灶外，咽喉、气管、支气管和胃黏膜也有烂斑或溃疡，小肠、大肠黏膜可见出血性炎症。仔猪心包膜有弥散性出血点，心肌切面有灰白色或淡黄色斑点或条纹，称虎斑心，心肌松软似煮熟状。

【诊　断】 根据本病流行病学、临床症状、病理变化，一般不难作出初步诊断。但要与水疱病、水疱疹、水疱性口炎区别，则必须结合实验手段进行确诊。

【防制措施】 根据国家的规定，口蹄疫病猪应一律急宰，不准治疗，以防散播传染。

本病有疫苗可预防，现在生产的灭活油佐剂苗，效果很好。种猪每隔3个月免疫1次，每次肌内注射2毫升/头，或肌内注射高效疫苗1～1.5毫升/头。仔猪40～45日龄首免，常规苗肌内注射2毫升/头或高效苗1毫升/头。100～105日龄育成猪加强1次(二免)，常规苗2毫升/头或高效苗1～1.5毫升/头。也可根据当地实际情况设定免疫程序。

(十)猪圆环病毒病

猪圆环病毒病又称断奶仔猪多系统衰竭综合征(PMWS)，是近年来兽医界引人注目的新病。其主要特征是进行性体重下降、呼吸困难、虚弱和淋巴结肿大。该病流行时，往往同时感染猪繁殖和呼吸综合征病毒，细小病毒，伪狂犬病毒，肺炎支原体，副猪嗜血杆菌，胸膜肺炎放线杆菌，沙门氏菌，链球菌等。

【病 原】 本病的病原是猪圆环病毒(PCV)。典型的圆环病毒是无囊膜的20面体对称病毒粒子，大小为4～26.5纳米，具有高度的稳定性。病毒细胞培养物的感染性可耐受70℃ 15分钟和pH值3的处理，对化学药品的灭活作用有高度抵抗力。圆环病毒对环境因素的高度抵抗力在流行病学和疾病防制中有重要影响。圆环病毒具有PCV-1和PCV-2两个血清型，前者对动物无致病性。

【流行病学】 本病主要是断奶猪易感染，而哺乳猪很少发病。一般发病集中于断奶后2～3周和5～8周龄的仔猪，但在实行早期隔离断奶的猪场，10～14日龄断奶猪也见有病例发生。应激条件可加重病情。发病率和死亡率不定，例如呈地方性流行时，发病率和死亡率均较低，但急性暴发时，发病率可达50%，病死率达20%。

【临床症状】 本病潜伏期很长，临床上明显的症状是仔猪消瘦，体重减轻，呼吸困难，被毛粗乱。有的猪皮肤出现各种形状大小不一、突起的红紫色丘疹斑点。有的仔猪震颤为双侧面性，影响骨骼、肌肉生长。有的母猪发生繁殖障碍，造成发情期推迟，受胎率降低，妊娠母猪流产、死产、胎儿木乃伊化现象。在繁殖与呼吸综合征阳性病猪群中，由于继发感染，还可见关节炎、肺炎等多种炎症。

【病理变化】 典型病例死亡的病尸消瘦，淋巴结肿大4～5倍，切面发白，腹股沟、胃、肠系膜、支气管等器官或组织的淋巴结尤为突出。肺质地坚实如橡胶样，在正常的粉红色肺小叶间，散在有棕黄色至灰白色的小叶，使整个肺脏呈现花斑状。肾苍白，散有白色病灶或肿得非常大，呈花斑状，脾脏也肿得非常大。在胃靠近食管的区域常有大片溃疡形成。还常并发细菌感染，尤其是和繁殖与呼吸综合征并发时，可出现多发性浆膜炎、关节炎、支气管炎与败血症等。

【诊　断】 根据本病主要发生于断奶仔猪，表现消瘦、衰竭、呼吸困难，以及淋巴结、肺脏、肾脏的特征性肉眼病变等作出初步的判断，确诊要进行实验室诊断。

【防制措施】 坚持“预防为主”的方针，注射我国新研制的圆环病毒灭活疫苗。加强饲养管理和卫生防疫措施，杜绝疫病的发生。一旦发生本病时要清除病猪，全群检疫，淘汰阳性猪。

（十一）副猪嗜血杆菌病

副猪嗜血杆菌病又称纤维素性浆膜炎和关节炎，病原为副猪嗜血杆菌，为革兰氏阴性小杆菌。随着世界养猪业的发展，规模化饲养技术的应用和饲养高度密集，以及突发新的猪繁殖与呼吸综合征等因素存在，使得该病日趋流行，危害日渐严重。近两年来，我国副猪嗜血杆菌在养猪场引起猪多发性浆膜炎和关节炎的报道屡见不鲜，特别是规模化猪场在受到猪繁殖与呼吸综合征、圆环病毒等感染之后免疫功能下降时，副猪嗜血杆菌病伺机暴发，导致较严重的经济损失。

【流行病学】 副猪嗜血杆菌主要发生在断奶后和保育阶段的

幼猪,发病率一般在10%~15%,严重时死亡率可达50%。该细菌寄生在鼻腔等上呼吸道内,属于条件性细菌,可以受多种因素诱发。患猪或带菌猪主要通过空气或直接接触感染其他健康猪,其他传播途径如消化道等亦可感染。目前只有较大的化验室在做实验室检验,故一般养猪场不易及时得到正确诊断。从该病发病情况分析,主要与猪场的猪体抵抗力、环境卫生、饲养密度有极大关系,如果猪发生过繁殖与呼吸综合征等,抵抗力下降时,副猪嗜血杆菌易乘虚而入;猪群密度大,过分拥挤,舍内空气浑浊,氨气味浓,转群、混群或运输时多发。猪有呼吸道疾病,如气喘病、猪流行性感冒、猪伪狂犬病和猪呼吸道冠状病毒感染时,副猪嗜血杆菌的存在可加剧它们的病情,使病情复杂化。

【临床症状】

(1)急性型 往往首先发生于膘情良好的猪。病猪发热、体温升高至40.5℃~42.0℃,精神沉郁、反应迟钝,食欲下降或厌食不吃,咳嗽、呼吸困难,腹式呼吸、心跳加快。体表皮肤发红或苍白,耳梢发紫,眼睑皮下水肿,部分病猪出现鼻流脓液,行走缓慢或不愿站立,出现跛行或一侧性跛行,腕关节、跗关节肿大,共济失调,临死前侧卧或四肢呈划水样。有时也会无明显症状而突然死亡。在发生关节炎时,可见一个或几个关节肿胀、发热,初期疼痛,多见于腕关节和跗关节,起立困难,后肢不协调。

(2)慢性型 多见于保育猪,主要是食欲下降,咳嗽,呼吸困难,皮毛粗乱,四肢无力或跛行,生长不良,甚至衰竭而死亡。

【病理变化】 剖检可见胸膜炎、腹膜炎、脑膜炎、心包炎、关节炎等多发性炎症,有纤维素性或浆液性渗出,胸水、腹水增多,肺脏肿胀、出血、淤血,有时肺脏与胸腔发生粘连,这些现象常以不同组合出现,较少单独存在。

【诊 断】 根据流行情况、临床症状和病理变化,即可初步诊断。确诊需进行细菌分离鉴定或血清学检查。本病应与传染性胸膜肺炎鉴别诊断。副猪嗜血杆菌感染引起的病变包括脑膜炎、胸膜炎、心包炎、腹膜炎和关节炎，呈多发性；而典型的传染性胸膜肺炎引起的病变则主要是纤维蛋白性胸膜炎和心包炎，并局限于胸腔。

【防　治】 猪场一旦得到正确诊断或出现明显临床症状时，必须应用大剂量的抗生素进行治疗，并且应当对整个猪群或同群猪进行药物预防。大多数副猪嗜血杆菌对氨苄西林、喹诺酮类、头孢菌素、四环素、庆大霉素和增效磺胺类药物敏感，但对红霉素、氨基糖苷类、壮观霉素和林可霉素有抵抗力。猪场发生本病时可采取下列措施。

第一，将猪舍内所有病猪隔离，淘汰无饲养价值的僵猪或严重病猪；将猪舍冲洗干净，严格消毒，改善猪舍通风条件，疏散猪群，降低密度，严禁混养。

第二，全群投药，每吨饲料添加金霉素 2 千克，连喂 7 天，停 3 天，再加喂 3 天。或者任选以下药物：每吨饲料添加泰妙菌素 50～100 克，或氟甲砜霉素 50～100 克，或利高霉素 44～1 000 克，或泰乐菌素、磺胺二甲嘧啶各 100 克，或环丙沙星 150 克。

第三，改善饲养管理与环境消毒，减少各种应激，尤其要做好猪瘟、伪狂犬病、猪繁殖与呼吸综合征等病的预防免疫工作，以防诱发本病。

第四，免疫预防可用灭活苗免疫母猪，初免猪产前 40 天一免，产前 20 天二免。经产母猪产前 30 天免疫 1 次即可。受本病严重威胁的猪场，小猪也要进行免疫，从 10 日龄到 60 日龄的猪都要注射接种，每次 1 毫升/头，最好一免后过 15 天再注射接种 1 次。

（十二）猪传染性胸膜肺炎

猪传染性胸膜肺炎是由胸膜肺炎放线杆菌引起的一种重要的呼吸道接触性传染病。

【病　原】 病原体为胸膜肺炎放线菌，呈多形态的小球杆菌状，菌体有荚膜，不运动，革兰氏阴性。

【流行病学】 不同年龄的猪对本病均易感，但由于初乳中母源抗体的存在，本病最常发生于6～10周龄育成猪。主要传播途径是空气、猪与猪之间的接触、污染排泄物或人员传播。猪群的转移或混养，拥挤和恶劣的气候条件，均会加速该病的传播和增加发病的危险。

【临床症状】 临床症状与猪的年龄、免疫状态、环境因素及对病原的感染程度有关。一般分为最急性、急性和慢性型。

(1)最急性型　突然发病，个别病猪未出现任何临床症状突然死亡。病猪体温达到41.5℃，倦怠、厌食，并可出现短期腹泻或呕吐，早期无明显的呼吸症状，只是脉搏增加，后期则出现心衰和循环障碍，鼻、耳、眼及后躯皮肤发绀。晚期出现严重的呼吸困难和体温下降，临死前血性泡沫从嘴、鼻孔流出。病猪于临床症状出现后24～36小时内死亡。

(2)急性型　病猪体温可上升到40.5℃～41℃，皮肤发红，精神沉郁，不愿站立，厌食，不爱饮水。严重的呼吸困难，咳嗽，有时张口呼吸，呈犬坐姿势，极度痛苦。上述症状在发病初的24小时内表现明显。如果不及时治疗，1～2天内因窒息死亡。

(3)慢性型　多在急性期后出现。病程15～20天，病猪轻度发热或不发热，有不同程度的自发性或间歇性咳嗽，食欲减退。病猪不爱活动，驱赶猪群时常常掉队，仅在喂食时勉强爬起。慢性期的猪群症状表现不明显，若无其他疾病并发，一般能自行恢复。同一猪群内可能出现不同程度的病猪。

【病理变化】 主要病变存在于肺和呼吸道内，肺呈紫红色，肺炎多是双侧性的，并多在肺的心叶、尖叶和膈叶出现病灶，其与正常组织界线分明。最急性死亡的病猪，气管、支气管中充满泡沫状血性黏液及黏膜渗出物，无纤维素性胸膜炎出现。发病24小时以上的病猪,肺炎区出现纤维素性物质附于表面,肺出血、间质增宽、有肝变。气管、支气管中充满泡沫状、血性黏液及黏膜渗出物,喉头充满血性液体,肺门淋巴结显著肿大。随着病程的发展,纤维素性胸膜炎蔓延至整个肺脏,使肺脏和胸膜粘连。常伴发心包炎,肝、脾肿大,色变暗。病程较长的慢性病例,可见硬实肺炎区,病灶硬化或坏死。发病的后期,病猪的鼻、耳、眼及后躯皮肤出现发绀,呈紫斑。

【诊　断】 根据本病主要发生于育成猪和架子猪以及天气变化等诱因的存在,比较特征性的临床症状及病理变化特点,可作出初诊。确诊要对可疑的病例进行细菌检查。

【防　治】

(1)预防　①感染的猪场应制定严格的隔离措施,呈阳性的猪则一律淘汰,其余的猪普遍进行药物预防。②改善饲养环境,注意通风换气,保持空气新鲜。③猪群应注意合理的密度,不要过于拥挤。④加强消毒制度,要定期进行消毒,并长年坚持。⑤有条件的可用自家灭活菌苗免疫接种。

(2)治疗　饲料中拌支原净、强力霉素、氟甲砜霉素或北里霉素,连续用药5~7天,有较好的疗效。有条件的最好做药敏试验,选择敏感药物进行治疗。

(十三)猪气喘病

猪气喘病也称猪支原体肺炎、猪地方性流行性肺炎,是由猪肺炎支原体引起的猪的一种慢性呼吸道传染病。本病分布于世界各地,发病率高,死亡率低,临床主要症状为咳嗽和气喘,不能正常生长。

【病　原】 病原体是猪肺炎支原体,寄居于猪的呼吸道,具有多形性,其中常见的有球状、杆状、丝状及环状。对高温、阳光和腐败的抵抗力不强,排出体外后生存时间较短,在低温或冻干条件下保存时间较长。30％草木灰及20％石灰乳等消毒剂都能很快将其杀死。

【流行病学】 不同年龄、性别和品种的猪均能感染。但以哺乳仔猪最易发病，其次是妊娠后期母猪及哺乳母猪，成年猪呈隐性感染。集约化养猪场的发病率高。本病无明显的季节性，但寒冷、多雨、潮湿或气候骤变时，较为多见。

【临床症状】 本病的主要临床症状为咳嗽和气喘。根据病程经过，可分为急性型、慢性型和隐性型三种类型。

(1)急性型　比较少见。当病原菌首次传入易感猪群时，呈严重暴发急性型。所有年龄的猪均易感，发病率可达100％。伴有特征性发热或不发热的急性呼吸困难。持续时间约为3个月，然后转为较常见的慢性型。

(2)慢性型　很常见，小猪多在3～10周龄时出现第一批病状，接触后的潜伏期是10～16天。反复明显干咳和频咳是本型的特征，在早晨喂饲和剧烈运动后咳嗽特别严重。一般病猪只咳嗽1～3周，或无限期地咳嗽。除极严重病例外，呼吸动作仍正常。病猪一般食欲正常，但生长发育不良。

(3)隐性型　病猪没有明显症状，有时发生轻咳，全身状况良好，生长发育几乎正常，但X线检查或剖检时可见到气喘病病灶。

【病理变化】 常见眼观病变是在肺脏前叶和心叶，有界线清楚的灰色肺炎病变区，与正常肺组织有明显的分界，在肺叶的腹侧边缘有分散的与淋巴样组织相似的玫瑰红色或浅灰色的实变区。具有特征性的是支气管淋巴结水肿性增大，急性病例可见肺严重水肿、充血以及支气管内有带泡沫的渗出物。当继发感染时，则常见胸膜炎和心包炎。

【诊　断】 慢性干咳，生长受阻，发育迟缓，死亡率低，发生和扩散缓慢，反复发作等症状是本病的特征。确诊必须从病料中分离到致病性支原体。肉样或肺样变区，无败血症和胸膜炎的变化。

【防　治】

(1)预防　美国辉瑞公司生产的"猪支原体肺炎灭活疫苗"已在国内使用,肌内注射,使用方便,效果很好。

(2)治疗　常用盐酸土霉素、泰乐菌素、硫酸卡那霉素、洁霉素、土霉素碱油剂和金霉素等药物,大剂量,连续用药7～10天,均有较好的效果。

(十四)猪传染性萎缩性鼻炎

猪传染性萎缩性鼻炎是由支气管败血波氏杆菌引起的一种猪慢性接触性传染病,以鼻炎、鼻梁变形、鼻甲骨萎缩和生长缓慢为特征。

【病　原】　本病病原体主要是支气管败血波氏杆菌,其次是产毒素的多杀性巴氏杆菌。

【流行病学】　任何年龄的猪都可感染本病,但常发生于2月龄左右的幼猪。生后几天至几周内的仔猪感染后,可引起鼻骨萎缩。较大的猪只发生卡他性鼻炎和咽炎。本病的传播主要是经飞沫传染,特别是母猪有病时,易将本病传染给仔猪。

【临床症状】　病猪先表现打喷嚏,特别是在饲喂或运动时更明显,鼻孔流出少量浆液性或脓性分泌物,有时含有血丝,不时拱地、搔扒或摩擦鼻端。经常流泪,以至在内眼角下的皮肤上形成灰色或黑色的泪斑。经数周,少数病猪可自愈,但大多数病猪有鼻甲骨萎缩的变化。经过2～3个月后出现面部变形或歪斜。若两侧鼻腔严重损害时,则鼻腔变短,鼻端向上翘起;若一侧损害时,则鼻歪向损害严重的一侧。

【病理变化】　病变限于鼻腔和邻近组织,最有特征的病变是鼻腔软骨和鼻甲骨软化和萎缩。特别是下鼻骨的下卷曲最为常见,间有萎缩限于筛骨或上鼻甲骨的。有的萎缩严重甚至鼻甲骨消失,鼻中隔发生部分或完全弯曲,鼻腔成为1个鼻道。有的下鼻甲骨消失，只留小块黏膜皱缩附在鼻腔的外壁上。

【诊　断】 根据频繁打喷嚏、鼻孔流出少量浆液，摩擦鼻端，鼻甲骨萎缩、变形等特征性病变即可初诊。确诊需进行病原菌分离培养。

【预　防】 引进种猪时，严格检疫，隔离观察 1 个月以上确认无病时方可合群饲养。发现本病，则及时淘汰。

为了控制和预防本病的发生，可采取以下措施：①在饲料中添加药物，如磺胺二甲嘧啶拌料（100～450 克/吨饲料）或磺胺噻唑钠水溶液（0.06～0.1 克/升）给猪饮水 4～6 周。②在疫区，仔猪出生后使用链霉素、土霉素和磺胺类药物连续饲喂 12 天，或于 3 日龄、6 日龄和 12 日龄肌内注射其中某药物，或于出生后 48 小时用 25％硫酸卡那霉素液喷雾，以后每周 1～2 次，每个鼻孔 0.5 毫升，至断奶为止。③肌内注射猪萎缩性鼻炎灭活疫苗，具有明显效果。

（十五）猪肺疫

猪肺疫又称猪巴氏杆菌病、锁喉风，是由多杀性巴氏杆菌引起的一种急性传染病。急性的常呈败血症病变，死亡率高。

【病　原】 本病病原为多杀性巴氏杆菌，革兰氏染色阴性。该菌对外界环境的抵抗力不强，在干燥空气中 2～3 天死亡。60℃即可被杀死，在表层土壤中仅存活 7～8 天，常用消毒药几分钟内即可杀死。

【流行病学】 多杀性巴氏杆菌能感染多种动物，猪是其中一种，各种年龄的猪都可感染发病。一般认为本菌是一种条件性病原菌，当猪处在不良的外界环境中，如寒冷、闷热、气候剧变、潮湿、拥挤、通风不良、营养缺乏、疲劳、长途运输等，致使猪的抵抗力下降，这时病原菌大量增殖并引起发病。另外病猪经分泌物、排泄物等排菌，污染饮水、饲料、用具及外界环境，经消化道而传染给健康猪，也是重要的传染途径。还可由咳嗽、打喷嚏排出病原菌，通过飞沫经呼吸道传染。此外，吸血昆虫叮咬皮肤及黏膜伤口都可传染。本病一般无明显的季节性，但以冷热交替、气候多变、高温季节多发，一般呈散发性或地方流行性。

【临床症状】 根据病程长短和临床表现分为最急性、急性和慢性型。

（1）最急性型　未出现任何症状，突然发病，迅速死亡。病程稍长者表现体温升高到 41℃～42℃，食欲废绝，呼吸困难，心跳急促，可视黏膜发绀，皮肤出现紫红斑。咽喉部和颈部发热、红肿、坚硬，严重者延至耳根、胸前。病猪呼吸极度困难，常呈犬坐姿势，伸长头颈，有时可发出喘鸣声，口鼻流出白色泡沫，有时带有血色。一旦出现严重的呼吸困难，病情往往迅速恶化，很快死亡。死亡率常高达 100%，自然康复者少见。

（2）急性型　本型最常见。体温升高至 40℃～41℃，初期为痉挛性干咳，呼吸困难，口、鼻流出白沫，有时混有血液，后变为湿咳。随病程发展，呼吸更加困难，常做犬坐姿势，胸部触诊有痛感。精神不振，食欲不振或废绝，皮肤出现红斑，后期衰弱无力，卧地不起，多因窒息死亡。病程 5～8 天，不死者转为慢性。

（3）慢性型　主要表现为肺炎和慢性胃肠炎。时有持续性咳嗽和呼吸困难，有少许脓性鼻液。关节肿胀，常有腹泻，食欲不振，营养不良，有痂样湿疹，发育停止，极度消瘦，病程 2 周以上，多数发生死亡。

【病理变化】

（1）最急性型　全身黏膜、浆膜和皮下组织有出血点，尤以喉头及其周围组织的出血性水肿为特征。全身淋巴结肿胀、出血。心外膜及心包膜上有出血点。肺脏急性水肿。脾有出血但不肿大。皮肤有出血斑。胃肠黏膜有出血性炎症。

（2）急性型　除具有最急性型的病变外，其特征性的病变是纤维素性肺炎。主要表现为气管、支气管内有多量泡沫黏液。肺脏有不同程度肝变区,伴有气肿和水肿。病程长的肺肝变区内常有坏死灶,肺小叶间浆液性浸润,肺切面呈大理石样外观,胸膜有纤维素性附着物,胸膜与病肺粘连。胸腔及心包积液。

(3)慢性型 尸体极度消瘦、贫血。肺脏有肝变区,并有黄色或灰色坏死灶,外面有结缔组织,内含干酪样物质;有的形成空洞,与支气管相通。心包与胸腔积液,胸腔有纤维素性沉着,肋膜肥厚,常常与病肺粘连。

【诊 断】 本病无特征性的临床症状和病理变化,其诊断要在临床症状和病理变化的基础上分离出病原菌。应注意与猪流行性感冒、胸膜肺炎、急性副伤寒、气喘病、猪瘟、猪丹毒等鉴别诊断。

【防 治】

(1)预防 ①每年春、秋两季定期用猪肺疫氢氧化铝甲醛菌苗或猪肺疫口服弱毒菌苗进行免疫接种;也可选用猪丹毒、猪肺疫氢氧化铝二联苗,猪瘟、猪丹毒、猪肺疫弱毒三联苗。接种疫苗前3天和后7天内,禁用抗菌药物。②改善饲养管理。在条件允许的情况下,提倡早期断奶;采用全进全出制的生产程序;自繁自养,减少从外面引猪;减少猪群的密度。③药物预防。对常发病猪场,要在饲料中添加抗菌药进行预防。

(2)治疗 最急性病例由于发病急,常来不及治疗,病猪已死亡。青霉素、链霉素和四环素等抗生素和磺胺类药对猪肺疫都有一定疗效。

(十六)猪丹毒

猪丹毒是猪丹毒杆菌引起的一种急性、热性传染病,其主要特征为高热、急性败血症、皮肤疹块(亚急性)、慢性疣状心内膜炎及皮肤坏死与多发性非化脓性关节炎。

【病 原】 猪丹毒杆菌是一种革兰氏阳性菌。本菌对盐腌、火熏、干燥、腐败和日光等自然环境的抵抗力较强。在2%甲醛溶液、1%漂白粉溶液、1%氢氧化钠溶液或5%石炭酸溶液中很快死亡。对热的抵抗力较弱,肉汤培养物于50℃经12～20分钟,70℃5分钟即可杀死。

【流行病学】 本病主要发生于架子猪,病猪和带菌猪是本病的传染源。35%～50%健康猪的扁桃体和其他淋巴组织中存在此菌。病猪、带菌猪以及其他带菌动物排出菌体污染饲料、饮水、土壤、用具和场舍等,经消化道传染给易感染猪。猪丹毒病一年四季都有发生,有些地方以炎热多雨季节流行得最盛。本病常为散发性或地方流行性传染,有时也发生暴发性流行。

【临床症状】 一般将猪丹毒分为急性败血型、亚急性疹块型和慢性型。

(1)急性败血型　此型最为常见,以突然暴发、急性经过和高的病死率为特征。在流行初期有1头或数头猪不表现任何症状而突然死亡,其他猪相继发病。病猪体温达到42℃～43℃,稽留不退。体弱,不愿走动,躺卧地上,不食,有时呕吐。结膜充血,眼睛清亮。粪便干硬呈栗状,附有黏液。小猪后期有的发生腹泻。严重的呼吸增快,黏膜发绀。部分病猪皮肤发生潮红继而发紫,以耳、颈、背等部较为多见。病程短促,可以突然死亡。有些病猪经3～4天体温降至正常以下而死。病死率80%左右,不死者转为疹块型或慢性型。哺乳仔猪和刚断乳的小猪发生猪丹毒时,一般突然发病,表现神经症状,抽搐,倒地而死,病程多不超过1天。

(2)亚急性疹块型　此型症状比急性型较轻,其特征是皮肤表面出现疹块,俗称打火印。病初精神不振,便秘,体温升高至41℃以上。通常于发病后2～3天后在胸、腹、背、肩、四肢等部的皮肤发生疹块,呈方块形、菱形或圆形,稍突起于皮肤表面。初期疹块充血,指压褪色;后期淤血,紫蓝色,压之不褪。疹块发生后,体温开始下降,病势减轻,经数日以至旬余,病猪自行康复。

(3)慢性型 一般由败血型或亚急性疹块型或隐性感染转变而来,也有原发性的。常见的有慢性关节炎、慢性心内膜炎和皮肤坏死等几种。慢性关节炎主要表现为四肢关节的炎性肿胀,病腿僵硬、疼痛。以后急性症状消失,而以关节变形为主,呈现一肢或两肢的跛行或卧地不起。病猪食欲正常,但生长缓慢,体质虚弱,消瘦。病程数周或数月。慢性心内膜炎主要表现消瘦,贫血,全身衰弱,喜卧,厌走动,强使行走,则举止缓慢,全身摇晃。此种病猪不能治愈,通常由于心脏麻痹突然倒地死亡。慢性型的猪丹毒有时形成皮肤坏死。常发生于背、肩、耳、蹄和尾等部。局部皮肤肿胀、隆起、坏死、色黑、干硬。

【病理变化】

(1)败血型 主要以急性败血症的全身变化和体表皮肤出现红斑为特征。鼻、唇、耳及腿内侧等处皮肤和可视黏膜呈不同程度的紫红色。全身淋巴结发红肿大,切面多汁,呈浆液性出血性炎症。肺脏充血、水肿。脾脏呈樱桃红色,充血、肿大。消化道有卡他性或出血性炎症,胃底及幽门部尤其严重,黏膜发生弥漫性出血。十二指肠及空肠前部发生出血性炎症。肾脏常发生急性出血性肾小球肾炎的变化,体积增大,呈弥漫性暗红色,纵切面皮质部有小红点。

(2)疹块型 以皮肤疹块为特征变化。

(3)慢性型关节炎 是一种多发性增生性关节炎,关节肿胀,有多量浆液性纤维素性渗出液,黏稠或带黄色。后期滑膜绒毛增生肥厚。

【诊 断】 本病主要侵害架子猪,多发生于夏季;急性败血性,病猪体温可达42℃以上,死亡较突然;全身淋巴结肿胀,呈弥漫性紫红色;肾脏肿大,暗红色;脾脏肿大,樱桃红色。疹块型丹毒皮肤出现典型疹块;慢性丹毒的皮肤大块坏死,四肢强拘,关节肿胀、疼痛、跛行;心瓣膜处见有溃疡性或花椰菜样的赘生物,四肢关节的慢性炎症。根据以上特征，一般可作出初步诊断。确诊需进行细菌检查。

【防　治】

(1)预防　①加强饲养管理，提高猪群的抗病能力。②在猪丹毒常发区和集约化猪场，每年春、秋或夏、冬季节定期进行预防注射，是预防本病最有效的方法。可选用猪丹毒弱毒菌苗，皮下注射1毫升/头；猪丹毒氢氧化铝甲醛苗，10千克体重皮下或肌内注射5毫升/头；猪丹毒CG42系弱毒菌苗，皮下注射1毫升/头。③经常保持用具、场圈的清洁卫生，定期用消毒剂(10%石灰乳等)消毒。④猪群中发现猪丹毒猪时，应立即隔离治疗。

(2)治疗　青霉素治疗本病疗效非常好，土霉素和四环素也有效，卡那霉素、新霉素和磺胺类药物基本无效。急性型病例，每千克体重1万单位青霉素静脉注射，同时肌内注射常规剂量的青霉素，每天2次，直至食欲、体温恢复正常后再持续2～3天。

(十七)猪副伤寒

猪副伤寒又称猪沙门氏菌病，是由沙门氏菌引起的仔猪传染病。主要侵害2～4月龄仔猪，也称仔猪副伤寒。是一种较常见的传染病。急性病例为败血症变化，慢性病例为大肠坏死性炎症及肺炎。

【病　原】　引起本病的沙门氏菌有猪霍乱沙门氏杆菌、猪伤寒沙门氏杆菌、鼠伤寒沙门氏菌、肠炎沙门氏菌等，其中最主要的是猪霍乱沙门氏杆菌和鼠伤寒沙门氏菌。沙门氏杆菌呈卵圆形小杆菌，兼性厌氧菌，不形成芽孢和荚膜，有鞭毛，能运动，是革兰氏阴性菌。沙门氏菌对消毒药抵抗力不强，可用3%来苏儿、5%石炭酸、2%氢氧化钠等溶液灭活。

【流行病学】　体重10～15千克的仔猪多发，常呈散发性，有时呈地方性流行。本病一年四季均可发生，但以春、冬气候寒冷多变时发生最多。仔猪饲养管理不当,圈舍潮湿、拥挤,缺乏运动,饲料单纯,缺乏维生素及矿物质或品质不良,突然更换饲料,气候突变,长途运输等,都是发病的主要诱因。

【临床症状】 本病可分为急性型、亚急性型和慢性型。

(1)急性型(败血型) 当机体抵抗力弱而病原体毒力又很强时,病菌感染后可能迅速发展为急性型,表现为体温突然升高达40.5℃~41.5℃,精神沉郁,不食,不爱活动。一般不见腹泻,发病3~4天后才出现水样、黄色粪便。耳尖、胸前和腹下及四肢末端皮肤有紫红色斑点。本病多数病程为2~4天,有的出现症状后24小时内死亡。发病率差别较大,但多在10%以下,死亡率很高。

(2)亚急性型和慢性型 亚急性型和慢性型是临床上常见的类型。病猪体温升高达40.5℃~41.5℃,精神委靡,寒战,扎堆,眼有黏液性或脓性分泌物,上下眼睑常被黏着。少数发生角膜混浊,严重者发展为溃疡,甚至眼球被腐蚀。病猪食欲减退,初便秘后下痢,粪便呈水样淡黄色或灰绿色,恶臭。由于腹泻,失水,很快消瘦。部分病猪在病的中、后期皮肤出现弥漫性湿疹,特别腹部皮肤上有时可见绿豆大、干枯的浆性覆盖物,揭开可见浅表溃疡。病程往往拖延2~3周或更长,最后极度消瘦,衰竭而死。

【病理变化】 急性型主要为败血症的病理变化。脾常肿大,颜色较暗带蓝色,硬实如橡皮,切面蓝红色,脾髓质不软化。肠系膜淋巴结肿大如索状,充血和出血。肝轻微肿大,有时可见极为细小的黄灰色坏死小点。全身各黏膜、浆膜均有不同程度的出血斑点,肠胃黏膜可见急性卡他性炎症。亚急性和慢性者尸体消瘦,部分病例皮肤有痂样绿豆大皮疹,特征性病变是盲肠、结肠,有时波及至回肠后段坏死性肠炎,肠壁增厚,黏膜上覆盖着一层灰黄色弥漫性坏死性和腐乳状物质,剥开见底部红色、边缘不规则的溃疡面。肠系膜淋巴结索状肿胀,部分呈干酪样变。脾稍肿大,呈网状组织增殖,有时肝可见黄灰色坏死小点。

【诊　断】 本病多发于2～4月龄的仔猪；呈地方流行或散发，流行缓慢；寒冷、气候多变及阴雨连绵季节多发；有降低仔猪抵抗力的致病诱因存在时多发。亚急性和慢性病例典型症状是持续下痢，呈慢性经过。大肠有典型的溃疡或弥漫性坏死，肠壁变厚，黏膜上覆盖着一层灰黄色弥漫性坏死性和腐乳状物质，肠系膜淋巴结肿大如索状。亚急性和慢性病例根据以上情况可作出初步诊断。急性病例要进行实验室细菌分离诊断。

猪副伤寒要与猪痢疾和猪增生性肠病（PPE）以及病毒性腹泻、细菌（大肠杆菌病）及寄生虫（鞭虫和球虫）等腹泻病区别。另外还要与猪瘟、猪丹毒区别。

【防　治】

（1）预防　①1月龄以上哺乳或断奶仔猪，用仔猪副伤寒冻干弱毒菌苗预防，肌内注射接种1毫升/头，免疫期9个月。口服接种时，按瓶签说明，服前用冷生理盐水稀释成每份5～10毫升，掺入料中喂服或将每1头份疫苗稀释于5～10毫升凉开水中给猪灌服。②改善饲养管理和卫生条件，消除引起发病的诱因；圈舍彻底清扫、消毒，饲料要干净；粪便堆积发酵后利用。

（2）治疗　本菌对应用于猪的大多数抗生素均具抗药性，治疗的目的在于控制其临床症状到最低程度。发病时对易感猪群要进行药物预防，可将药物拌在饲料中，连用5～7天。治疗的药物有庆大霉素、诺氟沙星、环丙沙星、恩诺沙星、磺胺嘧啶等抗菌药。最好进行药敏试验，选择敏感药物。

（十八）猪水肿病

猪水肿病是由致病性大肠杆菌的毒素引起的断奶仔猪的一种急性、致死性的疾病。临床上以全身或局部麻痹、共济失调和眼睑部水肿为主要特征。死亡率达90%以上。

【病　原】 本病病原为大肠杆菌。

【流行病学】 本病呈地方流行性，常限于某些猪群，不广泛传播。多见于春季和秋季。主要发生于断奶后1～2周的仔猪，突然发生，病程短，致死率高。发病猪多是饲养良好和体格健壮的仔猪。本病的发生与饲料和饲养方式突然改变，如饲喂单一或大量精饲料、气候变化等有关。

【临床症状】 发病突然，体温不高，四肢运动障碍，后躯无力，摇摆和共济失调，有的病猪做圆圈运动或盲目乱叫，突然猛向前跃。各种刺激或捕捉时，触之惊叫，叫声嘶哑，倒地，四肢划动的游泳状。体表某些部位的水肿是本病的特征症状，常见于眼睑、结膜、齿龈，有时波及颈部及腹部皮下。

【病理变化】 主要病变为水肿。胃大弯和贲门部位的胃壁水肿，切开水肿部，可见黏膜层和肌层之间有一层胶冻样水肿，无色或带茶色或红色，厚度不一，范围约数厘米。胃底有弥漫性出血。上、下眼睑水肿，结肠肠系膜及淋巴结水肿，整个肠系膜呈凉粉样，切开有多量液体流出。肠黏膜红肿，甚至出血。有些病猪直肠周围存在一层胶冻样水肿。全身淋巴结几乎都有水肿病变。心包、胸腔、腹腔有较多积液，液体澄清无色，或带黄色、红色，暴露于空气后形成胶冻状。

【诊　断】 根据流行病学、临床症状及病理剖检变化，可对该病作出初步诊断。鉴别诊断：注意与猪瘟、猪丹毒、炭疽、贫血、胃溃疡等相区分。

【防　治】

(1)预防　①加强断奶前后仔猪的饲养管理，提早补料，训练采食，使断奶后能适应独立生活；断奶不要太突然，也不要突然改变饲料和饲养方法，饲喂量逐渐递加，防止饲料单一或营养过剩，增加富含维生素的饲料。②保持猪舍的清洁卫生，坚持每天消毒。③每吨母猪饲料中添加15%的金霉素1千克。

(2)治疗　对此病主要是综合、对症疗法。磺胺间甲氧嘧啶钠、卡那霉素、硫酸新霉素或硫酸链霉素，每天 2 次，连续注射 2～3 天。

（十九）仔猪黄痢

本病主要发生于 1 周龄内的新生仔猪，是初生仔猪一种常见的传染病，多发于初产母猪所产的仔猪。临床上以排黄色水样粪便和迅速死亡为特征。

【病　原】 病原为致病性大肠杆菌。大肠杆菌产生多种毒素，如内毒素、肠毒素、致水肿毒素和神经毒素。致水肿毒素和神经毒素引起仔猪水肿病。大肠杆菌为肠杆菌科埃希氏菌属中的大肠埃希氏菌，本菌对外界因素抵抗力不强，60℃经 15 分钟即可死亡，一般消毒药均易将其杀死。

【流行病学】 本病多发于严冬、早春和炎热季节，1 日龄内的仔猪最易感染发病，一般在生后 3 天左右发病，最迟不超过 7 天。初产母猪所产仔猪发病最为严重，经产母猪所产仔猪较轻。猪场卫生条件不好，新生仔猪初乳吃得不够或母猪乳汁不足以及初生仔猪缺乏保暖设备，仔猪受凉，都会加剧本病的发生。

【临床症状】 潜伏期最短的为 8～10 小时，一般在 24 小时左右。有时窝中几头发病后，常整窝猪全部发病。最初为突然腹泻，排出稀薄如水样黄色粪便，有腥臭味，随后腹泻愈加严重，数分钟即排 1 次水样粪便。病猪严重脱水，体重迅速下降，精神沉郁，迟钝，眼睛无光，皮肤蓝灰色、质地枯燥，最后昏迷死亡。

【病理变化】 无特征性的病理变化，比较突出的病变是肠道的急性卡他性炎症，其中以十二指肠最为严重。还可见到败血症的病变。

【诊　断】 一般根据多发于 3～7 日龄左右的新生仔猪，且初产母猪产的仔猪更严重，排黄色水样粪便，发病率和致死率都高及高度脱水等特点，可作出诊断。现在先进技术的应用大大提高了诊断的准确性，如单克隆抗体已应用于诊断试剂盒中，并用于对感染仔猪的粪便或小肠内容物中致病性大肠杆菌的直接的、快速的鉴别诊断。探针和聚合酶链式反应（PCR）已经发展起来，可用于大肠杆菌菌毛黏附素和肠毒素的编码基因的检测。

【防　治】

（1）预防　①疫苗免疫。目前我国已研制成功预防仔猪大肠杆菌腹泻的 K88-LTB 基因工程活菌苗（简称 MM 活菌苗），有 K88、K99、987P、F41 的单价或多价灭活菌苗，在母猪产前 4～6 周免疫接种，使新生仔猪通过哺乳获得保护。②自家灭活菌苗。由于大肠杆菌的血清型很多，所以有条件的猪场可通过分离本场的致病菌，制成灭活菌苗，这样针对性较强，效果好。③抗血清的被动免疫。利用分离的致病菌株制成的抗血清或经产老母猪的血清对初生仔猪进行注射或口服，可减少疾病的发生。④药物预防。可在仔猪出生后全窝口服抗菌药，连用 3 天，预防发病。⑤加强饲养管理。注意提高产房的温度，产房设仔猪保温箱，严防受凉。要让仔猪吃足初乳，做好卫生和消毒工作，保持猪舍环境的清洁、干燥。

（2）治疗　由于仔猪发病日龄小，病程急，药物治疗效果不理想。不过一旦出现腹泻，马上对整窝猪用药物预防治疗，可减少损失。本菌易产生耐药性，应先做药敏试验，选最敏感的药物治疗。

处方 1：磺胺嘧啶 0.2～0.8 克、三甲氧苄氨嘧啶 40～160 毫克、活性炭 0.5 克，混匀分 2 次喂服，每日 2 次，至愈。

处方 2：庆大霉素，口服，每千克体重 4～11 毫克，每日 2 次；肌内注射，每千克体重 4～7 毫克，每日 1 次。

处方 3：环丙沙星，每千克体重 2.5～10 毫克，每日 2 次，肌内注射；硫酸新霉素，每千克体重 15～25 毫克，每日 2～4 次。

（二十）仔猪白痢

仔猪白痢也是哺乳仔猪常见的腹泻病，以排乳白色或灰白色带有腥臭的浆状稀便为特征，发病率高而死亡率低。

【病　原】 本病主要由大肠杆菌引起，实际观察中，一些非细菌性的原因亦能引起仔猪白痢，这两者互相联系、互相影响。

【流行病学】 大肠杆菌广泛地存在于养猪环境中，如被粪便污染的地面、水源、饲料及其他物品中，仔猪极易感染。主要发生于10～30日龄仔猪，以14～21日龄发病最多，7日龄以内或30日龄以上发病的较少。本病一年四季都可发生，但一般以严冬、早春及炎热季节发病较多，尤其是气候突变时多发。有时不治疗也可自愈。饲养管理不善、卫生条件差以及仔猪受凉等各种不良因素都能诱发本病。

【临床症状】 病猪体温一般不升高，精神尚好，到处跑动，有食欲。下痢，粪便为白色、灰白色或黄白色，粥样，有腥臭味，有时粪中混有气泡。如治疗不及时，下痢可逐渐加剧，肛门周围、尾及后肢常被稀粪沾污。仔猪精神委顿，食欲废绝，消瘦，走路不稳，寒战。

【病理变化】 病死猪胃黏膜潮红肿胀，以幽门部最明显，上附黏液，少数严重病例有出血点。肠黏膜潮红，肠内容物呈黄白色，稀粥状，有酸臭味，有的肠管空虚或充满气体，肠壁菲薄而透明，严重病例黏膜有出血点及部分黏膜表层脱落。肠系膜淋巴结肿大。肝脏和胆囊稍肿，肾脏苍白。

【诊　断】 根据本病多发于10～20日龄的小猪，一窝仔猪中陆续发生或同时发生，排白色、灰白色或黄白色粥样的粪便，多发于严冬及炎热季节，有较突出的诱因存在，大多发生在母猪饲养管理和卫生条件不良的养猪场内等特征，可作出诊断。

【防　治】

(1)预防　①要加强仔猪的饲养管理,防止并发感冒。②有条件的可用自家菌苗免疫母猪。

(2)治疗　要及时,只有在早期治疗和改善饲养管理的前提下才能获得良好的效果。有的病程延长到2周以上,其恢复的仔猪生长发育缓慢。总的说来,如能改善饲养管理,及时进行治疗,预后是良好的。治疗的药物同仔猪黄痢,但最好以药敏试验为依据,选择最敏感的药物进行治疗。

(二十一)猪梭菌性肠炎

猪梭菌性肠炎又叫仔猪红痢,是由C型魏氏梭菌引起的初生仔猪的急性传染病。本病的主要特征是排出红色粪便,肠黏膜坏死,病程短,致死率高,常常造成初生仔猪整窝死亡,损失很大。

【病　原】　仔猪梭菌性肠炎的病原为C型魏氏梭菌(又叫C型产气荚膜梭菌),革兰氏染色为阳性,是大型杆菌,能产生芽孢。无鞭毛,不能运动,在动物体内及含血清的培养基中能形成荚膜,是本菌特点之一。本菌为厌氧菌,广泛存在于自然界,通常存在于土壤、饲料、污水、粪便及人、畜肠道中,下水道、尘埃中也有。其繁殖体的抵抗力不强,一旦形成芽孢后,对热力、干燥和消毒药的抵抗力就显著增强。

【流行病学】　本菌在环境中广泛存在,一些母猪的肠道中也有,仔猪出生后很快接触被污染的环境,将本菌吞入消化道而感染发病。本病主要发生在1～3日龄的仔猪,1周龄以上的很少发病。发病快,病程短,死亡率极高。发病率最高可达100%,死亡率50%～90%甚至以上。本病没有季节性,一年四季都可发生。

【临床症状】

(1)最急性型　仔猪出生当天就发病,可出现出血性腹泻,后躯沾满带血稀便。病猪精神委靡,走路摇晃,随即虚脱或昏迷、抽搐而死亡。部分仔猪无出血性腹泻而衰竭死亡。

(2)急性型　病程一般可维持2天左右，排带血的红褐色水样稀便，其中含有灰色坏死组织碎片。病猪迅速脱水、消瘦，最终衰竭死亡。

(3)亚急性型　发病仔猪一般在出生后5～7天死亡。病猪开始精神、食欲尚好，持续性的非出血性腹泻，粪便开始为黄色软便，后变为清水样，并含有坏死组织碎片，似米粥样。随病程发展，病猪逐渐消瘦、脱水，于出生后5～7天死亡。

(4)慢性型　病程1周至数周，呈间歇性或持续腹泻，粪便为灰黄色、黏液状，后躯沾满粪便的结痂。病猪生长缓慢，发育不良，消瘦，最终死亡或形成僵猪。

【病理变化】　胸腔和腹腔有多量红色积液，主要病变在空肠，有时也可延至回肠，十二指肠一般无病变。

(1)最急性型　空肠呈暗红色，与正常肠段界线分明，肠腔内充满暗红色液体，有时包括结肠在内的后部肠腔也有含血的液体。肠黏膜及黏膜下层广泛出血，肠系膜淋巴结深红色。

(2)急性型　出血不十分明显，以肠坏死为主，可见肠壁变厚，弹性消失，色泽变黄。坏死肠段浆膜下可见高粱米粒大或小米粒大数量不等的小气泡，肠系膜淋巴结充血，其中也有数量不等的小气泡。肠黏膜呈黄色或灰色，肠腔内含有稍带血色的坏死组织碎片松散地附着于肠壁。

(3)亚急性型　病变肠段黏膜坏死状，可形成坏死性假膜，易于剥下。

(4)慢性型　肠管外观正常，但黏膜上有坏死性假膜牢固附着的坏死区。其他实质器官变性，并有出血点。

【诊　断】　根据本病多发生在3日龄以内仔猪出现出血性腹泻，病程短，死亡率高，病变肠段为深红色，界线分明，肠黏膜坏死，肠浆膜下，肠系膜和肠系膜淋巴结有小气泡形成等特征，一般可以作出诊断。如有必要可进行实验室细菌学检查诊断。

【防　治】

(1)预防　①对常发病猪场,在妊娠母猪产前1个月及产前半个月各肌内注射仔猪红痢氢氧化铝菌苗5～10毫升/头,以后每次在产仔前半个月注射3～5毫升/头,能使母猪产生坚强的免疫力。初生仔猪可从免疫母猪的初乳中获得抗体,对仔猪的保护力几乎可达100%。②产房要清扫干净,并用消毒药进行消毒,母猪乳头要用清水擦干净,以减少本病的发生和传播。

(2)治疗　本病发病急、病程短,往往来不及治疗。在常发病猪场,可在仔猪出生后,用抗生素如青霉素、链霉素、土霉素进行预防性口服。

(二十二)猪痢疾

【病　原】 猪痢疾又称血痢。是由猪痢疾密螺旋体引起的一种严重的肠道传染病。

【流行病学】 在自然情况下,只有猪发病,各种年龄、品种的猪都可感染,但主要侵害的是2～3月龄的仔猪。小猪的发病率和死亡率都比大猪高,病猪及带菌者是主要的传染来源。本病的发生无明显季节性,传播缓慢,流行期长,可长期危害猪群。各种应激因素,如阴雨潮湿、猪舍积粪、营养不良,缺乏维生素时,便可引起发病。

【临床症状】 最常见的症状是出现程度不同的腹泻。一般是先排软粪,渐变为黄色稀粪,内混黏液或带血。病情严重时所排粪便呈红色糊状,内有大量黏液、出血块及脓性分泌物。有的排灰色、褐色甚至绿色糊状粪便,有时带有很多小气泡,并混有黏液及纤维假膜。病猪精神沉郁、厌食及喜饮水、拱背、脱水、腹部蜷缩、行走摇摆、用后肢踢腹,被毛粗乱无光,迅速消瘦,后期排粪失禁。肛门周围及尾根被粪便沾污,起立无力,极度衰弱死亡。大部分病猪体温正常。慢性病例，症状轻，粪中含较多黏液和坏死组织碎片，病期较长，进行性消瘦，生长停滞。

【病理变化】 主要病变局限于大肠（结肠、盲肠）。急性病猪为大肠黏液性和出血性炎症，黏膜肿胀、充血和出血，肠腔充满黏液和血液。病期稍长的病例，主要为坏死性大肠炎症，黏膜上有点状、片状或弥漫性坏死，坏死常限于黏膜表面，肠内混有多量黏液和坏死组织碎片。其他脏器常无明显变化。

【诊　断】 根据流行病学、临床症状及病理变化即可初步诊断。确诊要进行病原分离和血清学诊断。

【防　治】

(1)预防　①防止从病猪场购进带菌猪，如果购进猪，需隔离观察和检疫。②做好猪舍、环境的清洁卫生和消毒工作。处理好粪便。③如有发病猪，同群猪最好淘汰。④坚持药物、管理和卫生相结合的净化措施，可收到较好的净化效果。

(2)治疗　痢菌净每千克体重 5 毫克，内服，每日 2 次，连服 3 日为 1 个疗程；或 0.5%痢菌净注射液，每千克体重 0.5 毫升，肌内注射。二甲硝基咪啶、硫酸新霉素、林可霉素、四环素族抗生素等多种抗菌药物都有一定疗效。需要指出，该病治后易复发，须坚持疗程和改善饲养管理相结合，方能收到好的效果。

（二十三）猪　痘

猪痘是由痘病毒引起的一种急性、热性和接触性传染病。其特征是皮肤和黏膜上发生特殊的红斑、丘疹、脓疱和结痂。

【病　原】 本病病原有两种：一种是猪痘病毒，仅能使猪发病；另一种是痘苗病毒，能使牛、猪等多种动物感染。痘病毒对干燥和寒冷抵抗力很强，能存活 3 个月以上，对常用的消毒药都敏感。

【流行病学】 猪痘病毒只感染猪。以 4～6 周龄的仔猪多发，成年猪有抵抗力。本病的传播方式一般认为不能由病猪直接传染给健康猪，而主要由猪血虱、蚊、蝇等体外寄生虫及损伤的皮肤传染。本病可发生于任何季节，以春、秋天气阴雨寒冷、猪舍潮湿污秽以及卫生差、营养不良等情况下流行比较严重，发病率很高，死亡率不高。

【临床症状】 病猪体温升高到41.3℃～41.8℃，精神沉郁、食欲不振、喜卧、寒战，行动呆滞，鼻黏膜和眼结膜潮红、肿胀，并有分泌物，分泌物为黏液性。在躯干的下腹部和四肢内侧、鼻镜、眼睑、面部皱褶等无毛或少毛部位，出现痘疹，也有发生于身体两侧和背部的。典型的猪痘病灶，初为深红色的硬结节，突出于皮肤的表面，擦破痘疱后形成痂壳，导致皮肤增厚，呈皮革状。在强行剥落后，痂皮下呈现暗红色溃疡，表面附有微量黄白色脓汁。

【病理变化】 痘疹病变主要发生于鼻镜、鼻孔、唇、齿龈、颊部、乳头、齿板、腹下、腹侧和四肢内侧的皮肤等处，也可发生在背部皮肤。死亡猪的咽、口腔、胃和气管常发生疱疹。当忽视饲养管理时，本病常可继发胃肠炎、肺炎，引起败血症而导致死亡。

【诊　断】 根据流行病学、临床症状一般不难诊断。本病可见皮肤痘疹，病情严重的或有并发症的可在气管、肺、肠管处发现痘疹。

【防制措施】 目前，本病无特异疗法。患本病时只要加强饲养管理，改善猪舍条件，加强猪本身抵抗力，一般不会引起损失。动物康复后可获得坚强的免疫力。

（二十四）猪炭疽

【病　原】 炭疽是由炭疽杆菌引起的急性败血性人兽共患传染病。在临床上表现为败血症症状。剖检变化为血液凝固不良，脾脏显著肿大，皮下及浆膜下有出血性胶样浸润。猪散发，亚急性或慢性居多。

【流行病学】 炭疽杆菌形成芽孢，在外界环境中能生存很长时间。猪只通过消化道感染，放牧猪可经拱土寻食而感染。多为散发或屠宰时发现，夏季发生稍多。

【临床症状】 猪多为慢性经过，生前无明显症状，多在屠宰后肉品检验时才被发现。有的猪(亚急性型)为咽炎症状，体温升高，精神及食欲不振，咽喉及腮腺明显肿胀，吞咽和呼吸困难，颈部活动不灵活，口鼻黏膜发绀，最后可窒息死亡；个别猪也可出现急性败血症症状。

【病理变化】 急性败血症病猪，可见迅速腐败，尸僵不全，黏膜暗紫色，皮下、肌肉及浆膜有红色或红黄色胶样浸润，并见出血点；血凝不良，黏稠如煤焦油样；脾脏高度肿大、质软，切面脾髓软如泥状，暗红色；淋巴结肿大、出血；心脏、肝脏、肾脏变性；胃肠有出血性炎症。咽型炭疽可见扁桃腺坏死，喉头、会咽、颈部组织发生炎性水肿，周围淋巴结肿胀、出血、坏死。猪宰后慢性炭疽的特征变化是：咽部发炎，扁桃腺肿大、坏死；颌下淋巴结肿大、出血、坏死，切面干燥，无光泽，呈砖红色，有灰色或灰黄色坏死灶；周围组织有黄红色浸润。

【诊　断】 取可疑病死猪末梢血液或脾，涂片后，进行炭疽荚膜染色(甲醛龙胆紫或美蓝染色)，可见带荚膜的大杆菌；分离培养，可见炭疽杆菌的特征菌落。

【防　治】 猪炭疽严重污染猪场时，可用无毒炭疽芽孢苗0.5毫升或Ⅱ号炭疽芽孢苗1毫升/头，皮下注射，注后2周产生免疫力，免疫期1年。一旦发病，立即用抗炭疽血清50～100毫升(大猪)和抗生素(青霉素、四环素等)或磺胺类药治疗，同时上报疫情，采取封锁、隔离、消毒、毁尸的措施，尽快扑灭疫情。

(二十五)猪的皮肤真菌病

【病　原】 是由各种真菌所致的一种人类和动物共患的皮肤

传染病。

【流行病学】 主要集中发病于保育舍的仔猪，特别是刚断奶的仔猪更易感染发病，分娩舍哺乳仔猪也有少数发病。

【临床症状】 病初，局部皮肤潮红，2～3 天后颜色逐渐变成紫红，并伴有渗出性炎症。再过 2～3 天后，猪的皮肤逐渐出现铁锈色或褐色斑块病灶，最后波及全身。此时病猪食欲减退，精神委顿，被毛松乱，发痒蹭墙。

【诊 断】 刮取病灶的痂皮或沾有渗出液的被毛，置于载玻片上加上生理盐水或美蓝染色液 1 滴，盖上盖玻片，静置，待病料透明软化后，在显微镜下观察，可见真菌菌丝及圆形孢子。根据病料镜检结果，可诊断为猪皮肤真菌病。

【防 治】

(1)预防 ①搞好猪舍卫生消毒工作，加强饲养管理。②保持猪群的适宜密度，猪舍要通风良好。③发现类似病猪，立即隔离治疗，防止传播。

(2)治疗 用温肥皂水洗去痂皮，涂 10%水杨酸擦剂。也可用 3%克霉唑软膏、灰黄霉癣药水涂擦于患处。

(二十六)猪钩端螺旋体病

【病 原】 钩端螺旋体病又称细螺旋体病，是由钩端螺旋体引起的一种人兽共患传染病。革兰氏染色呈阴性。主要表现发热、黄疸、出血、血红蛋白尿、流产、水肿、皮肤和黏膜坏死等。

【流行病学】 本病原抵抗力较强，在低湿草地、水田、死水塘及淤泥中能生存数月或更长。被污染的环境成为危险的传染媒介，人、兽经过该地或放牧，均有被感染的可能。本病发生于各种年龄的家畜，但以幼龄动物较多发病。呈散发性或地方性流行。有明显的季节性，以 6～9 月份多发。主要经皮肤、黏膜和消化道感染，也可通过交配、人工授精、吸血昆虫传播。

【临床症状】 潜伏期 2～20 天不等。病猪的临床表现可以是多样的，总的分为急性黄疸型、亚急性和慢性型、流产型这三种类型。

(1)急性黄疸型 多发于大猪和中猪，呈散发性，偶也见暴发。病猪体温升高，不吃食，皮肤干燥，继而全身皮肤和黏膜发黄，尿呈浓茶色或血尿。几天内，有时数小时内突然惊厥死亡。致死率高。

(2)亚急性和慢性型 多发生于断奶后的小猪，呈地方性流行或暴发。病初体温升高，精神委靡，眼结膜潮红，食欲差。几天后，眼结膜发黄或苍白水肿。皮肤有的发红、瘙痒，有的发黄。有的在上下颌、头部、颈部甚至全身水肿。尿液变为黄色或茶色，血红蛋白尿甚至血尿。便秘或腹泻。日渐消瘦，病程由十几天到 1 个月不等，致死率 50％～90％不等，恢复者生长迟缓。

(3)流产型 妊娠母猪感染后发生流产，有的流产后发生急性死亡。流产胎儿多为死胎、木乃伊胎，也有活着但衰弱的胎儿，常产后不久死亡。

【病理变化】 剖检可见皮肤、皮下组织、浆膜和黏膜有不同程度的黄染，胸腔和心包有黄色积液。心内膜、肠系膜、肠道、膀胱黏膜等处出血。肝肿大、棕黄色，胆囊胀大。膀胱积有血红蛋白尿或浓茶样的胆色素尿。肾脏一般肿大、淤血，慢性者有散在的灰白色病灶。水肿型病例则在上下颌、头、颈、背、胃壁等部位出现水肿。

【诊　断】 本病由于动物感染的菌型不同，而表现的临床症状和剖检变化都有显著差异。所以，在已有本病流行的地区，根据流行特点、症状和病变，对急性病例也只能作出初步诊断。对慢性病例，尤其是在初次发生本病的地区，必须借助于细菌学或血清学检查才能作出准确诊断。

【防　治】

(1)预防 消除带菌排菌的各种动物，包括隔离治疗病猪，消灭鼠类等，消毒和清理被污染的水源、污水、淤泥、牧地、饲料、场舍和用具等，常用的消毒剂为2%氢氧化钠溶液或20%生石灰乳，污染的水源可用漂白粉消毒。预防接种钩端螺旋体多价苗。接种剂量为：体重15千克以下的猪5毫升/头，体重15～40千克的8～10毫升/头，皮下或肌内注射。

(2)治疗　青霉素、链霉素、土霉素和四环素等抗生素都有一定疗效。但对严重病例，同时静脉注射葡萄糖、维生素C以及强心利尿药物，对提高治愈率有重要作用。青霉素、链霉素混合肌内注射，每日2次，3～5日为1个疗程；土霉素或四环素肌内注射，每日1次，连用4～6日。

（二十七）猪李氏杆菌病

【病　原】　李氏杆菌病是李氏杆菌引起的人兽共患传染病。李氏杆菌为革兰氏阳性菌，不抗酸，无芽孢。在外界环境中能长期生存，在尸体中可存活4～8个月。2%的氢氧化钠溶液、10%的石灰乳能在10分钟内将其杀死。目前已知有7个血清型和11个亚型。

【流行病学】　患病猪和带菌猪是该病的主要传染源，消化道、呼吸道、伤口是主要感染途径。本病多发于冬季和早春，常呈散发或地方性流行。不同年龄的猪都可感染，但仔猪最易感。

【临床症状】　本病的潜伏期为数天到2～3周。病猪的临床症状差异很大，仔猪患病多为急性，部分病例表现为败血型，此外，尚呈现小叶性肺炎；多数病例呈现脑脊髓炎症状，如运动失调、转圈、角弓反张，前肢僵直，后躯麻痹，1～2日内死亡。成年猪患病多为慢性型。表现为长期不食，消瘦、贫血、步态不稳、肌肉颤抖、体温低，病程拖延2～3周；妊娠母猪常流产；有的病猪在身体各部位形成脓肿。成年病猪多能痊愈，但成为带菌猪。

【病理变化】　脑和脑膜充血或水肿，脑脊液增多、浑浊，脑干变软，有化脓灶。肝坏死及败血症变化。

【诊　断】 根据流行病学、临床症状及病理变化，可初步诊断。确诊需做病原菌分离、鉴定和血清学诊断。

该病应与猪伪狂犬病相区别。猪伪狂犬病的典型症状是体温升高，流鼻液，但神经症状少见；用肝脏、脾脏病料接种家兔，2～3天后，接种部位出现奇痒。而李氏杆菌病取病料染色，可见李氏杆菌。

【防　治】 ①加强环境卫生消毒，对病猪进行隔离和治疗。常用抗生素或磺胺类药物治疗，但青霉素治疗效果不佳。②有条件的可采取甲醛灭活苗进行免疫接种。

四、猪的普通病

（一）消化不良

【病　因】 消化不良是消化系统功能紊乱，胃肠消化吸收功能减弱，食欲降低或停止的一种疾病。大多数因饲养不当所引起。常见的如时饥时饱或喂食过多，饲料霉烂变质，饮水不洁等，致使消化功能受到扰乱，胃肠黏膜表层发炎。感冒或肠道寄生虫病时等也能继发本病。

【临床症状】 患病猪精神不振，食欲减退，大便干硬，有时腹泻，粪中混有未消化的饲料。有时腹胀、呕吐，体温正常。

【防　治】

（1）预防　加强饲养管理，饲料配合比例适当，营养全面，定量饲喂。不喂霉变及冰冻饲料，可预防该病发生。

（2）治疗　用人工盐500克，炒山楂、麦芽、神曲各150克，研为细末，1次30克，口服，每日2次；胃蛋白酶2克，0.2%～0.4%盐酸2毫升，1次口服，每日2次；大黄苏打片10～25片，1次口服。

(二)便　秘

【病　因】 便秘是由肠内容物停滞而引起的,常造成肠管阻塞或半阻塞。主要是由于饲养管理不当所致。如长期饲喂大量劣质粗饲料,青饲料缺乏,饮水和运动不足等,都能引起猪的便秘。此外,在猪瘟、猪丹毒等传染病的发病过程中也常见有便秘症状。

【临床症状】 患病猪食欲减退或废绝,腹胀,想喝水,起卧不安,以手按压腹部有痛感。病初有少量干粪排出,随病情加重常做排粪姿势,但排粪停止,一般情况下体温无变化。

【防　治】

(1)预防　若喂粗饲料要加工粉碎好,在日粮中占适当比例,并饲喂适量青绿多汁饲料。注意饮水,加强运动,喂量均匀,防止饥饱不匀。

(2)治疗　用硫酸镁或硫酸钠 50 克,加水适量 1 次口服;用温肥皂水做深部灌肠,促使粪块排出;甲基硫酸新斯的明注射液 2～5 毫升,肌内注射。中药方:石膏 40 克,芒硝 25 克,当归、大黄各 15 克,双花、黄芩、连翘各 10 克,麻仁 10 克,水煎 2 次取汁 300 毫升,灌服。

(三)母猪乳房炎

【病　因】 母猪乳房受到损伤;天气寒冷,栏圈潮湿,乳房冻伤;仔猪突然停止吃奶;产前产后饲喂大量精料等。

【临床症状】 患病猪 1 个乳腺或数个乳腺同时发病,初期可见仔猪吃奶时母猪疼痛,急速站起,拒绝哺乳。触摸患部可感到乳房发硬,并有红、肿、热、疼等炎症症状。随病情加重,体温升高,精神委顿,食欲减少或废绝。

【防　治】

(1)预防　①加强饲养管理,保持栏圈清洁卫生、干燥,冬季注意防寒保暖。②对于仔猪因病不能吮乳时要及时人工挤掉母猪乳汁。③对断奶仔猪要分批断奶，防止突然断奶而造成母猪乳汁不能及时排出发生本病。④在母猪临产前3～5天要减少饲料喂量，产后3～5天以后逐渐增加喂量，同时注意饲喂易消化饲料。

(2)治疗　治疗时隔离仔猪，挤去患病乳腺的乳汁，局部涂搽10%鱼石脂软膏，碘软膏(碘1克，碘化钾3克，凡士林100克混匀)或樟脑油等。形成脓肿时，应尽早切开，由上向下纵切，排出浓汁后，用3%双氧水或0.1%高锰酸钾溶液冲洗干净，然后覆以纱布保护伤口；当乳腺发生坏疽时，应进行切除，按上法治疗。全身消炎，用青霉素200万～400万单位、链霉素2～4克(每千克体重10～15毫克)，肌内注射，每日2次，连用3天。

(四)母猪产后热

【病　因】　产后热又叫产褥热，是母猪产后发热的一种疾病。主要是产后感染而发病。栏圈寒冷潮湿，饲养管理不当也可诱发本病。

【临床症状】　患病猪食欲减少或废绝，精神沉郁，卧地睡眠，不愿走动，体温升高40℃以上，喘粗气，排干粪。

【防　治】

(1)预防　母猪产后应加强护理，注意产房清洁卫生、干燥，冬季采取保温措施。

(2)治疗　用青霉素200万～300万单位、1%～2%氨基比林10～20毫升，1次肌内注射；30%安乃近注射液10毫升、10%安钠咖注射液10毫升，1次肌内注射。

(五)母猪产后瘫痪

【病　因】　本病是母猪分娩后突然发生的一种急性严重神经疾病，多见于产后2～5天发病，也有1个月后发病的。饲料营养不全，严重缺乏钙、磷或钙磷比例失调，维生素缺乏，气血亏虚也能患本病。

【临床症状】 患病猪食欲减退或废绝，病初粪干硬而少，跛行，以后则起立困难。勉强起立时，前肢蹄部向后弯曲，蹄叉朝天，疼痛尖叫，后肢摇摆，体温正常或稍有升高。随病情加重，驱赶不动，呈昏睡状态，并停止排粪、排尿，乳汁减少或无乳。

【防　治】

(1)预防　①合理调整饲料，注意补充钙、磷，加强哺乳期饲养管理，多运动，多晒太阳，提高抵抗力，保持栏圈清洁卫生。②做好病猪护理，防止发生褥疮。

(2)治疗　用10%氯化钙注射液30毫升，或10%葡萄糖酸钙注射液50～150毫升，静脉注射，12小时后再静脉注射1次。中药方：荆芥60克，防风50克，黄芪40克，党参30克，红花40克，白酒60毫升。诸药水煎取汁，晾温与白酒混合，1次灌服，每日1剂，连用3天。

(六)母猪产后无奶或缺奶

【病　因】 本病是母猪哺乳期间常见的一种疾病。多发生于初产母猪。当母猪妊娠期间或哺乳期间营养不足以及母猪患某些疾病时均能引起本病发生。母猪初配年龄过早或老龄母猪生理功能衰退也能诱发本病。也有的是由于遗传因素引起。

【临床症状】 患病猪乳房小，皮肤松，乳腺不发达，挤不出奶。当仔猪吃奶时往往吃奶次数增加，但吃不饱，经常追赶母猪，扯咬乳头、嘶叫，并日渐消瘦。

【预　防】 ①加强饲养管理，供给营养丰富并易于消化的青绿多汁的饲料。②选留后备母猪要注意选择乳腺发育正常的母猪留种。③若由于遗传因素引起，经过一二胎饲养观察后要及时淘汰。

(七)中暑病

【病　因】 中暑是日射病和热射病的总称。炎热夏天，猪的头部受到日光直射，导致中枢神经系统功能严重障碍的现象为日射病。因潮湿闷热，代谢旺盛，产热多引起中枢神经系统功能紊乱的现象为热射病。

夏季的猪舍无防暑设施，日光照射猪头部，以及气候炎热，湿度大，通风差，封闭运输导致体弱、老幼龄猪发病中暑。

【临床症状】 发病突然，精神沉郁，体温升高42℃以上，口吐白沫，瞳孔先放大后缩小，并有兴奋不安，脉搏每分钟达120次以上。四肢做游泳状划动，数小时内死亡。

【防　治】

(1)预防　做好炎热夏天的防暑降温工作，猪舍通风好，猪只数量适中、不拥挤，经常用冷水淋洒猪体，给予淡盐水和充足的饮水，每天喂给蔬菜和瓜果1～1.5千克/头，以降温防暑。

(2)治疗　首先将患猪置于通风阴凉处，用冷水喷洒猪体，将猪耳朵尖部和尾巴尖部消毒后放血200～300毫升，然后静脉注射5％葡萄糖300～500毫升，肌内注射安乃近注射液20～50毫升。

五、猪的寄生虫病

(一)猪蛔虫病

【病　因】 猪蛔虫病是由蛔虫寄生于小肠中而引起的一种寄生虫病，发生很普遍，分布广，危害大，以2～6月龄的猪最易感染此病。

以蛔虫寄生所引起，一个成熟的雌蛔虫受精后在24小时内最多能产卵10万～20万个，随粪便排出体外，以至污染环境和饲料。当猪吃了有虫卵的饲料、饮水、粪便而感染发病。

【临床症状】 成年猪抵抗力较强，无明显症状。对仔猪危害严重，患猪表现食欲减退，精神不振，日渐消瘦，贫血，苍白，形成僵猪。当蛔虫大量在肠内寄生时，虫体互相缠绕成团，阻塞肠管，表现腹痛，严重者引起肠破裂或造成腹膜炎而死亡。若蛔虫钻入胆管则出现腹痛、黄疸症状，时间长了往往引起死亡。

【防　治】

(1)预防　①保持栏圈清洁卫生，干燥。②定期驱虫。

(2)治疗　用左旋咪唑每千克体重 10 毫克口服，或配成 5% 注射液每千克体重 10 毫克，肌内注射。驱虫净片剂每千克体重 15～30 毫克，1 次口服；或驱虫净注射液，每千克体重 12～14 毫克，肌内注射。

(二)猪肺丝虫病

【病　因】 猪肺丝虫病又叫猪后圆形线虫病或猪肺虫病，呈地方流行。仔猪生后 15 天即可感染，30～70 日龄的小猪感染最多，使猪发生支气管炎和支气管肺炎。

本病原为寄生在猪肺内一种黄白色寄生虫，幼虫寄生在蚯蚓（中间宿主）体内，猪吃进蚯蚓后即可患病。

【临床症状】 由于虫体寄生在肺的支气管内，长期刺激气管和支气管，引起猪的急性或慢性支气管炎。病猪表现咳嗽，流白色或脓性鼻液，食欲减少，消瘦贫血，当继发细菌性肺炎时，体温升高达 40℃以上。

【防　治】

(1)预防　①注意猪粪便发酵处理，消灭虫卵。②饲喂青绿饲料要洗干净，并定期驱虫。

(2)治疗　用驱虫净每千克体重 15～30 毫克，拌入饲料中喂服，隔 7 日后再服 1 次。左旋咪唑每千克体重 10 毫克，1 次口服；

或配成5%的溶液每千克体重10毫克,1次肌内注射。氰乙酰肼每千克体重15～20毫克,拌入饲料中喂服;或每千克体重10～15毫克,皮下注射。

(三)猪囊虫病

【病　因】 猪囊虫病又叫米猪病或豆猪病,是寄生在人体内的有钩绦虫的虫卵被猪吃入所致的疾病。以2～6月龄猪易感染。当猪吃了有虫卵的饲料、饮水和粪便时而感染发病。

【临床症状】 患病猪一般无明显症状,有的从外形上看,呈狮子头状,前胸宽,走路摇摆。有的呼吸困难,咳嗽,睡觉打呼噜,皮肤有裂纹,用手触诊股内侧、颊部肌肉时,有颗粒硬结样感觉。有的可在舌头底下见到灰白色透明状米粒大囊疱。

【防　治】

(1)预防　①加强饲养管理,使猪吃不到人粪。②发现病猪肉不可食用,必须高温熬油作工业原料销毁处理。③积极开展人的绦虫病防治工作,消灭绦虫卵的来源。

(2)治疗　用吡喹酮拌料口服,每千克体重120毫克,间隔7天后再用药1次。用药后稍有体温升高、食欲减退不良反应,但经2～5天后,症状消失。猪体重在70千克以上可用丙硫咪唑原粉按每千克体重100毫克用药,间隔2日给药1次,分4次拌料喂服。

(四)猪　虱

【病　因】 猪虱病是猪虱寄生于猪体表面而引起疾病,是猪常见的一种寄生虫病。虱的感染方式为直接接触感染,同时也可通过被污染的栏圈、铺草、用具等传播。

【临床症状】 患病猪皮肤发痒,脱皮、脱毛,皮炎,日渐消瘦。

【防　治】

(1)预防　①加强饲养管理，保持栏圈和猪体清洁卫生。②经常检查猪群，早期发现虫体，及时治疗，同时对栏圈、用具等用沸水浇烫灭虱。

(2)治疗　用百部 100 克，烧酒 1 升，浸泡 24 小时滤出百部渣，用滤液涂搽患部；精制敌百虫 1%～2%水溶液，涂抹患部或喷洒体表。

(五)猪弓形虫病

【病　因】　是由龚地弓形虫引起的一种人兽共患寄生虫病。它的发育过程需要 2 个宿主，猫是弓形虫的终末宿主。猫等动物吞食了含有弓形虫包囊虫体的动物组织或被污染的饲料后，经过繁殖过程，最后产生卵囊。卵囊随猫粪排出体外，被猪食入而感染本病。

【临床症状】　患病猪体温升高至 41℃～42℃，高热不退，持续 8～10 天，精神沉郁，食欲减退或废绝，粪干呈粒状；有的小猪便秘与腹泻交替发生。病情加重时，呼吸加快，腹式呼吸，行走无力，喜卧、四肢内侧可见紫红色斑块。妊娠母猪可流产、产死胎或木乃伊胎。确诊此病，取可疑病猪或死后病猪的脏器，采用组织压片、染色镜检确定。

【防　治】

(1)预防　①防止猫进入猪圈舍，禁止猫粪便污染猪的饲料和饮水。②深埋(1 米)处理流产胎儿及排泄物。

(2)治疗　用磺胺嘧啶每千克体重 0.08 克加甲氧苄氨嘧啶每千克体重 0.02 克，拌料喂服，每日 2 次，连用 5 天。呼吸困难者，可肌内注射卡那霉素，每次 50 万单位，每日 2 次，连用 3 天。

(六)疥 癣 病

【病　因】 猪疥癣病是由疥螨寄生在皮肤内引起的以剧痒，皮肤粗糙变厚为特征的一种慢性皮肤病。猪疥癣的病原为穿孔疥螨。疥螨对潮湿寒冷环境抵抗力强，干燥及阳光的照射条件下抵抗力弱。健康猪接触患病猪身上的毛皮等污物，以及被螨及其卵污染的栏圈，都可引起发病。

【临床症状】 疥螨寄生在猪的耳、眼睑、尾部体表内。常见患猪到处磨蹭，表现剧烈痒感，皮肤发红、粗糙皲裂结痂。食欲减退，形体消瘦、生长缓慢。因幼仔猪皮肤嫩适应疥螨寄生故仔猪易发。

【防　治】

(1)预防　①保持圈舍卫生干燥、通风。②每半年用1%精制敌百虫液喷洒圈舍灭虫消毒，严重者可增加消毒次数。

(2)治疗　用温肥皂水清洗患部揭去痂皮后，可采用2%敌百虫液涂搽，3日以后重复1次；或用奇力虫清每千克体重0.1毫升，沿猪背中线向后喷洒或涂搽。7日后重复1次；或使用伊维菌素，每千克体重0.3毫克，皮下注射。

六、猪的中毒病

(一)食盐中毒

【病　因】 食盐中毒是喂给大量食盐或含盐量比较多的饲料而引起的一种中毒性疾病。直接饲喂大量食盐或注入浓度大而多量的氯化钠注射液都会引起中毒，饲喂大量的咸菜水、咸鱼水、酱油渣、咸鱼粉等都会引起中毒。

【临床症状】 患病猪食欲废绝，极度口渴，流涎，爱喝脏水。结膜充血，视力减弱。步态蹒跚，有的向一侧转圈，多数盲目直闯。

粪便干燥，有时腹泻，粪中带血。体温变化不大，严重者出现癫痫样发作，后躯麻痹，呼吸困难，倒地后，四肢呈游泳状划动，最后四肢瘫痪而死。

【防 治】

(1)预防 ①食盐供给要适量，每天大猪10克，小猪5克，并注意供足清洁的饮水。②用酱油渣、咸鱼粉喂猪时要根据其含盐量多少严格控制喂量，同时必须供给充足的饮水。

(2)治疗 病初口服0.5%～1.0%硫酸铜溶液催吐，同时用0.5%～1.0%的鞣酸溶液洗胃，必要时皮下注射咖啡因注射液2～5毫升；5%葡萄糖注射液100毫升，10%樟脑磺酸钠注射液10毫升，肌内注射；硫酸钠或硫酸镁30～50克，各种油类泻剂100～200毫升，加水口服；神经症状明显者，可使用镇静剂，如3%～5%溴化钙注射液10～15毫升，或25%硫酸镁注射液10～15毫升，肌内注射。

(二)酒糟中毒

【病 因】 酒糟是酿酒工业的副产品，如保管不当容易变质。长期饲喂大量酒糟，或饲喂发霉变质的酒糟而引起中毒。

【临床症状】 多取慢性经过。患猪表现精神不振，消化不良，食欲减退，粪便干燥。以后腹泻，粪便恶臭带黏液，或便秘腹泻交替，严重时出现腹痛症状。急性中毒时，患猪兴奋不安，狂暴，行走不稳，甚至四肢麻痹，卧地不起，呼吸困难，体温下降，最后虚脱而死。妊娠母猪可引起流产。

【防 治】

(1)预防 用新鲜酒糟喂猪，禁用霉变发酵的酒糟喂猪。每头每日拌入5克小苏打，同时注意酒糟饲喂量不要超过日粮总量的20%～30%。

(2)治疗 用10%安钠咖注射液10毫升，肌内注射；口服1%

碳酸氢钠溶液1 000毫升，静脉注射5%葡萄糖氯化钠注射液500毫升。

(三)有机磷中毒

【病　因】 有机磷中毒是由于猪误食某种有机磷农药，以神经症状亢奋为特征的一种疾病。常见的有机磷农药有对硫磷(1605)、内吸磷(1059)、甲拌磷(3911)、乐果、敌百虫、敌敌畏等。或误食被上述药物污染的饲料和饮水，以及不正确地使用某些消毒药品所致。

【临床症状】 大多数患病猪神经兴奋，口吐白沫、流涎、烦躁不安、呕吐、肌肉震颤，不断腹泻；病情严重者，呼吸加快，粪尿失禁，四肢软弱，卧地不起。

【防　治】

(1)预防　①喷洒过农药的菜、瓜果类一般7日内不可作为饲料用。②驱除猪体寄生虫时，严格控制用药浓度和剂量。

(2)治疗　用解磷定每千克体重0.03～0.05克，溶于5%葡萄糖氯化钠注射液150～200毫升，静脉注射，每日2次，3日为1个疗程。

(四)霉饲料中毒

【病　因】 饲料中毒是猪采食了发霉饲料而引起的一种中毒性疾病。发霉饲料中含有大量黄曲霉菌、镰刀菌等所分泌的毒素，这些毒素被猪采食后可引起中毒。

【临床症状】 患病仔猪呈急性发作，头弯向一侧，顶向圈舍墙壁，出现明显神经症状。体温一般正常，初期食欲减退，后期停食、腹泻、背毛粗乱、生长迟缓。妊娠母猪常引起流产和死胎。

【防　治】

(1)预防　饲料要妥善保管，防止发霉变质，禁止饲喂发霉变质饲料。

(2)治疗　立即停喂可疑性饲料，改换新鲜饲料。对急性病猪，可用0.1%高锰酸钾液1 500～3 000毫升洗胃，强心需肌内注射10%安钠咖注射液5毫升。

七、猪的营养代谢病

(一)钙、磷缺乏

【病　因】 引起钙、磷缺乏的主要原因有以下几种情况：①饲料中钙、磷的含量不足，不能满足猪生长发育、妊娠、泌乳等对钙、磷的需要；②由于饲料中钙、磷的比例不当，影响钙、磷的正常吸收；③机体存在影响钙、磷吸收的其他因素，如饲料中碱过多或胃酸缺乏时使肠道pH值升高，或饲料中含过多的植酸、草酸、鞣酸、脂肪酸等使钙变为不溶性钙盐，或饲料中含过多的金属离子(如镁、铁、锶、锰、铝)与磷酸根形成不溶性的磷酸盐复合物等，均会影响钙、磷的吸收；④机体缺乏维生素D或因肝脏、肾脏病变及甲状旁腺素分泌减少，直接影响钙的主动吸收及磷的吸收；⑤患肠道疾病时，由于肠吸收功能受阻，使钙、磷吸收减少。

【临床症状与病理变化】 早期表现食欲不振、精神沉郁、消化紊乱、不愿站立，以后生长发育迟缓、异嗜癖、跛行及骨骼变形。面部、躯干和四肢骨骼变形，面骨肿胀，拱背，罗圈腿或八字腿。下颌骨增厚，齿形不规则、凹凸不平。肢关节增大，胸骨弯曲呈“S”形。肋骨与肋软骨间及肋骨头与胸椎间有球形扩大，排列呈串珠状。骨与软骨的分界线极不整齐，呈锯齿状。成年猪的骨软症多见于母猪，初期表现异食为主的消化功能紊乱，后期主要是表现运动障碍。眼观跛行，骨骼变形，表现上颌骨肿胀，脊柱弓起或下凹，骨盆骨变形，尾椎骨变形、萎缩或消失，肋骨与肋软骨结合部肿胀，易折断。

【诊　断】 根据发病猪的年龄、胎次，调查饲料种类和配方以及临床症状是否有骨骼、关节异常，异食癖等可作出诊断，另外还可结合补充钙、磷和维生素 D 制剂后的治疗效果帮助诊断。

【防　治】

(1)佝偻病　加强护理，调整日粮组成，补充维生素 D 和钙、磷，适当运动，多晒太阳。有效的药物制剂有鱼肝油、浓缩鱼肝油、维生素 D 胶性钙注射液、维生素 A 和维生素 D 注射液、维生素 D_3 注射液。常用钙剂有蛋壳粉、牡蛎粉、骨粉、碳酸钙、10％葡萄糖酸钙注射液和 10％氯化钙注射液。

(2)骨软症　调整日粮组成。在骨软病流行地区，增喂麦麸、米糠、豆饼等富含磷的饲料。

(二)硒缺乏

该病是由于饲料中硒和维生素 E 含量不足而引起的营养代谢病，多发生于仔猪，成年猪也能发病。

【病　因】 硒缺乏主要是由于饲料中硒和维生素 E 不足。我国大部分地区都缺硒，在低硒的土壤中生长的植物含硒很低，用这些植物做饲料，很可能造成缺硒。本病发生具有一定的区域性，但是现在饲料工业和运输业很发达，非缺硒地区很可能从缺硒地区购进饲料原料，这样在非缺硒地区也会发生本病。哺乳仔猪缺硒主要是由于母猪妊娠或哺乳时日粮中硒添加不足而致。此外，由于饲养管理不善，猪舍卫生条件比较差，以及各种应激因素都可能诱发本病。

【临床症状与病理变化】 仔猪硒缺乏主要症状为白肌病即肌营养不良。以骨骼肌、心肌纤维以及肝组织等变性、坏死为主要特征，1～3 月龄或断奶后的育成猪多发，一般在冬末和春季发生，以 2～5 月份为发病高峰。仔猪肝营养不良，多见于 3 周到 4 月龄的小猪。病程较长者，可出现抑郁，食欲减退，呕吐，腹泻症状，有的呼吸困难，耳及胸、腹部皮肤发绀。病猪后肢衰弱，臀及腹部皮下水肿。病程长者，多有腹胀、黄疸和发育不良。常于冬末春初发病。成年猪硒缺乏症其临床症状与仔猪相似，但是病情比较缓和，呈慢性经过，治愈率也较高。大多数母猪出现繁殖障碍，表现母猪屡配不孕，妊娠母猪早产、流产、死胎，产弱仔等。

【诊 断】 根据本病主要发生于小猪，具有典型的临床症状和病理变化，体温一般不变化，可以作出确诊。

【防 治】

(1)*预防* 预防本病的方法主要是提高饲料含硒量，供给全价饲料。对妊娠和哺乳母猪加强饲养管理，注意日粮的正确组成和饲料的合理搭配，保证有足量的蛋白质饲料和必需的矿物质元素和微量元素。

(2)*治疗* 0.1%亚硒酸钠注射液，成年猪10～15毫升/头，6～12月龄猪8～10毫升/头，2～6月龄猪3～5毫升/头，仔猪1～2毫升/头，肌内注射。可于首次用药后间隔1～3日再给药1～2次，以后则根据病情适当给药。饲料中适量地添加亚硒酸钠，可提高治疗效果。亚硒酸钠维生素E注射液，每毫升含维生素E 50单位，含硒1毫克，肌内注射，仔猪每次1～2毫升。屠宰前60天必须停止补硒，以保证猪产品食用的安全性。

(三)锌缺乏

猪锌缺乏又称猪皮肤角化不全，是由于饲料中缺锌所引起的一种慢性、无热和非炎症性疾病。在临床上以生长缓慢、繁殖功能障碍、骨骼发育异常、皮肤角化不全和皲裂为特征。

【病 因】 土壤与饲料中锌不足是引发本病的主要原因。每千克土壤中含锌低于30毫克、每千克饲料内低于20毫克时就会发生本病。高钙日粮可诱发本病。

【临床症状和病理变化】 食欲降低，消化功能减弱，腹泻，贫血，生长发育停滞。皮肤角化不全或角化过度。腹下、股内侧、大腿及背部等皮肤出现界线明显的红斑，由红斑发展成丘疹，很快表皮变厚、结痂和出现数厘米长的裂隙，多数病猪的皮损能扩展至身体的大面积区域，有的扩展至整个体表，并呈对称性分布。皮损表面干燥、粗糙。

【诊　断】 本病的诊断主要根据调查日粮中缺锌和(或)高钙的情况，病猪生长停滞，皮肤有特征性角化不全，骨骼发育异常，生殖功能障碍等特点而作出诊断。本病在临床上主要应与疥螨病和渗出性皮炎相区别。疥螨病伴有剧烈的瘙痒，皮肤上有明显的摩擦伤痕，在皮肤刮取物中可发现螨虫，杀虫药治疗有效。渗出性皮炎主要见于未断奶仔猪，病变具有滑腻感。而锌缺乏时皮肤干燥易碎。

【防　治】

(1)预防　为保证日粮有足够的锌，要适当限制钙的用量，一般钙、锌之比为 100∶1，当猪日粮钙为 0.4%～0.6%时，锌要达 50～60 毫克/千克，才能满足其营养需要。

(2)治疗　调整日粮结构，添加足够的锌，若日粮含钙量高时要将钙降低。肌内注射碳酸锌，每千克体重 2～4 毫克，每天 1 次，10 天为 1 个疗程，一般 1 个疗程即可见效；内服硫酸锌每日每头 0.2～0.5 克，对皮肤角化不全的在数日后可见效，数周后可愈合；日粮中加入 0.02%的硫酸锌、碳酸锌、氧化锌。对皮损处可涂擦 10%氧化锌软膏。

(四)碘缺乏

碘缺乏又称为地方性甲状腺肿，是由于饲料和饮水中碘不足而引起的一种营养代谢病。以甲状腺肿大、甲状腺功能减退、新陈代谢紊乱、小猪生长发育迟缓、繁殖能力和生产性能下降、母猪所生仔猪无毛、颈部呈现黏液性水肿为主要特征。

【病　因】 发生本病的主要原因是土壤、饲料和饮水中碘不足，一般见于每千克土壤含碘低于0.2～2.5毫克、每升饮水中含量低于10微克的地区。另外，某些饲料如十字花科植物、豌豆、亚麻粉、木薯粉及菜籽饼等，因其中含多量的硫氰酸盐等，可与碘竞争进入甲状腺而抑制碘的摄取。当土壤和日粮中钴、钼缺乏，锰、钙、磷、铅、氟、镁、溴过剩，日粮中胡萝卜素和维生素C缺乏以及机体抵抗力降低时，均能引起间接缺碘，诱发本病。在母猪妊娠、哺乳和仔猪生长期间，对碘的需要量加大，可造成相对缺碘，也可诱发本病。

【临床症状与病理变化】 甲状腺肿大，生长发育停滞，生产能力降低，繁殖力降低。公猪性欲减退，母猪不发情或流产、死胎以及产弱仔。新生仔猪无毛，眼球突出，心跳过速，兴奋性增高，颈部皮肤黏液性水肿，多数在生后数小时内死亡。病猪皮肤和皮下结缔组织水肿。

【诊　断】 根据本病流行地区含碘量低，结合临床症状及用碘的防治效果可作出诊断。

【防　治】 补碘是防治本病的根本措施。以碘盐代替食盐，即在10千克食盐中，加碘化钾1克，或给妊娠母猪每日补5%碘酊1～3滴，也可将1%碘化钾溶液1毫升/头加入饮水中自饮。对哺乳仔猪在母猪乳头上涂碘酊，让其吮乳时舔食。日粮要补充碘，每千克饲料添加量为0.14克。

(五)维生素A缺乏

维生素A参与动物视色素的正常代谢及骨骼的生长，维持上皮组织的完整性，维持正常的繁殖功能，在动物体内具有重要的生理功能。本病是由于维生素A缺乏而引起的一种慢性营养代谢病，病猪以生长发育不良，视觉障碍和器官黏膜损伤为主要特征。

多发于仔猪,常在冬末、初春时发生。

【病　因】

(1)原发性缺乏　日粮中维生素A原或维生素A含量不足。如含维生素A原的青绿饲料供应不足,或长期饲喂含维生素A原极少的饲料,如棉籽饼、亚麻籽饼、甜菜渣等。饲料加工贮存不当,或贮存时间过长,使维生素A被氧化破坏,造成缺乏。饲料中磷酸盐、亚硝酸盐和硝酸盐含量过多,将加快维生素A和维生素A原分解破坏,并影响维生素A原的转化和吸收,磷酸盐含量过多还可影响维生素A在体内的储存。中性脂肪和蛋白质含量不足,影响脂溶性维生素A、维生素D、维生素E和胡萝卜素的吸收,使参与维生素A转运的血浆蛋白合成减少。由于妊娠、泌乳、生长过快等原因,使机体对维生素A的需要量增加,如果添加量不足,将造成缺乏。

(2)继发性缺乏　胆汁有利于脂溶性维生素的溶解和吸收,还可促进维生素A原转化为维生素A。由于慢性消化不良和肝胆疾病,引起胆汁生成减少和排泄障碍,影响维生素A的吸收,造成缺乏。肝功能紊乱,也不利于胡萝卜素的转化和维生素A的贮存。另外,猪舍日光不足、通风不良,猪只缺乏运动,常可促发本病。

【临床症状与病理变化】　病猪表现为皮肤粗糙,皮屑增多,呼吸器官及消化器官黏膜常有不同程度的炎症,出现咳嗽、腹泻等,生长发育缓慢,头偏向一侧。重症病例表现共济失调,多为步态摇摆,随后失控,最终后肢瘫痪。有的猪还表现行走僵直、脊柱前凸、痉挛和极度不安。后期发生夜盲症,视力减弱和干眼。妊娠母猪常出现流产和死胎,或产出的仔猪瞎眼、畸形(眼过小)、全身性水肿、体质衰弱,很容易发病和死亡。

骨的发育不良,长骨变短,颜面骨变形,颅骨、脊椎骨、视神经孔骨骼生长失调。被毛脱落,皮肤角化层厚,皮脂溢出,皮炎。生殖系统和泌尿系统的变化表现为黏膜上皮细胞变为复层鳞状上皮。眼结膜干燥，角膜软化甚至穿孔。妊娠母猪胎盘变性。公猪睾丸退化缩小，精液品质不良。

【诊 断】 根据病史调查，存在日粮维生素A不足，或有影响维生素A吸收障碍等情况，具有夜盲、干眼、角膜角化、繁殖功能障碍、惊厥等神经症状及皮肤异常角化等临床特征，再结合测定血浆和肝中维生素A及胡萝卜素含量等作出诊断。本病在临床上要与脑灰质软化症、伪狂犬病、散发性脑脊髓炎、病毒性脑炎、李氏杆菌病、有机砷中毒、食盐中毒、猪瘟等具有神经症状的疾病相区别。

【防 治】

(1)预防 改换饲料，补充维生素A制剂，保证饲料中含有充足的维生素A或胡萝卜素，消除影响维生素A吸收利用的不利因素。

(2)治疗 内服鱼肝油或肌内注射维生素A制剂，疗效良好。维生素A、维生素D油剂，仔猪0.5～1毫升/头，成年猪2～4毫升/头，口服；维生素A、维生素D注射液，母猪2～5毫升/头，仔猪0.5～1毫升/头，肌内注射；浓鱼肝油，每千克体重0.4～1毫升，内服；鱼肝油，成年猪10～30毫升，仔猪0.5～2毫升，口服。过量维生素A会引起猪的骨骼病变，使用时剂量不要过大。

(六)维生素E缺乏

本病是由于体内维生素E缺乏或不足所引起的一种营养代谢病。其临床特征为仔猪表现肌营养不良，成年种猪出现繁殖障碍。本病可发生于各龄猪，尤以仔猪多发，且常与硒缺乏症并发。

【病 因】 维生素E在动、植物饲料中广泛存在，但由于其本身的化学性质不稳定，易被各种因素氧化，当饲料品质不良、加工不当和贮存不好时，使维生素E被氧化，造成饲料中含量不足。

另外，饲料中不饱和脂肪酸含量过多，或酸败的脂类以及霉变的饲料、变质的鱼粉等，均可使体内不饱和脂肪酸过多，易于氧化成大量过氧化物，使机体对维生素E的需要量增加。此外，饲料中含大量维生素E拮抗物质，或微量元素缺乏等均可引发本病。

【临床症状与病理变化】 维生素E缺乏主要造成血管功能障碍，神经功能失调，种猪繁殖障碍。病猪表现血管通透性增大，引起血液外渗透。病猪表现抽搐、痉挛、麻痹等神经症状。公猪睾丸变性、精子生成障碍；母猪卵巢萎缩、发情异常、不孕、受胎率下降、流产、泌乳停止等；仔猪主要呈现肌营养不良，新生仔猪体弱，突然死亡。

【诊　断】 根据病史调查、临床症状及病理变化，尤其是治疗效果的观察，可以作出诊断。还可结合饲料、组织中维生素E和硒的含量测定进行确诊。

【防　治】

(1)预防　日粮中添加足量的维生素E，每千克日粮11毫克，以满足生长发育的需要。

(2)治疗　主要应用维生素E制剂。醋酸生育酚注射液，仔猪0.1～0.5克/头，皮下或肌内注射，每日或隔日1次，连用10～14天；维生素E添加剂，仔猪，每千克饲料10～15毫克，拌料。最好配合使用硒制剂，效果更好，使用方法参考硒缺乏。

第九章 猪场的管理

一个猪场能否做到低投入、高效益，不仅取决于科学技术的应用程度，也取决于经营管理的好坏。所以，要学习和掌握发展养猪生产的经济规律，搞好猪场经营管理。

一、猪群管理

（一）猪群类别的划分

要根据各类猪的特点进行饲养管理，必须将不同年龄、体重、性别和用途的猪只划分为不同的类别。

1. 哺乳仔猪 指出生到断奶的仔猪。

2. 育成猪 一般指断奶至4月龄的幼猪；其中断奶到70日龄的幼猪又称保育仔猪。

3. 后备猪 指5月龄至初配（8～10月龄）前留作种用的猪。公的称后备公猪，母的称后备母猪。

4. 鉴定公猪 从第一次配种至所配母猪产仔断奶阶段的公猪，年龄一般在1～1.5岁。它们虽已参与配种，但必须根据仔猪成绩的鉴定，才能决定是否留作种用。

5. 鉴定母猪 从初配开始至第一胎仔猪断奶的母猪（1～1.5岁），根据其生产性能，鉴定其是否留作种用。鉴定母猪在仔猪断奶后转入成年母猪群。

6. 成年公猪 又称基础公猪。是指经生长发育、体型外貌、配种成绩、后裔生产性能等鉴定合格的1.5岁以上的种公猪。

7. 成年母猪 又称基础母猪。是指经一胎产仔鉴定成绩合格留作种用的1.5岁上的母猪。从成年母猪群中选出若干优秀个体，具有较高的生产性能和育种价值，组成核心群，以供选育和生产上更新种猪用。核心群种猪的年龄一般以 2～5 岁为宜。

8. 肥育猪 专门用来生产猪肉的猪称肥育猪。根据其生长阶段，又可分为肥育前期(20～35 千克)、肥育中期(35～60 千克)和肥育后期(60 千克至出栏)。

(二)保持猪群应有的合理年龄结构

在猪群中，不同年龄阶段的猪应保持适当的比例，以保证猪群的更新和正常周转，并使之有较高的生产水平。育种猪场种公、母猪的比例一般为 1∶25～30。种母猪群和种公猪群的年龄结构比例见表 9-1，表 9-2。

表 9-1 种母猪群年龄结构比例

母猪类别	年龄(岁)	占基础母猪比例(%)	基础母猪头数				备 注
			10	30	50	100	
鉴定母猪	1～2	60	6	18	30	60	指 1～2 岁的初产母猪；根据产仔情况，好的选入基础母猪群
基础母猪	2～3	50	5	15	25	50	
	3～4	30	3	9	15	30	
	4～5	15	2	5	8	15	
	5～6	5	/	1	2	5	
核心母猪	/	25	3	7	13	25	包括在基础母猪群内

表 9-2 种公猪群年龄结构比例

公猪类别	年龄（岁）	占基础公猪比例(%)	基础公猪头数				备 注
			5	10	15	20	
鉴定公猪	1～2	40	2	4	6	8	指 1～2 岁已参加配种的公猪；根据后代情况，好的选入基础公猪群
基础公猪	2～3	55	3	6	8	11	
	3～4	30	2	3	4	6	
	4～5	10	/	1	2	2	
	5～6	5	/		1	1	

（三）猪的编号

准备留作种用的仔猪或作肥育测定试验用的仔猪都应编号，以便进行记载和鉴定。

编号的方法很多，目前国内常用的方法是剪耳法。即利用耳号钳在猪耳朵上打出豁口，每剪出一个缺口，代表一个数字，把几个数字加起来，即得出仔猪的编号。编号时人们常把公猪编成单号，母猪编成双号，也有的按出生先后顺序排列编号。耳号有两种编法，一种叫大排号法，一种叫窝号法。目前国内多数猪场采用大排号法编号。大排号法，是按左大右小，上 1 下 3，公单母双的规则编号。即右耳上缘剪 1 个缺口表示 1，下缘剪 1 个缺口表示 3，耳尖剪 1 个缺口表示 100，中心打 1 个圆洞表示 400；在左耳上缘剪 1 个缺口表示 10，下缘剪 1 个缺口表示 30，耳尖剪 1 个缺口表示 200，中心打 1 个圆洞表示 800（图 9-1-A）。

例如编“1535 号”，就应在左耳中间打 1 个洞（800）和右耳中间打 1 个洞（400），左耳尖打 1 缺口（200），右耳尖打 1 缺口（100）；左耳下缘打 1 缺口（30），右耳下缘打 1 缺口（3），右耳上缘打 2 个缺口(1＋1＝2)，总加起来便是 800＋400＋200＋100＋30＋3＋2＝1535 号(图 9-1-B)。

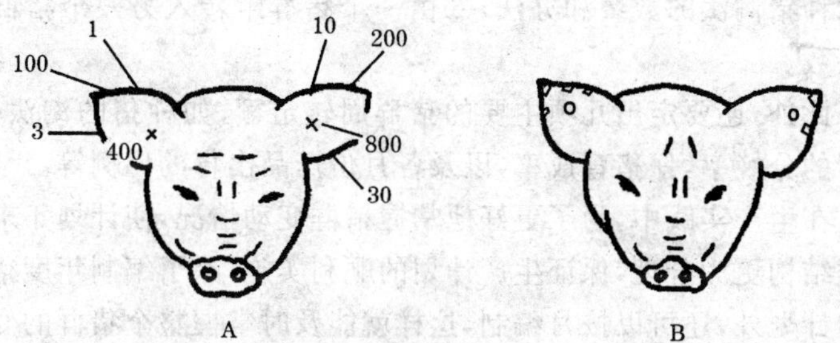

图 9-1　猪耳编号法之一

A. 大排号法　B. 编号为“1535”的剪耳法

(四)制订生产计划

在猪场生产计划中，最主要的是猪的配种分娩计划、猪群周转计划以及饲料需要计划和财务收支计划。

1. 配种分娩计划　本计划是阐明计划年度内全场所有繁殖母猪每月的配种头数、分娩胎数和产仔数。它是组织猪群周转的主要依据，也是选种选配、留种、出售以及开展育种工作的必要步骤。通过配种分娩计划的制订，不仅能够充分合理地利用场内全部公、母猪，提高产仔数和育成率，提高养猪生产水平，同时又能对饲料供应、劳力组织、猪舍及设备条件等得到充分合理利用。

2. 猪群周转计划　本计划主要是确定各类猪群的头数，猪群的增减变化以及年终保持合理的猪群结构。它不仅是计划产品产量、制定饲料供应计划和劳力需要计划的重要依据，同时也决定猪群再生产状况，直接反映年终猪群结构状况及猪群扩大再生产任务完成状况。

在编制猪群周转计划时，必须掌握下列各种猪群的原始资料：①计划年初各种性别、年龄猪群中猪只的实有头数；②计划年末各个猪群按计划任务要求达到的猪只头数；③母猪的配种分娩计划，计划年内各月份出生的仔猪头数；④出售和购入猪的头数；⑤计划年内种猪淘汰的数量和办法；⑥由一个猪群组转入另一个猪群组的头数。

此外，还要定出几项主要的猪群周转定额，如种猪的淘汰率，母猪的分娩率，仔猪育成率，以及各月份产品出售的比例等。

在生产实践中，为了更好地掌握猪群变动情况，使计划年末的猪群结构更为合理，保证生产计划的顺利实施，除了编制年度猪群周转计划外，还可以按月编制，这样就能及时掌握整个猪群的变动情况。

3. 饲料需要计划　根据猪群周转计划中各月份不同猪群的存栏量，以及各类猪群饲料日粮的定量标准，制定饲料需要计划。

4. 财务收支计划　在配种分娩计划、猪群周转计划、饲料需要计划制定后再制定财务收支计划。

二、生产管理

生产管理包括实行劳动定额，建立生产责任制和做好各项生产记录。

（一）实行劳动定额管理，建立生产责任制

定额管理即对每个生产人员规定劳动定额，从而作为全场生产安排和组织劳力的依据和计算劳动报酬的依据。

制定劳动定额指标时，要考虑到场内设备条件、猪群状况、技术力量和每个生产人员的能力大小。从生产实际出发，既要调动生产人员的积极性，又要照顾到他们的生活和休息，以便提高劳动效率。定额指标应当包括数量指标和质量指标两个方面。如制定繁殖母猪劳动定额时，既要明确规定每个生产者固定饲养的头数，

又要有年产仔胎数、每胎仔猪育成率和断奶重等指标要求。

生产责任制是在劳动定额的基础上，对每个生产人员所完成本身劳动定额指标的具体要求，从而确保劳动定额的顺利完成，提高生产水平。

目前，一般猪场实行劳动定额生产责任制的具体做法是“四定”。

1. 定岗位 根据本场生产任务和每个生产人员的思想和业务水平状况，固定岗位，按照本岗位的工作日程和技术操作规程进行工作，并做到相对稳定，加强教育，培养提高。

2. 定任务 按照场内年度生产计划要求和每个生产人员的具体岗位，落实制定每个生产人员的工作任务。如一般条件下，1个饲养员应管理种母猪20头，或种公猪15头，或断奶仔猪(2～4月龄)150～200头，或4月龄以上生长肥育猪80～100头。在母猪饲养管理中，还要求每头繁殖母猪年产2胎以上，仔猪35日龄断奶育成率95%以上，头均重8.5千克等具体指标要求。

3. 定饲料 根据不同猪群情况定额供给饲料，建立领料制度，专人发放，过磅登记，定期结算，严禁浪费。如一般营养水平条件下，每头种公猪日平均供给配合饲料2.5～3千克；母猪妊娠前期2.5～3千克，妊娠后期3～4千克；哺乳母猪5～6千克等。

4. 定报酬 根据生产任务的完成情况付给合理报酬，并实行必要的奖罚制度。对超额完成任务者要进行大力表彰和经济奖励，对完不成任务者要进行批评教育和经济处罚，从而调动生产人员的积极性。

在制定劳动定额和建立生产责任制时，各场要因场制宜，不能生搬硬套，在贯彻执行过程中，要及时总结，不断修改，使之更加合理完善，切实可行。

(二)做好各项生产记录

常用的生产记录包括:配种记录、母猪产仔哺育记录、种猪生长发育和饲料配方及疫病防治记录等。

三、成本管理

对于生产过程中资金的支出、物资消耗及取得的经济收入进行核算,从而确定全场经营情况是盈利、亏损还是收支平衡。同时通过成本核算,可及时考核和监督各种经济收支情况,及时采取措施,加强管理,杜绝浪费,降低成本,增加收入,提高养猪经济效益。

(一)成本核算

在养猪生产中所需要的各种消耗都要被列入猪场成本进行核算。

1. 工资和福利费　指从事养猪生产、管理人员的工资和福利费。

2. 饲料费　指饲养中直接用于猪群的自产和外购各种精饲料、粗饲料、青饲料、矿物质饲料、多种维生素、微量元素等的费用。

3. 燃料和动力费　指饲养中消耗的燃料和动力费用。

4. 医药费　指猪群直接耗用的药品费用。

5. 固定资产折旧费　指猪群饲养应负担能直接记入的圈舍和专用机械折旧费用。

6. 固定资产维修费　指上述固定资产所发生的一切修理费用。

7. 年初猪群存栏价值和库存饲料价值　年初场内全部存栏猪所作出的估计值和库存饲料的估计价值。

8. 其他费用　包括场内属于上述费用的其他开支。

(二)收入核算

对本年度内全场所有的收入项目进行核算。

1. 产品收入 出售种猪、仔猪、肥猪、淘汰猪、猪肉产品、饲料及其他收入等。

2. 年末猪群存栏价值 对年末场内全部存栏猪所作出的估计价值。

3. 库存饲料价值 对年末库存饲料进行清点估价。

4. 盈利核算 总收入减去总支出,余额即为总利润(或亏损)。

四、提高养猪经济效益的途径

(一)提高猪群生产水平

1. 提高母猪产仔率 母猪产仔率的高低直接影响猪场经济效益。在正常饲养管理情况下,1 头母猪年产 2 窝,产活仔 20 头。要想提高母猪产仔率:一是要养好种公猪,使其精液量多质好;二是要养好断奶后的空怀母猪,使其早发情、多排卵;三是要掌握好配种适期,使强精与强卵结合,受精率高,母猪受胎率高,产仔多、大而壮;四是要养好妊娠母猪,避免发生死胎和流产现象;五是做好分娩母猪的接产助产,仔猪固定乳头、补料工作,保证仔猪产得多、活得多、体重大。此外,商品猪场还要组织好经济杂交,利用杂种优势提高产仔率。

2. 提高仔猪成活率 在正常饲养管理条件下,仔猪成活率达90%以上。要想提高仔猪成活率,必须使仔猪过好"四关",即初生关、补料关、下痢关和断奶关。初生关,主要是做好接生、助产工作和及早让仔猪吃上初乳;补料关,主要是早诱食补料,饲喂全价配合饲料;下痢关,主要是搞好栏圈清洁卫生和药物预防,减少或避免仔猪下痢的发生,对已患下痢病猪采取相应治疗措施;断奶关,主要采取赶母留仔断奶方法,减少仔猪因调圈造成的应激反应,确保仔猪正常生长发育。

3. 提高肥育猪出栏率 培育体重大、体质健壮的断奶仔猪是使肥育猪增重快、出栏率高的基础。转入保育和肥育阶段,还必须加强饲养管理,采取合理的营养水平和肥育方式。另外,还必须选择优良猪种如商品瘦肉型杂交仔猪,利用其增重快、耗料省的杂种优势来提高出栏率。

(二)减少饲料消耗

饲料占养猪成本的70%左右。国内外先进水平是生长肥育猪每增重1千克活重消耗饲料2.2～2.4千克。若饲料搭配不当,营养物质相对过剩或缺乏时都会增加饲料消耗,造成饲料浪费。在饲养管理过程中管理粗放,如夏季猪舍高温高湿,冬季寒冷潮湿以及饲槽设计不合理,猪只患体内外寄生虫病、慢性传染病及慢性胃肠炎,饲料霉烂、变质等同样会增加饲料消耗造成饲料浪费。所以,要加强饲养管理,合理配制饲料,做到减少猪群饲料消耗,节约饲料支出,降低生产成本。

(三)建立饲料及猪产品加工厂

有条件时可建立饲料厂,自配饲料。这样不仅确保饲料质量,同时亦可降低饲料成本,节约开支,提高商品率和经济效益。

(四)提高经营管理水平

要及时了解国内外市场信息,搞好经营决策和市场预测,抓住机遇。认真学习先进、科学的经营管理知识,建立健全各种管理制度,努力提高经营管理水平,抓管理,出效益。

附　　录

附录一　猪的饲养标准(摘要)(NY/T 65—2004)

附表 1-1　瘦肉型生长肥育猪每千克饲粮养分含量

(自由采食,88%干物质)[a]

项　目	体　重（千　克）				
	3～8	8～20	20～35	35～60	60～90
平均体重(千克)	5.5	14.0	27.5	47.5	75.0
日增重(千克/天)	0.24	0.44	0.61	0.69	0.80
采食量(千克/天)	0.30	0.74	1.43	1.90	2.50
饲料/增重	1.25	1.59	2.34	2.75	3.13
饲粮消化能含量(兆焦/千克)(千卡/千克)	14.02(3350)	13.60(3250)	13.39(3200)	13.39(3200)	13.39(3200)
饲粮代谢能含量(兆焦/千克)[b](千卡/千克)	13.46(3215)	13.06(3120)	12.86(3070)	12.86(3070)	12.86(3070)
粗蛋白质(%)	21.0	19.0	17.8	16.4	14.5
能量蛋白比(兆焦/%)(千卡/%)	668(160)	716(170)	752(180)	817(195)	923(220)
赖氨酸能量比(克/兆焦)(克/兆卡)	1.01(4.24)	0.85(3.56)	0.68(2.83)	0.61(2.56)	0.53(2.19)
氨基酸[c](%)					
赖氨酸	1.42	1.16	0.90	0.82	0.70
蛋氨酸	0.40	0.30	0.24	0.22	0.19
蛋氨酸+胱氨酸	0.81	0.66	0.51	0.48	0.40
苏氨酸	0.94	0.75	0.58	0.56	0.48
色氨酸	0.27	0.21	0.16	0.15	0.13
异亮氨酸	0.79	0.64	0.48	0.46	0.39

续附表 1-1

项　目	体　重（千　克）				
	3～8	8～20	20～35	35～60	60～90
氨基酸[c]（%）					
亮氨酸	1.42	1.13	0.85	0.78	0.63
精氨酸	0.56	0.46	0.35	0.30	0.21
缬氨酸	0.98	0.80	0.61	0.57	0.47
组氨酸	0.45	0.36	0.28	0.26	0.21
苯丙氨酸	0.85	0.69	0.52	0.48	0.40
苯丙氨酸＋酪氨酸	1.33	1.07	0.82	0.77	0.64
矿物质元素[d]（%或每千克饲粮含量）					
钙（%）	0.88	0.74	0.62	0.55	0.49
总磷（%）	0.74	0.58	0.53	0.48	0.43
非植酸磷（%）	0.54	0.36	0.25	0.20	0.17
钠（%）	0.25	0.15	0.12	0.10	0.10
氯（%）	0.25	0.15	0.10	0.09	0.08
镁（%）	0.04	0.04	0.04	0.04	0.04
钾（%）	0.30	0.26	0.24	0.21	0.18
铜（毫克）	6.00	6.00	4.50	4.00	3.50
碘（毫克）	0.14	0.14	0.14	0.14	0.14
铁（毫克）	105	105	70	60	50
锰（毫克）	4.00	4.00	3.00	2.00	2.00
硒（毫克）	0.30	0.30	0.30	0.25	0.25
锌（毫克）	110	110	70	60	50
维生素和脂肪酸[e]（%或每千克饲粮含量）					
维生素 A（单位[f]）	2200	1800	1500	1400	1300
维生素 D_3（单位[g]）	220	200	170	160	150
维生素 E（单位[h]）	16	11	11	11	11

续附表 1-1

项　目	体　重（千　克）				
	3～8	8～20	20～35	35～60	60～90
维生素 K(毫克)	0.50	0.50	0.50	0.50	0.50
硫胺素(毫克)	1.50	1.00	1.00	1.00	1.00
核黄素(毫克)	4.00	3.50	2.50	2.00	2.00
泛酸(毫克)	12.00	10.00	8.00	7.50	7.00
烟酸(毫克)	20.00	15.00	10.00	8.50	7.50
吡哆醇(毫克)	2.00	1.50	1.00	1.00	1.00
生物素(毫克)	0.08	0.05	0.05	0.05	0.05
叶酸(毫克)	0.30	0.30	0.30	0.30	0.30
维生素 B_{12}(微克)	20.00	17.50	11.00	8.00	6.00
胆碱(克)	0.60	0.50	0.35	0.30	0.30
亚油酸(%)	0.10	0.10	0.10	0.10	0.10

注：a. 瘦肉率高于56%的公、母混养猪群(阉公猪和青年母猪各一半)

b. 假定代谢能为消化能的96%

c. 3～20千克猪的赖氨酸百分比是根据试验和经验数据的估测值，其他氨基酸需要量是根据其与赖氨酸的比例(理想蛋白质)的估测值；20～90千克猪的赖氨酸需要量是结合生长模型、试验数据和经验数据的估测值，其他氨基酸需要量是根据其与赖氨酸的比例(理想蛋白质)的估测值

d. 矿物质需要量包括饲料原料中提供的矿物质量；对于发育公猪和后备母猪，钙、总磷和有效磷的需要量应提高0.05～0.1个百分点

e. 维生素需要量包括饲料原料中提供的维生素量

f. 1单位维生素A=0.344微克维生素A醋酸酯

g. 1单位维生素 D_3=0.025微克胆钙化醇

h. 1单位维生素E=0.67毫克D-α-生育酚或1毫克DL-α-生育酚醋酸酯

附表 1-2　瘦肉型生长肥育猪每日每头养分需要量

（自由采食，88%干物质）[a]

项　目	体　重（千　克）				
	3～8	8～20	20～35	35～60	60～90
平均体重(千克)	5.5	14.0	27.5	47.5	75.0
日增重(千克/天)	0.24	0.44	0.61	0.69	0.80
采食量(千克/天)	0.30	0.74	1.43	1.90	2.50
饲料/增重	1.25	1.59	2.34	2.75	3.13
饲粮消化能含量(兆焦/天)(千卡/天)	4.21(1005)	10.06(2405)	19.15(4575)	25.44(6080)	33.48(8000)
饲粮代谢能含量(兆焦/天)[b](千卡/天)	4.04(965)	9.66(2310)	18.39(4390)	24.43(5835)	32.15(7675)
粗蛋白质(%)	63	141	255	312	363
氨基酸[c](克/天)					
赖氨酸	4.3	8.6	12.9	15.6	17.5
蛋氨酸	1.2	2.2	3.4	4.2	4.8
蛋氨酸＋胱氨酸	2.4	4.9	7.3	9.1	10.0
苏氨酸	2.8	5.6	8.3	10.6	12.0
色氨酸	0.8	1.6	2.3	2.9	3.3
异亮氨酸	2.4	4.7	6.7	8.7	9.8
亮氨酸	4.3	8.4	12.2	14.8	15.8
精氨酸	1.7	3.4	5.0	5.7	5.5
缬氨酸	2.9	5.9	8.7	10.8	11.8
组氨酸	1.4	2.7	4.0	4.9	5.5
苯丙氨酸	2.6	5.1	7.4	9.1	10.0
苯丙氨酸＋酪氨酸	4.0	7.9	11.7	14.6	16.0

续附表 1-2

项　目	体　重 (千　克)				
	3～8	8～20	20～35	35～60	60～90
矿物质元素[d](克或毫克/天)					
钙(克)	2.64	5.48	8.87	10.45	12.25
总磷(克)	2.22	4.29	7.58	9.12	10.75
非植酸磷(克)	1.62	2.66	3.58	3.80	4.25
钠(克)	0.75	1.11	1.72	1.90	2.50
氯(克)	0.75	1.11	1.43	1.71	2.00
镁(克)	0.12	0.30	0.57	0.76	1.00
钾(克)	0.90	1.92	3.43	3.99	4.50
铜(毫克)	1.80	4.44	6.44	7.60	8.75
碘(毫克)	0.04	0.10	0.20	0.27	0.35
铁(毫克)	31.50	77.70	100.10	114.00	125.00
锰(毫克)	1.20	2.96	4.29	3.80	5.00
硒(毫克)	0.09	0.22	0.43	0.48	0.63
锌(毫克)	33.00	81.40	100.10	114.00	125.00
维生素和脂肪酸[e](国际单位、克、毫克或微克/天)					
维生素 A(单位[f])	660	1330	2145	2660	3250
维生素 D_3(单位[g])	66	148	243	304	375
维生素 E(单位[h])	5	8.5	16	21	28
维生素 K(毫克)	0.15	0.37	0.72	0.95	1.25
硫胺素(毫克)	0.45	0.74	1.43	1.90	2.50
核黄素(毫克)	1.20	2.59	3.58	3.80	5.00
泛酸(毫克)	3.60	7.40	11.44	14.25	17.50

续附表 1-2

项　目	体　重（千　克）				
	3～8	8～20	20～35	35～60	60～90
烟酸(毫克)	6.00	11.10	14.30	16.15	18.75
吡哆醇(毫克)	0.60	1.11	1.43	1.90	2.50
生物素(毫克)	0.02	0.04	0.07	0.10	0.13
叶酸(毫克)	0.09	0.22	0.43	0.57	0.75
维生素 B_{12}(微克)	6.00	12.95	15.73	15.20	15.00
胆碱(克)	0.18	0.37	0.50	0.57	0.75
亚油酸(克)	0.30	0.74	1.43	1.90	2.50

注:a. 瘦肉率高于 56%的公、母混养猪群(阉公猪和青年母猪各一半)

b. 假定代谢能为消化能的 96%

c. 3～20 千克猪的赖氨酸每日需要量是用附表 1-1 中的百分率乘以采食量的估测值,其他氨基酸需要量是根据其与赖氨酸的比例(理想蛋白质)的估测值;20～90 千克猪的赖氨酸需要量是根据生长模型的估测值,其他氨基酸需要量是根据其与赖氨酸的比例(理想蛋白质)的估测值

d. 矿物质需要量包括饲料原料中提供的矿物质量;对于发育公猪和后备母猪,钙、总磷和有效磷的需要量应提高 0.05～0.1 个百分点

e. 维生素需要量包括饲料中提供的维生素量

f. 1 单位维生素 A=0.344 微克维生素 A 醋酸酯

g. 1 单位维生素 D_3=0.025 微克胆钙化醇

h. 1 单位维生素 E=0.67 毫克 D-α-生育酚或 1 毫克 DL-α-生育酚醋酸酯

附表 1-3　瘦肉型妊娠母猪每千克饲粮养分含量(88%干物质)[a]

项　目	妊娠前期			妊娠后期		
配种体重(千克[b])	120～150	150～180	>180	120～150	150～180	>180
预期窝产仔数	10	11	11	10	11	11
采食量(千克/天)	2.10	2.10	2.00	2.60	2.80	3.00
饲粮消化能含量(兆焦/千克)(千卡/千克)	12.75(3050)	12.35(2950)	12.15(2950)	12.75(3050)	12.55(3000)	12.55(3000)
饲粮代谢能含量(兆焦/千克)[c](千卡/千克)	12.25(2930)	11.85(2830)	11.65(2830)	12.25(2930)	12.05(2880)	12.05(2880)
粗蛋白质(%[d])	13.0	12.0	12.0	14.0	13.0	12.0
能量蛋白比(兆焦/%)(千卡/%)	981(235)	1029(246)	1013(246)	911(218)	965(231)	1045(250)
赖氨酸能量比(克/兆焦)(克/兆卡)	0.42(1.74)	0.40(1.67)	0.38(1.58)	0.42(1.74)	0.41(1.70)	0.38(1.60)
氨基酸(%)						
赖氨酸	0.53	0.49	0.46	0.53	0.51	0.48
蛋氨酸	0.14	0.13	0.12	0.14	0.13	0.12
蛋氨酸+胱氨酸	0.34	0.32	0.31	0.34	0.33	0.32
苏氨酸	0.40	0.39	0.37	0.40	0.40	0.38
色氨酸	0.10	0.09	0.09	0.10	0.09	0.09
异亮氨酸	0.29	0.28	0.26	0.29	0.29	0.27
亮氨酸	0.45	0.41	0.37	0.45	0.42	0.38
精氨酸	0.06	0.02	0.00	0.06	0.02	0.00
缬氨酸	0.35	0.32	0.30	0.35	0.33	0.31
组氨酸	0.17	0.16	0.15	0.17	0.17	0.16

续附表 1-3

项　目	妊娠前期			妊娠后期		
苯丙氨酸	0.29	0.27	0.25	0.29	0.28	0.26
苯丙氨酸＋酪氨酸	0.49	0.45	0.43	0.49	0.47	0.44
矿物质元素[e]（%或每千克饲粮含量）						
钙（%）	0.68					
总磷（%）	0.54					
非植酸磷（%）	0.32					
钠（%）	0.14					
氯（%）	0.11					
镁（%）	0.04					
钾（%）	0.18					
铜（毫克）	5.0					
碘（毫克）	0.13					
铁（毫克）	75.0					
锰（毫克）	18.0					
硒（毫克）	0.14					
锌（毫克）	45.0					
维生素和脂肪酸（%或每千克饲粮含量[f]）						
维生素 A（单位[g]）	3620					
维生素 D_3（单位[h]）	180					
维生素 E（单位[i]）	40					
维生素 K（毫克）	0.50					
硫胺素（毫克）	0.90					

续附表 1-3

项　目	妊娠前期	妊娠后期
核黄素(毫克)	3.40	
泛酸(毫克)	11	
烟酸(毫克)	9.05	
吡哆醇(毫克)	0.90	
生物素(毫克)	0.19	
叶酸(毫克)	1.20	
维生素 B_{12}(微克)	14	
胆碱(克)	1.15	
亚油酸(%)	0.10	

注：a. 消化能、氨基酸是根据国内试验报告、企业经验数据和 NRC(1998)妊娠模型得到的

b. 妊娠前期指妊娠前 12 周，妊娠后期指妊娠后 4 周；"120～150 千克"阶段适用于初产母猪和因泌乳期消耗过度的经产母猪，"150～180 千克"阶段适用于自身尚有生长潜力的经产母猪，"180 千克以上"指达到标准成年体重的经产母猪，其对养分的需要量不随体重增长而变化

c. 假定代谢能为消化能的 96%

d. 以玉米-豆粕型日粮为基础确定

e. 矿物质需要量包括饲料原料中提供的矿物质

f. 维生素需要量包括饲料原料中提供的维生素量

g. 1 单位维生素 A=0.344 微克维生素 A 醋酸酯

h. 1 单位维生素 D_3=0.025 微克胆钙化醇

i. 1 单位维生素 E=0.67 毫克 D-α-生育酚或 1 毫克 DL-α-生育酚醋酸酯

附表 1-4　瘦肉型泌乳母猪每千克饲粮养分含量

（自由采食，88%干物质）[a]

项　目	分娩体重（千克）			
	140～180		180～240	
泌乳期体重变化（千克）	0.0	－10.0	－7.5	－15
哺乳窝仔数（头）	9	9	10	10
采食量（千克/天）	5.25	4.65	5.65	5.20
饲粮消化能含量（兆焦/千克）（千卡/千克）	13.80(3300)	13.80(3300)	13.80(3300)	13.80(3300)
饲粮代谢能含量（兆焦/千克）[b]（千卡/千克）	13.25(3170)	13.25(3170)	13.25(3170)	13.25(3170)
粗蛋白质（%[c]）	17.5	18.0	18.0	18.5
能量蛋白比（千焦/%）（千卡/%）	789(189)	767(183)	767(183)	746(178)
赖氨酸能量比（克/兆焦）（克/兆卡）	0.64(2.67)	0.67(2.82)	0.66(2.76)	0.68(2.85)
氨基酸（%）				
赖氨酸	0.88	0.93	0.91	0.94
蛋氨酸	0.22	0.24	0.23	0.24
蛋氨酸＋胱氨酸	0.42	0.45	0.44	0.45
苏氨酸	0.56	0.59	0.58	0.60
色氨酸	0.16	0.17	0.17	0.18
异亮氨酸	0.49	0.52	0.51	0.53
亮氨酸	0.95	1.01	0.98	1.02
精氨酸	0.48	0.48	0.47	0.47
缬氨酸	0.74	0.79	0.77	0.81

续附表 1-4

项　　目	分娩体重（千克）			
	140～180		180～240	
组氨酸	0.34	0.36	0.35	0.37
苯丙氨酸	0.47	0.50	0.48	0.50
苯丙氨酸＋酪氨酸	0.97	1.03	1.00	1.04
矿物质元素[d]（%或每千克饲粮含量）				
钙（%）	0.77			
总磷(%)	0.62			
非植酸磷(%)	0.36			
钠(%)	0.21			
氯(%)	0.16			
镁(%)	0.04			
钾(%)	0.21			
铜(毫克)	5.0			
碘(毫克)	0.14			
铁(毫克)	80.0			
锰(毫克)	20.5			
硒(毫克)	0.15			
锌(毫克)	51.0			
维生素和脂肪酸(%或每千克饲粮含量[e])				
维生素 A(单位[f])	2050			
维生素 D_3(单位[g])	205			

续附表 1-4

项　目	分娩体重（千克）	
	140～180	180～240
维生素 E(单位[h])	45	
维生素 K(毫克)	0.5	
硫胺素(毫克)	1.00	
核黄素(毫克)	3.85	
泛酸(毫克)	12	
烟酸(毫克)	10.25	
吡哆醇(毫克)	1.00	
生物素(毫克)	0.21	
叶酸(毫克)	1.35	
维生素 B_{12}(微克)	15.0	
胆碱(克)	1.00	
亚油酸(%)	0.10	

注：a. 由于国内缺乏哺乳母猪的试验数据，消化能和氨基酸是根据国内一些企业的经验数据和 NRC(1998)的泌乳模型得到的

b. 假定代谢能为消化能的 96%

c. 以玉米-豆粕型日粮为基础确定

d. 矿物质需要量包括饲料原料中提供的矿物质

e. 维生素需要量包括饲料原料中提供的维生素量

f. 1 单位维生素 A=0.344 微克维生素 A 醋酸酯

g. 1 单位维生素 D_3=0.025 微克胆钙化醇

h. 1 单位维生素 E=0.67 毫克 D-α-生育酚或 1 毫克 DL-α-生育酚醋酸酯

附录一　猪的饲养标准(摘要)(NY/T 65—2004)

附表 1-5　配种公猪每千克饲粮养分含量和每日每头养分需要量

(88%干物质)[a]

饲粮消化能含量(千卡/千克)(兆焦/千克)	12.95(3100)	12.95(3100)
饲粮代谢能含量(千卡/千克)(兆焦/千克)[b]	12.45(2975)	12.45(2975)
消化能摄入量(千卡/千克)(兆焦/千克)	28.49(6820)	28.49(6820)
代谢能摄入量(千卡/千克)(兆焦/千克)	27.39(6545)	27.39(6545)
采食量(千克/天)[c]	2.2	2.2
粗蛋白质(%[d])	13.5	13.50
能量蛋白比(千焦/%)(千卡/%)	959(230)	959(230)
赖氨酸能量比 (克/兆焦)(克/兆卡)	0.42(1.78)	0.42(1.78)

需要量

	每千克饲粮中含量	每日需要量
氨基酸		
赖氨酸	0.55%	12.1 克
蛋氨酸	0.15%	3.31 克
蛋氨酸＋胱氨酸	0.38%	8.4 克
苏氨酸	0.46%	10.1 克
色氨酸	0.11%	2.4 克
异亮氨酸	0.32%	7.0 克
亮氨酸	0.47%	10.3 克
精氨酸	0.00%	0.0 克
缬氨酸	0.36%	7.9 克
组氨酸	0.17%	3.7 克

续附表 1-5

苯丙氨酸	0.30%	6.6 克
苯丙氨酸＋酪氨酸	0.52%	11.4 克
矿物质元素[e]		
钙	0.70%	15.4 克
总磷	0.55%	12.1 克
有效磷	0.32%	7.04 克
钠	0.14%	3.08 克
氯	0.11%	2.42 克
镁	0.04%	0.88 克
钾	0.20%	4.40 克
铜	5 毫克	11.0 毫克
碘	0.15 毫克	0.33 毫克
铁	80 毫克	176.00 毫克
锰	20 毫克	44.00 毫克
硒	0.15 毫克	0.33 毫克
锌	75 毫克	165 毫克
维生素和脂肪酸[f]		
维生素 A[g]	4000 单位	8800 单位
维生素 D_3[h]	220 单位	485 单位
维生素 E[i]	45 单位	100 单位
维生素 K	0.50 毫克	1.10 毫克
硫胺素	1.0 毫克	2.20 毫克

续附表 1-5

维生素和脂肪酸[f]		
核黄素	3.5 毫克	7.70 毫克
泛酸	12 毫克	26.4 毫克
烟酸	10 毫克	22 毫克
吡哆醇	1.0 毫克	2.20 毫克
生物素	0.20 毫克	0.44 毫克
叶酸	1.30 毫克	2.86 毫克
维生素 B_{12}	15 微克	33 微克
胆碱	1.25 克	2.75 克
亚油酸	0.1%	2.2 克

注:a. 需要量的制定以每日采食 2.2 千克饲粮为基础,采食量需根据公猪的体重和期望的增重进行调整

b. 假定代谢能为消化能的 96%

c. 配种前一个月采食量增加 20%～25%,冬季严寒期采食量增加 10%～20%

d. 以玉米-豆粕型日粮为基础确定的

e. 矿物质需要量包括饲料原料中提供的矿物质

f. 维生素需要量包括饲料原料中提供的维生素量

g. 1 单位维生素 A=0.344 微克维生素 A 醋酸酯

h. 1 单位维生素 D_3=0.025 微克胆钙化醇

i. 1 单位维生素 E=0.67 毫克 D-α-生育酚或 1 毫克 DL-α-生育酚醋酸酯

附表 1-6 猪饲料描述及常规成分

序号	中国饲料号	饲料名称	饲料描述	干物质(%)	粗蛋白质(%)	粗脂肪(%)	粗纤维(%)	无氮浸出物(%)	粗灰分(%)	中性洗涤纤维(%)	酸性洗涤纤维(%)	钙(%)	总磷(%)	非植酸磷(%)
1	4-07-0278	玉米	成熟,高蛋白质,优质	86.0	9.4	3.1	1.2	71.1	1.2	9.4	3.5	0.02	0.27	0.12
2	4-07-0288	玉米	成熟,高赖氨酸,优质	86.0	8.5	5.3	2.6	67.3	1.3	9.4	3.5	0.16	0.25	0.09
3	4-07-0279	玉米	成熟,GB/T 17890-1999,1级	86.0	8.7	3.6	1.6	70.7	1.4	9.3	2.7	0.02	0.27	0.12
4	4-07-0280	玉米	成熟,GB/T 17890-1999,2级	86.0	7.8	3.5	1.6	71.8	1.3	7.9	2.6	0.02	0.27	0.12
5	4-07-0272	高粱	成熟,NY/T 1级	86.0	9.0	3.4	1.4	70.4	1.8	17.4	8.0	0.13	0.36	0.17
6	4-07-0270	小麦	混合小麦,成熟,NY/T 2级	87.0	13.9	1.7	1.9	67.6	1.9	13.3	3.9	0.17	0.41	0.13
7	4-07-0274	大麦(裸)	裸大麦,成熟,NY/T 2级	87.0	13.0	2.1	2.0	67.7	2.2	10.0	2.2	0.04	0.39	0.21
8	4-07-0277	大麦(皮)	皮大麦,成熟,NY/T 1级	87.0	11.0	1.7	4.8	67.1	2.4	18.4	6.8	0.09	0.33	0.17
9	4-07-0281	黑麦	籽粒,进口	88.0	11.0	1.5	2.2	71.5	1.8	12.3	4.6	0.05	0.30	0.11
10	4-07-0273	稻谷	成熟,晒干,NY/T 2级	86.0	7.8	1.6	8.2	63.8	4.6	27.4	28.7	0.03	0.36	0.20

续附表 1-6

序号	中国饲料号	饲料名称	饲料描述	干物质(%)	粗蛋白质(%)	粗脂肪(%)	粗纤维(%)	无氮浸出物(%)	粗灰分(%)	中性洗涤纤维(%)	酸性洗涤纤维(%)	钙(%)	总磷(%)	非植酸磷(%)
11	4-07-0276	糙米	良，成熟，除去外壳的整粒大米	87.0	8.8	2.0	0.7	74.2	1.3	1.6	0.8	0.03	0.35	0.15
12	4-07-0275	碎米	良，加工精米后的副产品	88.0	10.4	2.2	1.1	72.7	1.6	0.8	0.6	0.06	0.35	0.15
13	4-07-0479	粟(谷子)	合格，带壳，成熟	86.5	9.7	2.3	6.8	65.0	2.7	15.2	13.3	0.12	0.3	0.11
14	4-04-0067	木薯干	木薯干片，晒干，NY/T合格	87.0	2.5	0.7	2.5	79.4	1.9	8.4	6.4	0.27	0.09	0.07
15	4-04-0068	甘薯干	甘薯干片，晒干，NY/T合格	87.0	4.0	0.8	2.8	76.4	3.0	8.1	4.1	0.19	0.02	0.02
16	4-08-0104	次粉	黑面，黄粉，下面，NY/T 1级	88.0	15.4	2.2	1.5	67.1	1.5	18.7	4.3	0.08	0.48	0.14
17	4-08-0105	次粉	黑面，黄粉，下面，NY/T 2级	87.0	13.6	2.1	2.8	66.7	1.8	31.9	10.5	0.08	0.48	0.14
18	4-08-0069	小麦麸	传统制粉工艺，NY/T 1级	87.0	15.7	3.9	8.9	53.6	4.9	42.1	13.0	0.11	0.92	0.24
19	4-08-0070	小麦麸	传统制粉工艺，NY/T 2级	87.0	14.3	4.0	6.8	57.1	4.8	41.3	11.9	0.10	0.93	0.24

续附表 1-6

序号	中国饲料号	饲料名称	饲料描述	干物质(%)	粗蛋白质(%)	粗脂肪(%)	粗纤维(%)	无氮浸出物(%)	粗灰分(%)	中性洗涤纤维(%)	酸性洗涤纤维(%)	钙(%)	总磷(%)	非植酸磷(%)
20	4-08-0041	米糠	新鲜，不脱脂,NY/T 2级	87.0	12.8	16.5	5.7	44.5	7.5	22.9	13.4	0.07	1.43	0.10
21	4-10-0025	米糠饼	未脱脂，机榨,NY/T 1级	88.0	14.7	9.0	7.4	48.2	8.7	27.7	11.6	0.14	1.69	0.22
22	4-10-0018	米糠粕	浸提或预压浸提,NY/T 1级	87.0	15.1	2.0	7.5	53.6	8.8	23.3	10.9	0.15	1.82	0.24
23	5-09-0127	大豆	黄大豆，成熟,NY/T 2级	87.0	35.5	17.3	4.3	25.7	4.2	7.9	7.3	0.27	0.48	0.30
24	5-09-0128	全脂大豆	湿法膨化,生大豆,NY/T 2级	88.0	35.5	18.7	4.6	25.2	4.0	11.0	6.4	0.32	0.40	0.25
25	5-10-0241	大豆饼	机榨 NY/T2级	89.0	41.8	5.8	4.8	30.7	5.9	18.1	15.5	0.31	0.50	0.25
26	5-10-0103	大豆粕	去皮,浸提或预压浸提,NY/T 1级	89.0	47.9	1.0	4.0	31.2	4.9	8.8	5.3	0.34	0.65	0.19
27	5-10-0102	大豆粕	浸提或预压浸提,NY/T 2级	89.0	44.2	1.9	5.2	31.8	6.1	13.6	9.6	0.33	0.62	0.18
28	5-10-0118	棉籽饼	机榨,NY/ T 2级	88.0	36.3	7.4	12.5	26.1	5.7	32.1	22.9	0.21	0.83	0.28

续附表 1-6

序号	中国饲料号	饲料名称	饲料描述	干物质(%)	粗蛋白质(%)	粗脂肪(%)	粗纤维(%)	无氮浸出物(%)	粗灰分(%)	中性洗涤纤维(%)	酸性洗涤纤维(%)	钙(%)	总磷(%)	非植酸磷(%)
29	5-10-0119	棉籽粕	浸提或预压浸提,NY/T 1级	90.0	47.0	0.5	10.2	26.3	6.0	22.5	15.3	0.25	1.10	0.38
30	5-10-0117	棉籽粕	浸提或预压浸提,NY/T 2级	90.0	43.5	0.5	10.5	28.9	6.6	28.4	19.4	0.28	1.04	0.36
31	5-10-0220	棉籽蛋白	脱酚,低温一次浸出,分步萃取	92.0	51.1	1.0	6.9	27.3	5.7	20.0	13.7	0.29	0.89	0.29
32	5-10-0183	菜籽饼	机榨,NY/T 2级	88.0	35.7	7.4	11.4	26.3	7.2	33.3	26.0	0.59	0.96	0.33
33	5-10-0121	菜籽粕	浸提或预压浸提,NY/T 2级	88.0	38.6	1.4	11.8	28.9	7.3	20.7	16.8	0.65	1.02	0.35
34	5-10-0116	花生仁饼	机榨,NY/T 2级	88.0	44.7	7.2	5.9	25.1	5.1	14.0	8.7	0.25	0.53	0.31
35	5-10-0115	花生仁粕	浸提或预压浸提,NY/T 2级	88.0	47.8	1.4	6.2	27.2	5.4	15.5	11.7	0.27	0.56	0.33
36	1-10-0031	向日葵仁饼	壳仁比 35：65,NY/T 3级	88.0	29.0	2.9	20.4	31.0	4.7	41.4	29.6	0.24	0.87	0.13
37	5-10-0242	向日葵仁粕	壳仁比 16：84,NY/T 2级	88.0	36.5	1.0	10.5	34.4	5.6	14.9	13.6	0.27	1.13	0.17

续附表 1-6

序号	中国饲料号	饲料名称	饲料描述	干物质(%)	粗蛋白质(%)	粗脂肪(%)	粗纤维(%)	无氮浸出物(%)	粗灰分(%)	中性洗涤纤维(%)	酸性洗涤纤维(%)	钙(%)	总磷(%)	非植酸磷(%)
38	5-10-0243	向日葵仁粕	壳仁比 24：76,NY/T 2 级	88.0	33.6	1.0	14.8	38.8	5.3	32.8	23.5	0.26	1.03	0.16
39	5-10-0119	亚麻仁饼	机榨,NY/T 2 级	88.0	32.2	7.8	7.8	34	6.2	29.7	27.1	0.39	0.88	0.38
40	5-10-0120	亚麻仁粕	浸提或预压浸提,NY/T 2 级	88.0	34.8	1.8	8.2	36.6	6.6	21.6	14.4	0.42	0.95	0.42
41	5-10-0246	芝麻饼	机榨,CP 40%	92.0	39.2	10.3	7.2	24.9	10.4	18.0	13.2	2.24	1.19	0.22
42	5-11-0001	玉米蛋白粉	玉米去胚芽、淀粉后的面筋部分,CP60%	90.1	63.5	5.4	1.0	19.2	1.0	8.7	4.6	0.07	0.44	0.17
43	5-11-0002	玉米蛋白粉	同上,中等蛋白质产品,CP 50%	91.2	51.3	7.8	2.1	28.0	2.0	10.1	7.5	0.06	0.42	0.16
44	5-11-0008	玉米蛋白粉	同上,中等蛋白质产品,CP 40%	89.9	44.3	6.0	1.6	37.1	0.9	29.1	8.2	0.12	0.50	0.18
45	5-11-0003	玉米蛋白饲料	玉米去胚芽、淀粉后的含皮残渣	88.0	19.3	7.5	7.8	48.0	5.4	33.6	10.5	0.15	0.70	0.25
46	4-10-0026	玉米胚芽饼	玉米湿磨后的胚芽,机榨	90.0	16.7	9.6	6.3	50.8	6.6	28.5	7.4	0.04	1.45	0.36

续附表 1-6

序号	中国饲料号	饲料名称	饲料描述	干物质(%)	粗蛋白质(%)	粗脂肪(%)	粗纤维(%)	无氮浸出物(%)	粗灰分(%)	中性洗涤纤维(%)	酸性洗涤纤维(%)	钙(%)	总磷(%)	非植酸磷(%)
47	4-10-0244	玉米胚芽粕	玉米湿磨后的胚芽,浸提	90.0	20.8	2.0	6.5	54.8	5.9	38.2	10.7	0.06	1.23	0.31
48	5-11-0007	玉米酒糟蛋白	玉米酒精糟及可溶物,脱水	90.0	28.3	13.7	7.1	36.8	4.1	38.7	15.3	0.20	0.74	0.42
49	5-11-0009	蚕豆粉浆蛋白粉	蚕豆去皮制粉丝后的浆液,脱水	88.0	66.3	4.7	4.1	10.3	2.6	13.7	9.7	—	0.59	—
50	5-11-0004	麦芽根	大麦芽副产品,干燥	89.7	28.3	1.4	12.5	41.4	6.1	40.0	15.1	0.22	0.73	0.17
51	5-13-0044	鱼粉(CP 64.5 %)	7样平均值	90.0	64.5	5.6	0.5	8.0	11.4	—	—	3.81	2.83	2.83
52	5-13-0045	鱼粉(CP 62.5 %)	8样平均值	90.0	62.5	4.0	0.5	10.0	12.3	—	—	3.96	3.05	3.05
53	5-13-0046	鱼粉(CP 60.2 %)	沿海产的海鱼粉,脱脂,12样平均值	90.0	60.2	4.9	0.5	11.6	12.8	—	—	4.04	2.90	2.90
54	5-13-0077	鱼粉(CP 53.5 %)	沿海产的海鱼粉,脱脂,11样平均值	90.0	53.5	10.0	0.8	4.9	20.8	—	—	5.88	3.20	3.20

续附表 1-6

序号	中国饲料号	饲料名称	饲料描述	干物质(%)	粗蛋白质(%)	粗脂肪(%)	粗纤维(%)	无氮浸出物(%)	粗灰分(%)	中性洗涤纤维(%)	酸性洗涤纤维(%)	钙(%)	总磷(%)	非植酸磷(%)
55	5-13-0036	血粉	鲜猪血,喷雾干燥	88.0	82.8	0.4	0	1.6	3.2	—	—	0.29	0.31	0.31
56	5-13-0037	羽毛粉	纯净羽毛,水解	88.0	77.9	2.2	0.7	1.4	5.8	—	—	0.20	0.68	0.68
57	5-13-0038	皮革粉	废牛皮,水解	88.0	74.7	0.8	1.6	0	10.9	—	—	4.40	0.15	0.15
58	5-13-0047	肉骨粉	屠宰下脚,带骨干燥粉碎	93.0	50.0	8.5	2.8	0	31.7	32.5	5.6	9.20	4.70	4.70
59	5-13-0048	肉粉	脱脂	94.0	54.0	12.0	1.4	4.3	22.3	31.6	8.3	7.69	3.88	—
60	1-05-0074	苜蓿草粉(CP 19%)	一茬盛花期烘干 NY/T 1级	87.0	19.1	2.3	22.7	35.3	7.6	36.7	25.0	1.40	0.51	0.51
61	1-05-0075	苜蓿草粉(CP 17%)	一茬盛花期烘干 NY/T 2级	87.0	17.2	2.6	25.6	33.3	8.3	39.0	28.6	1.52	0.22	0.22
62	1-05-0076	苜蓿草粉(CP 14%～15%)	NY/T 3级	87.0	14.3	2.1	29.8	33.8	10.1	36.8	2.9	1.34	0.19	0.19
63	5-11-0005	啤酒糟	大麦酿造副产品	88.0	24.3	5.3	13.4	40.8	4.2	39.4	24.6	0.32	0.42	0.14
64	7-15-0001	啤酒酵母	啤酒酵母菌粉,QB/T1940-94	91.7	52.4	0.4	0.6	33.6	4.7	6.1	1.8	0.16	1.02	—

续附表 1-6

序号	中国饲料号	饲料名称	饲料描述	干物质(%)	粗蛋白质(%)	粗脂肪(%)	粗纤维(%)	无氮浸出物(%)	粗灰分(%)	中性洗涤纤维(%)	酸性洗涤纤维(%)	钙(%)	总磷(%)	非植酸磷(%)
65	4-13-0075	乳清粉	乳清，脱水，低乳糖含量	94.0	12.0	0.7	0	71.6	9.7	—	—	0.87	0.79	0.79
66	5-01-0162	酪蛋白	脱水	91.0	88.7	0.8	0	2.4	3.6	—	—	0.63	1.01	0.82
67	5-14-0503	明胶	食用	90.0	88.6	0.5	0	0.59	0.31	—	—	0.49	0	0
68	4-06-0076	牛奶乳糖	进口，含乳糖80%以上	96.0	4.0	0.5	0	83.5	8.0	—	—	0.52	0.62	0.62
69	4-06-0077	乳糖	食用	96.0	0.3	—	—	95.7	0	—	—	—	—	—
70	4-06-0078	葡萄糖	食用	90.0	0.3	—	—	89.7	0	—	—	—	—	—
71	4-06-0079	蔗糖	食用	99.0	0.0	—	—	98.5	0.5	—	—	0.04	0.01	0.01
72	4-02-0889	玉米淀粉	食用	99.0	0.3	0.2	0	98.5	—	—	—	0.00	0.03	0.01
73	4-17-0001	牛脂		100.0	0	≧99	0	0	0	0	0	0	0	0
74	4-17-0002	猪油		100.0	0	≧99	0	0	0	0	0	0	0	0
75	4-17-0003	家禽脂肪		100.0	0	≧99	0	0	0	0	0	0	0	0
76	4-17-0004	鱼油		100.0	0	≧99	0	0	0	0	0	0	0	0
77	4-17-0005	菜籽油		100.0	0	≧99	0	0	0	0	0	0	0	0

续附表 1-6

序号	中国饲料号	饲料名称	饲料描述	干物质（%）	粗蛋白质（%）	粗脂肪（%）	粗纤维（%）	无氮浸出物（%）	粗灰分（%）	中性洗涤纤维（%）	酸性洗涤纤维（%）	钙（%）	总磷（%）	非植酸磷（%）
78	4-17-0006	椰子油		100.0	0	≥99	0	0	0	0	0	0	0	0
79	4-07-0007	玉米油		100.0	0	≥99	0	0	0	0	0	0	0	0
80	4-17-0008	棉籽油		100.0	0	≥99	0	0	0	0	0	0	0	0
81	4-17-0009	棕榈油		100.0	0	≥99	0	0	0	0	0	0	0	0
82	4-17-0010	花生油		100.0	0	≥99	0	0	0	0	0	0	0	0
83	4-17-0011	芝麻油		100.0	0	≥99	0	0	0	0	0	0	0	0
84	4-17-0012	大豆油	粗制	100.0	0	≥99	0	0	0	0	0	0	0	0
85	4-17-0013	葵花油		100.0	0	≥99	0	0	0	0	0	0	0	0

注：“—”表示数据不详

附表 1-7 常量矿物质饲料中矿物元素的含量(以饲喂状态为基础)

序	中国料号	饲料名称	化学分子式	钙(%)	磷(%)	磷利用率(%)	钠(%)	氯(%)	钾(%)	镁(%)	硫(%)	铁(%)	锰(%)
01	6-14-0001	碳酸钙,饲料级轻质	$CaCO_3$	38.42	0.02	—	0.08	0.02	0.08	1.61	0.08	0.06	0.02
02	6-14-0002	磷酸氢钙,无水	$CaHPO_4$	29.60	22.77	95～100	0.18	0.47	0.15	0.80	0.80	0.79	0.14
03	6-14-0003	磷酸氢钙,2个结晶水	$CaHPO_4 \cdot 2H_2O$	23.29	18.00	95～100	—	—	—	—	—	—	—
04	6-14-0004	磷酸二氢钙	$Ca(H_2PO_4)_2 \cdot H_2O$	15.90	24.58	100	0.20	—	0.16	0.90	0.80	0.75	0.01
05	6-14-0005	磷酸三钙(磷酸钙)	$Ca_3(PO_4)_2$	38.76	20.0	—	—	—	—	—	—	—	—
06	6-14-0006	石粉、石灰石、方解石等		35.84	0.01	—	0.06	0.02	0.11	2.06	0.04	0.35	0.02
07	6-14-0007	骨粉,脱脂		29.80	12.50	80～90	0.04	—	0.20	0.30	2.40	—	0.03
08	6-14-0008	贝壳粉		32～35	—	—	—	—	—	—	—	—	—
09	6-14-0009	蛋壳粉		30～40	0.1～0.4	—	—	—	—	—	—	—	—
10	6-14-0010	磷酸氢铵	$(NH_4)_2HPO_4$	0.35	23.48	100	0.20	—	0.16	0.75	1.50	0.41	0.01
11	6-14-0011	磷酸二氢铵	$(NH_4)H_2PO_4$	—	26.93	100	—	—	—	—	—	—	—
12	6-14-0012	磷酸氢二钠	Na_2HPO_4	0.09	21.82	100	31.04	—	—	—	—	—	—
13	6-14-0013	磷酸二氢钠	NaH_2PO_4	—	25.81	100	19.17	0.02	0.01	0.01	—	—	—

续附表 1-7

序	中国料号	饲料名称	化学分子式	钙(%)	磷(%)	磷利用率(%)	钠(%)	氯(%)	钾(%)	镁(%)	硫(%)	铁(%)	锰(%)
14	6-14-0014	碳酸钠	Na_2CO_3	—	—	—	43.30	—	—	—	—	—	—
15	6-14-0015	碳酸氢钠	$NaHCO_3$	0.01	—	—	27.00	—	0.01	—	—	—	—
16	6-14-0016	氯化钠	$NaCl$	0.30	—	—	39.50	59.00	—	0.005	0.20	0.01	—
17	6-14-0017	氯化镁,6个结晶水	$MgCl_2 \cdot 6H_2O$	—	—	—	—	—	—	11.95	—	—	—
18	6-14-0018	碳酸镁	$MgCO_3$	0.02	—	—	—	—	—	34.00	—	—	0.01
19	6-14-0019	氧化镁	MgO	1.69	—	—	—	—	0.02	55.00	0.10	1.06	—
20	6-14-0020	硫酸镁,7个结晶水	$MgSO_4 \cdot 7H_2O$	0.02	—	—	—	0.01	—	9.86	13.01	—	—
21	6-14-0021	氯化钾	KCl	0.05	—	—	1.00	47.56	52.44	0.23	0.32	0.06	0.001
22	6-14-0022	硫酸钾	K_2SO_4	0.15	—	—	0.09	1.50	44.87	0.60	18.40	0.07	0.001

注:a. 数据来源于《中国饲料学》(2000,张子仪主编)及《猪营养需要》(NRC,1998)中相关数据

b. 饲料中使用的矿物质添加剂一般不是化学纯化合物,其组成成分的变异较大。一般应采用原料供给商的分析结果

c. “—”表示数据不详

d. 在大多数来源的磷酸氢钙、磷酸二氢钙、磷酸三钙、脱氟磷酸钙、碳酸钙、硫酸钙和方解石石粉中,估计钙的生物学利用率为 90%~100%。在高镁含量的石粉或白云石石粉中,钙的生物学效价较低,为 50%~80%

e. 生物学效价估计值通常以相当于磷酸氢钠或磷酸氢钙中的磷的生物学效价表示

f. 大多数方解石石粉中含有 38%或高于表中所示的钙和低于表中所示的镁

附表 1-8　无机来源的微量元素和估测的生物学利用率

微量元素与来源		化学分子式	元素含量(%)	相对生物学利用率(%)
铁 Fe	一水硫酸亚铁 ferrous sulphate(H_2O)	$FeSO_4 \cdot H_2O$	30.0	100
	七水硫酸亚铁 ferrous sulphate($7H_2O$)	$FeSO_4 \cdot 7H_2O$	20.0	100
	碳酸亚铁 ferrous carbonate	$FeCO_3$	38.0	15～80
	三氧化二铁 ferric oxide	Fe_2O_3	69.9	0
	六水氯化铁 ferric chloride($6H_2O$)	$FeCl_3 \cdot 6H_2O$	20.7	40～100
	氧化亚铁 ferrous oxide	FeO	77.8	—
铜 Cu	五水硫酸铜 copper sulphate($5H_2O$)	$CuSO_4 \cdot 5H_2O$	25.2	100
	氯化铜 copper chloride	$Cu_2(OH)_3Cl$	58.0	100
	氧化铜 copper oxide	CuO	75.0	0～10
	一水碳酸铜 copper carbonate(H_2O)	$CuCO_3 \cdot Cu(OH)_2 \cdot H_2O$	50.0～55.0	60～100
	无水硫酸铜 copper sulphate	$CuSO_4$	39.9	100
锰 Mn	一水硫酸锰 manganese sulphate(H_2O)	$MnSO_4 \cdot H_2O$	29.5	100
	氧化锰 manganese oxide	MnO	60.0	70
	二氧化锰 manganese dioxide	MnO_2	63.1	35～95
	碳酸锰 manganese carbonate	$MnCO_3$	46.4	30～100
	四水氯化锰 manganese chloride($4H_2O$)	$MnCl_2 \cdot 4H_2O$	27.5	100

续附表 1-8

微量元素与来源		化学分子式	元素含量（%）	相对生物学利用率（%）
锌 Zn	一水硫酸锌 zinc sulphate(H_2O)	$ZnSO_4 \cdot H_2O$	35.5	100
	氧化锌 zinc oxide	ZnO	72.0	50～80
	七水硫酸锌 zinc sulphate($7H_2O$)	$ZnSO_4 \cdot 7H_2O$	22.3	100
	碳酸锌 zinc carbonate	$ZnCO_3$	56.0	100
	氯化锌 zinc chloride	$ZnCl_2$	48.0	100
碘 I	乙二胺双氢碘化物(EDDI)	$C_2H_8N_22HI$	79.5	100
	碘酸钙 calcium iodide	$Ca(IO_3)_2$	63.5	100
	碘化钾 potassium iodide	KI	68.8	100
	碘酸钾 potassium iodate	KIO_3	59.3	—
	碘化铜 copper iodide	CuI	66.6	100
硒 Se	亚硒酸钠 sodium selenite	Na_2SeO_3	45.0	100
	十水硒酸钠 sodium selenate($10H_2O$)	$Na_2SeO_4 \cdot 10H_2O$	21.4	100
钴 Co	六水氯化钴 cobalt chloride($6H_2O$)	$CoCl_2 \cdot 6H_2O$	24.3	100
	七水硫酸钴 cobalt sulphate($7H_2O$)	$CoSO_4 \cdot 7H_2O$	21.0	100
	一水硫酸钴 cobalt sulphate(H_2O)	$CoSO_4 \cdot H_2O$	34.1	100
	一水氯化钴 cobalt chloride(H_2O)	$CoCl_2 \cdot H_2O$	39.9	100

注：a. 表中数据来源于《中国饲料学》(2000，张子仪主编)及《猪营养需要》(NRC，1998)中相关数据

b. “—”表示无有效的数值

附录二　无公害食品　猪肉(摘要)
(NY 5029—2008)

1　范围

本标准规定了无公害猪肉的质量安全要求、试验方法、标志、包装、贮存和运输。

本标准适用于无公害猪肉的质量安全评定。

2　规范性引用文件

下列文件中的条款通过本标准的引用而成为本标准的条款。凡是注日期的引用文件,其随后所有的修改单(不包括勘误的内容)或修订版均不适用于本标准,然而,鼓励根据本标准达成协议的各方研究是否可使用这些文件的最新版本。凡是不注日期的引用文件,其最新版本适用于本标准。

GB 4789.2　食品卫生微生物学检验　菌落总数

GB 4789.3　食品卫生微生物学检验　大肠菌群

GB 4789.4　食品卫生微生物学检验　沙门氏菌

GB 4789.17　食品卫生微生物学检验　肉与肉制品检验

GB/T 5009.11　食品中总砷及无机砷的测定方法

GB/T 5009.12　食品中铅的测定方法

GB/T 5009.15　食品中镉的测定方法

GB/T 5009.17　食品中总汞的测定方法

GB/T 5009.44　肉与肉制品卫生标准的分析方法

GB/T 5009.123　食品中铬的测定

GB 9687　食品包装用聚乙烯成型品卫生标准

GB 11680　食品包装用原纸卫生标准

GB 12694　肉类加工厂卫生规范

GB/T 17236　生猪屠宰操作规程

GB/T 17996　生猪屠宰产品品质检验规程

GB/T 20759　畜禽中十六种磺胺类药物残留量的测定　液相色谱—串联质谱法

GB/T 20764　可食动物肌肉中土霉素、四环素、金霉素、强力霉素残留量的测定　液相色谱—紫外线检测法

GB/T 20797　肉与肉制品中喹乙醇残留量的测定　液相色谱法

NY 467　畜禽屠宰卫生检疫规范

NY/T 468　动物组织中盐酸克伦特罗的测定　气相色谱—质谱法

NY 5030　无公害食品　畜禽饲养兽药使用准则

NY 5031　无公害食品　生猪饲养兽医防疫准则

NY/T 5033　无公害食品　生猪饲养管理准则

NY/T 5344.6　无公害食品　产品抽样规范　畜禽产品

农业部 781 号公告—5—2006　动物源性食品中阿维菌素类药物残留量的测定　高效液相色谱法

农业部 958 号公告—3—2007　动物源性食品中莱克多巴胺残留量的测定　高效液相色谱法

3　要求

3.1　原料

活猪必须来自按 NY/T 5033 规定组织生产的养猪场，并经当地动物防疫监督机构检验合格。

3.2　屠宰加工

生猪屠宰按 GB/T 17236 和 NY 467 规定进行，屠宰加工过程中的卫生要求按 GB 12694 执行。

3.3　感官指标

感官指标应符合附表 2-1 的规定。

附表 2-1　感官指标

项　目	鲜猪肉	冻猪肉
色　泽	肌肉有光泽,红色均匀,脂肪乳白色	肌肉有光泽,红色或稍暗,脂肪白色
组织状态	纤维清晰,有坚韧性,指压后凹陷立即恢复	肉质紧密,有坚韧性,解冻后指压凹陷恢复较慢
黏　度	外表湿润,不粘手	外表湿润,切面有渗出液,不粘手
气　味	具有鲜猪肉固有的气味,无异味	解冻后具有鲜猪肉固有的气味,无异味
煮沸后肉汤	澄清透明,脂肪团聚于表面	澄清透明或稍有浑浊,脂肪团聚于表面

3.4　理化指标

理化指标应符合附表 2-2 规定。

附表 2-2　理化指标

项　　目	指　　标
挥发性盐基氮,毫克/100 克	≤15
总汞(以 Hg 计),毫克/千克	≤0.05
铅(以 Pb 计),毫克/千克	≤0.2
无机砷(以 As 计),毫克/千克	≤0.05
镉(以 Cd 计),毫克/千克	≤0.1
铬(以 Cr 计),毫克/千克	≤1.0
金霉素,毫克/千克	≤0.10
土霉素,毫克/千克	≤0.10

续附表 2-2

项　目	指　标
磺胺类(以磺胺类总量计),毫克/千克	≤0.10
伊维菌素(脂肪中),毫克/千克	≤0.02
喹乙醇,毫克/千克	不得检出
盐酸克伦特罗,微克/千克	不得检出
莱克多巴胺,微克/千克	不得检出

注:其他农药和兽药残留量应符合国家有关规定

3.5　微生物指标

微生物指标应符合附表 2-3 规定。

附表 2-3　微生物指标

项　目	鲜猪肉	冻猪肉
菌落总数,菌落形成单位/克	$\leqslant 1\times10^6$	$\leqslant 1\times10^5$
总大肠菌群,最大或然数/100 克	$\leqslant 1\times10^4$	$\leqslant 1\times10^3$
沙门氏菌	不得检出	不得检出

附录三　允许在无公害生猪饲料中使用的药物饲料添加剂
（NY 5032—2006）

附表3　允许在无公害生猪饲料中使用的药物饲料添加剂

名　称	含量规格	用法与用量 （1 000 千克饲料中添加量）	休药期 （天）	商品名
杆菌肽锌预混剂	10%或15%	4～40 克(4 月龄以下)，以有效成分计	0	
黄霉素预混剂	4%或8%	仔猪 10～25 克，生长肥育猪 5 克，以有效成分计	0	富乐旺
维吉尼亚霉素预混剂	50%	20～50 克	1	速大肥
喹乙醇预混剂	5%	1 000～2 000 克，禁用于体重超过 35 千克的猪	35	快育灵
阿美拉霉素预混剂	10%	4 月龄以内 200～400 克，4～6 月龄 100～200 克	0	效美素
盐霉素钠预混剂	5%、6%、10%、12%、45%、50%	25～75 克，以有效成分计	5	优素精 赛可喜
硫酸黏杆菌素预混剂	2%、4%、10%	仔猪 2～20 克，以有效成分计	7	抗敌素
牛至油预混剂	2.5%	用于预防疾病 500～700 克；用于治疗疾病 1 000～1 300 克，连用 7 天；用于促生长 50～500 克		若必达
杆菌肽锌、硫酸黏杆菌素预混剂	杆菌肽锌 5%、硫酸黏杆菌素 1%	2 月龄以下 2～40 克，4 月龄以下 2～20 克，以有效成分计	7	万能肥素
土霉素钙	5%、10%、20%	10～50 克(4 月龄以内)，以有效成分计		
吉他霉素预混剂	2.2%、11%、55%、95%	促生长 5～55 克；防治疾病 80～330 克，连用 5～7 天。以有效成分计	7	

续附表 3

名　称	含量规格	用法与用量（1 000 千克饲料中添加量）	休药期（天）	商品名
金霉素预混剂	10%、15%	20～75 克(4 月龄以内)，以有效成分计	7	
恩拉霉素预混剂	4%、8%	2.5～20 克，以有效成分计	7	

附录四　允许在饲料中使用的添加剂品种目录

（中华人民共和国农业部公告第 1126 号）

附表 4　允许在饲料中使用的添加剂品种目录

类　别	通用名称	适用范围
氨基酸	L-赖氨酸、L-赖氨酸盐酸盐、L-赖氨酸硫酸盐及其发酵副产物(产自谷氨酸棒杆菌，L-赖氨酸含量不低于 51%)、DL-蛋氨酸、L-苏氨酸、L-色氨酸、L-精氨酸、甘氨酸、L-酪氨酸、L-丙氨酸、天(门)冬氨酸、L-亮氨酸、异亮氨酸、L-脯氨酸、苯丙氨酸、丝氨酸、L-半胱氨酸、L-组氨酸、缬氨酸、胱氨酸、牛磺酸	养殖动物
	蛋氨酸羟基类似物、蛋氨酸羟基类似物钙盐	猪、鸡和牛
	N-羟甲基蛋氨酸钙	反刍动物
维生素	维生素 A、维生素 A 乙酸酯、维生素 A 棕榈酸酯、β-胡萝卜素、盐酸硫胺(维生素 B_1)、硝酸硫胺(维生素 B_1)、核黄素(维生素 B_2)、盐酸吡哆醇(维生素 B_6)、氰钴胺(维生素 B_{12})、L-抗坏血酸(维生素 C)、L-抗坏血酸钙、L-抗坏血酸钠、L-抗坏血酸-2-磷酸酯、L-抗坏血酸-6-棕榈酸酯、维生素 D_2、维生素 D_3、α-生育酚(维生素 E)、α-生育酚乙酸酯、亚硫酸氢钠甲萘醌(维生素 K_3)、二甲基嘧啶醇亚硫酸甲萘醌、亚硫酸氢烟酰胺甲萘醌、烟酸、烟酰胺、D-泛醇、D-泛酸钙、DL-泛酸钙、叶酸、D-生物素、氯化胆碱、肌醇、L-肉碱、L-肉碱盐酸盐	养殖动物

续附表 4

类别	通用名称	适用范围
矿物元素及其络(螯)合物[1]	氯化钠、硫酸钠、磷酸二氢钠、磷酸氢二钠、磷酸二氢钾、磷酸氢二钾、轻质碳酸钙、氯化钙、磷酸氢钙、磷酸二氢钙、磷酸三钙、乳酸钙、硫酸镁、氧化镁、氯化镁、柠檬酸亚铁、富马酸亚铁、乳酸亚铁、硫酸亚铁、氯化亚铁、氯化铁、碳酸亚铁、氯化铜、硫酸铜、氧化锌、氯化锌、碳酸锌、硫酸锌、乙酸锌、氯化锰、氧化锰、硫酸锰、碳酸锰、磷酸氢锰、碘化钾、碘化钠、碘酸钾、碘酸钙、氯化钴、乙酸钴、硫酸钴、亚硒酸钠、钼酸钠、蛋氨酸铜络(螯)合物、蛋氨酸铁络(螯)合物、蛋氨酸锰络(螯)合物、蛋氨酸锌络(螯)合物、赖氨酸铜络(螯)合物、赖氨酸锌络(螯)合物、甘氨酸铜络(螯)合物、甘氨酸铁络(螯)合物、酵母铜*、酵母铁*、酵母锰*、酵母硒*、蛋白铜*、蛋白铁*、蛋白锌*	养殖动物
	烟酸铬、酵母铬*、蛋氨酸铬*、吡啶甲酸铬	生长肥育猪
	丙酸铬*	猪
	丙酸锌*	猪、牛和家禽
	硫酸钾、三氧化二铁、碳酸钴、氧化铜	反刍动物
	稀土(铈和镧)壳糖胺螯合盐	畜禽、鱼和虾
酶制剂[2]	淀粉酶(产自黑曲霉、解淀粉芽孢杆菌、地衣芽孢杆菌、枯草芽孢杆菌、长柄木霉*、米曲霉*)	青贮玉米、玉米、玉米蛋白粉、豆粕、小麦、次粉、大麦、高粱、燕麦、豌豆、木薯、小米、大米
	支链淀粉酶(产自酸解支链淀粉芽孢杆菌)	
	α-半乳糖苷酶(产自黑曲霉)	豆粕
	纤维素酶(产自长柄木霉)	玉米、大麦、小麦、麦麸、黑麦、高粱
	β-葡聚糖酶(产自黑曲霉、枯草芽孢杆菌、长柄木霉、绳状青霉*)	小麦、大麦、菜籽粕、小麦副产物、去壳燕麦、黑麦、黑小麦、高粱
	葡萄糖氧化酶(产自特异青霉)	葡萄糖

续附表 4

类　别	通用名称	适用范围
酶制剂[2]	脂肪酶(产自黑曲霉)	动物或植物源性油脂或脂肪
	麦芽糖酶(产自枯草芽孢杆菌)	麦芽糖
	甘露聚糖酶(产自迟缓芽孢杆菌)	玉米、豆粕、椰子粕
	果胶酶(产自黑曲霉)	玉米、小麦
	植酸酶(产自黑曲霉、米曲霉)	玉米、豆粕、葵花籽粕、玉米糁渣、木薯、植物副产物
	蛋白酶(产自黑曲霉、米曲霉、枯草芽孢杆菌、长柄木霉*)	植物和动物蛋白
	木聚糖酶(产自米曲霉、孤独腐质霉、长柄木霉、枯草芽孢杆菌、绳状青霉*)	玉米、大麦、黑麦、小麦、高粱、黑小麦、燕麦
微生物	地衣芽孢杆菌*、枯草芽孢杆菌、两歧双歧杆菌*、粪肠球菌、屎肠球菌、乳酸肠球菌、嗜酸乳杆菌、干酪乳杆菌、乳酸乳杆菌*、植物乳杆菌、乳酸片球菌、戊糖片球菌*、产朊假丝酵母、酿酒酵母、沼泽红假单胞菌	养殖动物
	保加利亚乳杆菌	猪、鸡和青贮饲料
非蛋白氮	尿素、碳酸氢铵、硫酸铵、液氨、磷酸二氢铵、磷酸氢二铵、缩二脲、异丁叉二脲、磷酸脲	反刍动物
抗氧化剂	乙氧基喹啉、丁基羟基茴香醚(BHA)、二丁基羟基甲苯(BHT)、没食子酸丙酯	养殖动物
防腐剂、防霉剂和酸度调节剂	甲酸、甲酸铵、甲酸钙、乙酸、双乙酸钠、丙酸、丙酸铵、丙酸钠、丙酸钙、丁酸、丁酸钠、乳酸、苯甲酸、苯甲酸钠、山梨酸、山梨酸钠、山梨酸钾、富马酸、柠檬酸、柠檬酸钾、柠檬酸钠、柠檬酸钙、酒石酸、苹果酸、磷酸、氢氧化钠、碳酸氢钠、氯化钾、碳酸钠	养殖动物
着色剂	β-胡萝卜素、辣椒红、β-阿朴-8'-胡萝卜素醛、β-阿朴-8'-胡萝卜素酸乙酯、β,β-胡萝卜素-4,4-二酮(斑蝥黄)、叶黄素、天然叶黄素(源自万寿菊)	家禽
	虾青素	水产动物

续附表4

类　别	通用名称	适用范围
调味剂和香料	糖精钠、谷氨酸钠、5'-肌苷酸二钠、5'-鸟苷酸二钠、食品用香料[3]	养殖动物
黏结剂、抗结块剂和稳定剂	α-淀粉、三氧化二铝、可食脂肪酸钙盐、可食用脂肪酸单/双甘油酯、硅酸钙、硅铝酸钠、硫酸钙、硬脂酸钙、甘油脂肪酸酯、聚丙烯酸树脂Ⅱ、山梨醇酐单硬脂酸酯、聚氧乙烯20、山梨醇酐单油酸酯、丙二醇、二氧化硅、卵磷脂、海藻酸钠、海藻酸钾、海藻酸铵、琼脂、瓜尔胶、阿拉伯树胶、黄原胶、甘露糖醇、木质素磺酸盐、羧甲基纤维素钠、聚丙烯酸钠*、山梨醇酐脂肪酸酯、蔗糖脂肪酸酯、焦磷酸二钠、单硬脂酸甘油酯	养殖动物
	丙三醇	猪、鸡和鱼
	硬脂酸*	猪、牛和家禽
多糖和寡糖	低聚木糖（木寡糖）	蛋鸡和水产养殖动物
	低聚壳聚糖	猪、鸡和水产养殖动物
	半乳甘露寡糖	猪、肉鸡、兔和水产养殖动物
	果寡糖、甘露寡糖	养殖动物
其　他	甜菜碱、甜菜碱盐酸盐、大蒜素、山梨糖醇、大豆磷脂、天然类固醇萨洒皂角苷（源自丝兰）、二十二碳六烯酸（DHA）、啤酒酵母培养物*、啤酒酵母提取物*、啤酒酵母细胞壁*	养殖动物
	糖萜素（源自山茶籽饼）、牛至香酚*	猪和家禽
	乙酰氧肟酸	反刍动物
	半胱胺盐酸盐（仅限于包被颗粒，包被主体材料为环状糊精，半胱胺盐酸盐含量27%）	畜禽
	α-环丙氨酸	鸡

注：* 为已获得进口登记证的饲料添加剂。进口或在中国境内生产带"*"的饲料添加剂时，农业部需要对其安全性、有效性和稳定性进行技术评审

1. 所列物质包括无水和结晶水形态
2. 酶制剂的适用范围为典型动物，仅作为推荐，并不包括所有可用动物
3. 食品用香料见《食品添加剂使用卫生标准》（GB 2760—2007）中食品用香料名单

附录五　饲料、饲料添加剂卫生指标(摘录)

(GB 13078—2001)

附表 5　饲料、饲料添加剂卫生指标

<table>
<tr><th>序号</th><th>卫生指标项目</th><th>产品名称</th><th>指　标</th><th>备　注</th></tr>
<tr><td rowspan="10">1</td><td rowspan="10">砷(以总砷计)的允许量(每千克产品中),毫克</td><td>石粉</td><td rowspan="2">≤2.0</td><td rowspan="7">不包括国家主管部门批准使用的有机砷制剂中的砷含量</td></tr>
<tr><td>硫酸亚铁、硫酸镁</td></tr>
<tr><td>磷酸盐</td><td>≤20.0</td></tr>
<tr><td>沸石粉、膨润土、麦饭石</td><td>≤10.0</td></tr>
<tr><td>硫酸铜、硫酸锰、硫酸锌、碘化钾、碘酸钙、氯化钴</td><td>≤5.0</td></tr>
<tr><td>氧化锌</td><td>≤10.0</td></tr>
<tr><td>鱼粉、肉粉、肉骨粉</td><td>≤10.0</td></tr>
<tr><td>猪配合饲料</td><td>≤2.0</td><td></td></tr>
<tr><td>猪浓缩饲料</td><td>≤10.0</td><td>以在配合饲料中 20%的添加量计</td></tr>
<tr><td>猪添加剂预混合饲料</td><td>≤10.0</td><td>以在配合饲料中 1%的添加量计</td></tr>
<tr><td rowspan="4">2</td><td rowspan="4">铅(以 Pb 计)的允许量(每千克产品中),毫克</td><td>仔猪、生长肥育猪浓缩饲料</td><td>≤13</td><td>以在配合饲料中 20%的添加量计</td></tr>
<tr><td>骨粉、肉骨粉、鱼粉、石粉</td><td>≤10</td><td rowspan="2"></td></tr>
<tr><td>磷酸盐</td><td>≤30</td></tr>
<tr><td>仔猪、生长肥育猪复合预混合饲料</td><td>≤40</td><td>以在配合饲料中 1%的添加量计</td></tr>
</table>

续附表 5

序号	卫生指标项目	产品名称	指　标	备　注
3	氟(以 F 计)的允许量(每千克产品中),毫克	鱼粉	≤500	
		石粉	≤2000	
		磷酸盐	≤1800	
		猪配合饲料	≤100	
		骨粉、肉骨粉	≤1800	
		猪添加剂预混合饲料	≤1000	以在配合饲料中 1% 的添加量计
		猪浓缩饲料	按添加比例折算后,与相应猪配合饲料规定值相同	
4	霉菌的允许量(每克产品中),霉菌数 $\times 10^3$ 个	玉米	<40	限量饲用:40～100;禁用:>100
		小麦麸、米糠	<40	限量饲用:40～80;禁用:>80
		豆粕(饼)、棉籽粕(饼)、菜籽粕(饼)	<50	限量饲用:50～100;禁用:>100
		鱼粉、肉骨粉	<20	限量饲用:20～50;禁用:>50
		猪配合饲料、浓缩料	<45	
5	黄曲霉毒素 B_1 允许量(每千克产品中),毫克	玉米、花生粕(饼)、棉籽粕(饼)、菜籽粕(饼)	≤50	
		豆粕	≤30	
		仔猪配合饲料及浓缩饲料	≤10	
		生长肥育猪、种猪配合饲料及浓缩饲料	≤20	

续附表 5

序号	卫生指标项目	产品名称	指　标	备　注
6	铬(以 Cr 计)的允许量(每千克产品中),毫克	皮革蛋白粉	≤200	
		猪配合饲料	≤10	
7	汞(以 Hg 计)的允许量(每千克产品中),毫克	鱼粉	≤0.5	
		石粉	≤0.1	
		猪配合饲料	≤0.1	
8	镉(以 Cd 计)的允许量(每千克产品中),毫克	米糠	≤1.0	
		鱼粉	≤2.0	
		石粉	≤0.75	
		猪配合饲料	≤0.5	
9	氰化物(以 HCN 计)的允许量(每千克产品中),毫克	木薯干	≤100	
		胡麻粕(饼)	≤350	
		猪配合饲料	≤50	
10	亚硝酸盐(以 $NaNO_2$ 计)的允许量(每千克产品中),毫克	鱼粉	≤60	
		猪配合饲料	≤15	
11	游离棉酚的允许量(每千克产品中),毫克	棉籽粕(饼)	≤1200	
		生长肥育猪配合饲料	≤60	
12	异硫氰酸酯(以丙烯基异硫氰酸酯计)的允许量(每千克产品中),毫克	菜籽粕(饼)	≤4000	
		生长肥育猪配合饲料	≤500	
13	六六六的允许量(每千克产品中),毫克	米糠、小麦麸、大豆粕(饼)、鱼粉	≤0.05	
		生长肥育猪配合饲料	≤0.4	

续附表5

序号	卫生指标项目	产品名称	指　标	备　注
14	滴滴涕的允许量（每千克产品中），毫克	米糠、小麦麸、大豆粕（饼）、鱼粉	≤0.02	
		猪配合饲料	≤0.2	
15	沙门氏菌	饲料	不得检出	
16	细菌总数的允许量（每千克产品中），细菌总数×10^6个	鱼粉	≤2	限量饲用：2～5 禁用：>5

注：1. 所列允许量均以干物质含量为88%的饲料为基础计算

2. 浓缩饲料、添加剂预混合饲料添加比例与本标准不同时，其卫生标准允许量可进行折算

附录六　食品动物禁用的兽药及其他化合物清单
（NY 5030—2006）

附表6　食品动物禁用的兽药及其他化合物清单

序号	兽药及其他化合物名称	禁止用途	禁用动物
1	兴奋剂类：克伦特罗（Clenbuterol）、沙丁胺醇（Salbutamol）、西马特罗（Cimaterol）及其盐、酯及制剂	所有用途	所有食品动物
2	性激素类：己烯雌酚（Diethylstilbestrol）及其盐、酯及制剂	所有用途	所有食品动物
3	具有激素样作用的物质：玉米赤霉醇（Zeranol）、去甲雄三烯醇酮（Trenbolone）、醋酸甲孕酮（Mengestrol Acetate）及制剂	所有用途	所有食品动物
4	氯霉素（Chloramphenicol）及其盐、酯（包括：琥珀氯霉素 Chloramphenicol succinate）及制剂	所有用途	所有食品动物

续附表 6

序号	兽药及其他化合物名称	禁止用途	禁用动物
5	胺苯砜(Dapsone)及制剂	所有用途	所有食品动物
6	硝基呋喃类:呋喃唑酮(Furazolidone)、呋喃它酮(Furatadone)、呋喃苯烯酸钠(Nifurstyrennate sodium)及制剂	所有用途	所有食品动物
7	硝基化合物:硝基酚钠(Sodium nitrophenolate)、硝呋烯腙(Nitrovin)及制剂	所有用途	所有食品动物
8	催眠、镇静类:安眠酮(Methaqulone)及制剂	所有用途	所有食品动物
9	林丹(丙体六六六)(Lindane)	杀虫剂	所有食品动物
10	毒杀芬(氯化烯)(Camahechlor)	杀虫剂、清塘剂	所有食品动物
11	呋喃丹(克百威)(Carbofuran)	杀虫剂	所有食品动物
12	杀虫脒(克死螨)(Chlordimeform)	杀虫剂	所有食品动物
13	双甲脒(Amtraz)	杀虫剂	水生食品动物
14	酒石酸锑钾(Antimony potassium tartrate)	杀虫剂	所有食品动物
15	锥虫胂胺(Tryparsamide)	杀虫剂	所有食品动物
16	孔雀石绿(Malachite green)	抗菌、杀虫剂	所有食品动物
17	五氯酚酸钠(Pentachlorophenol sodium)	杀螺剂	所有食品动物
18	各种汞制剂包括:氯化亚汞(甘汞)(Calomel)、硝酸亚汞(Mercurous nitrate)、醋酸汞(Mercurous acetate)、吡啶基醋酸汞(Pyridyl mercurous acetate)	杀虫剂	所有食品动物
19	性激素类:甲基睾丸酮(Methyltestosterone)、丙酸睾丸酮(Testosterone propionate)、苯丙酸诺龙(Nandrone phenylprpionate)、苯甲酸雌二醇(Estradiol benzoate)及其盐、酯及制剂	促生长	所有食品动物
20	催眠、镇静类:氯丙嗪(Clorpromazine)、地西泮(安定)(diazepam)及其盐、酯及制剂	促生长	所有食品动物
21	硝基咪唑类:甲硝唑(Metronidazole)、地美硝唑(Dimetronidazole)及其盐、酯及制剂	促生长	所有食品动物

注:食品动物是指各种供人食用或其产品供人食用的动物

附录七　禁止在饲料和动物饮水中使用的物质(摘录)

(中华人民共和国农业部公告第1519号)

附表7　禁止在饲料和动物饮水中使用的物质

序号	名　称
1	苯乙醇胺 A(PhenylethanolamineA):β-肾上腺素受体激动剂
2	班布特罗(Bambuterol):β-肾上腺素受体激动剂
3	盐酸齐帕特罗(Zilpaterol Hydrochloride):β-肾上腺素受体激动剂
4	盐酸氯丙那林(Clorprenaline Hydrochloride):β-肾上腺素受体激动剂
5	马布特罗(Mabuterol):β-肾上腺素受体激动剂
6	西布特罗(Cimbuterol):β-肾上腺素受体激动剂
7	溴布特罗(Brombuterol):β-肾上腺素受体激动剂
8	酒石酸阿福特罗(Arformoterol Tartrate):长效型β-肾上腺素受体激动剂
9	富马酸福莫特罗(Formoterol Fumatrate):长效型β-肾上腺素受体激动剂
10	盐酸可乐定(Clonidine Hydrochloride):药典2010版二部P645。抗高血压药
11	盐酸赛庚啶(Cyproheptadine Hydrochloride):药典2010版二部P803。抗组胺药

附录八　无公害食品　生猪饲养允许使用的抗寄生虫药和抗菌药及使用规定(NY 5030—2001)

附表8　无公害食品生猪饲养允许使用的抗寄生虫药和抗菌药及使用规定

类别	名　称	制　剂	用法与用量	休药期(天)
抗寄生虫药	阿苯达唑	片　剂	内服,1次量,5～10毫克	
	双甲脒	溶　液	药浴、喷洒、涂擦,配成0.025%～0.05%溶液	7
	硫双二氯酚	片　剂	内服,1次量,75～100毫克/千克体重	
	非班太尔	片　剂	内服,1次量,5毫克/千克体重	14
	芬苯达唑	粉、片剂	内服,1次量,5～7.5毫克/千克体重	0
	氰戊菊酯	溶　液	喷雾,加水以1∶1 000～2 000倍稀释	
	氟苯咪唑	预混剂	混饲,每1 000千克饲料添加30克,连用5～10天	14
	伊维菌素	注射液	皮下注射,1次量,0.3毫克/千克体重	18
		预混剂	混饲,每1 000千克饲料添加330克,连用7天	5
	盐酸左旋咪唑	片　剂	内服,1次量,7.5毫克/千克体重	3
		注射液	皮下、肌内注射,1次量,7.5毫克/千克体重	28
	奥芬达唑	片　剂	内服,1次量,4毫克/千克体重	

附录八　无公害食品　生猪饲养允许使用的抗寄生虫药和抗菌药及使用规定(NY 5030—2001)

续附表 8

类别	名　称	制　剂	用法与用量	休药期(天)
抗寄生虫药	丙氧苯咪唑	片　剂	内服,1 次量,10 毫克/千克体重	14
	枸橼酸哌嗪	片　剂	内服,1 次量,0.25～0.3 克/千克体重	21
	磷酸哌嗪	片　剂	内服,1 次量,0.2～0.25 克/千克体重	21
	吡喹酮	片　剂	内服,1 次量,10～35 毫克/千克体重	
	盐酸噻咪唑	片　剂	内服,1 次量,10～15 毫克/千克体重	3
抗菌药	氨苄西林钠	注射用粉针	肌内或静脉注射,1 次量,10～20 毫克/千克体重,1 日 2～3 次,连用 2～3 天	
		注射液	皮下或肌内注射,1 次量,5～7 毫克/千克体重	15
	硫酸安普(阿普拉)霉素	预混剂	混饲,每 1 000 千克饲料添加 80～100 克,连用 7 天	21
		可溶性粉	混饮,每 1 升水,12.5 毫克/千克体重,连用 7 天	21
	阿美拉霉素	预混剂	混饲,每 1 000 千克饲料,0～4 月龄,20～40 克;4～6 月龄,10～20 克	0
	杆菌肽锌	预混剂	混饲,每 1 000 千克饲料,4 月龄以下,4～40 克	0
	杆菌肽锌、硫酸黏杆菌素	预混剂	混饲,每 1 000 千克饲料,4 月龄以下,2～20 克;2 月龄以下,2～40 克	7
	苄星青霉素	注射用粉针	肌内注射,1 次量,每 1 千克体重 3 万～4 万单位	
	青霉素钠(钾)	注射用粉针	肌内注射,1 次量,每 1 千克体重 2 万～3 万单位	
	硫酸小檗碱	注射液	肌内注射,1 次量,50～100 毫克	
	头孢噻呋钠	注射用粉针	肌内注射,1 次量,3～5 毫克/千克体重,每日 1 次,连用 3 天	

续附表 8

类别	名　称	制　剂	用法与用量	休药期（天）
抗菌药	硫酸黏杆菌素	预混剂	混饲，每1000千克饲料，仔猪2～20克	7
		可溶性粉	混饮，每1升水40～200毫克	7
	甲磺酸达氟沙星	注射剂	肌内注射，1次量，1.25～2.5毫克/千克体重，1日1次，连用3天	25
	越霉素A	预混剂	混饲，每1000千克饲料，5～10克	15
	盐酸二氟沙星	注射液	肌内注射，1次量，5毫克/千克体重，1日2次，连用3天	45
	盐酸多西环素	片　剂	内服，1次量，3～5毫克，1日1次，连用3～5天	
	恩诺沙星	注射液	肌内注射，1次量，2.5毫克/千克体重，1日1～2次，连用2～3天	10
	恩拉霉素	预混剂	混饲，每1000千克饲料，2.5～20克	7
	乳糖酸红霉素	注射用粉针	静脉注射，1次量，3～5毫克，1日2次，连用2～3天	
	黄霉素	预混剂	混饲，每1000千克饲料，生长肥育猪5克，仔猪10～25克	0
	氟苯尼考	注射剂	肌内注射，1次量，20毫克/千克体重，每隔48小时1次，连用2次	30
		粉　剂	内服，20～30毫克/千克体重，1日2次，连用3～5天	30
	氟甲喹	可溶性粉剂	内服，1次量，5～10毫克/千克体重，首次量加倍，1日2次，连用3～4天	
	硫酸庆大霉素	注射液	肌内注射，1次量2～4毫克/千克体重	40
	硫酸庆大-小诺霉素	注射液	肌内注射，1次量，1～2毫克/千克体重，1日2次	

续附表 8

类别	名　称	制　剂	用法与用量	休药期（天）
抗菌药	潮霉素 B	预混剂	混饲,每 1 000 千克饲料 10～13 克,连用 8 周	15
	硫酸卡那霉素	注射用粉针	肌内注射,1 次量,10～15 毫克,1 日 2 次,连用 2～3 天	
	北里霉素	片　剂	内服,1 次量,20～30 毫克/千克体重,1 日 1～2 次	
		预混剂	混饲,每 1 000 千克饲料,防治,80～330 克;促生长,5～55 克	7
	酒石酸北里霉素	可溶性粉剂	混饮,每 1 升水,100～200 毫克,连用 1～5 天	7
	盐酸林可霉素	片　剂	内服,1 次量,10～15 毫克/千克体重,1 日 1～2 次	1
		注射剂	肌内注射,1 次量,10 毫克/千克体重,1 日 2 次,连用 3～5 天	2
		预混剂	混饲,每 1 000 千克饲料 44～77 克,连用 7～21 天	5
	盐酸林可霉素、硫酸壮观霉素	可溶性粉剂	混饮,每 1 升水,10 毫克/千克体重	5
		预混剂	混饲,每 1 000 千克饲料 44 克,连用 7～21 天	5
	博落回	注射液	肌内注射,1 次量,体重 10 千克以下,10～25 毫克;体重 10～50 千克,25～50 毫克,1 日 2～3 次	
	乙酰甲喹	片　剂	内服,1 次量,5～10 毫克/千克体重	
	硫酸新霉素	预混剂	混饲,每 1 000 千克饲料 77～154 克,连用 3～5 天	3
	硫酸新霉素、甲溴东莨菪碱	溶液剂	内服,1 次量,体重 7 千克以下,1 毫升;体重 7～10 千克,2 毫升	3

续附表 8

类别	名　称	制　剂	用法与用量	休药期（天）
抗菌药	呋喃妥因	片　剂	内服，1 日量，12～15 毫克/千克体重，分 2～3 次	
	喹乙醇	预混剂	混饲，每 1 000 千克饲料 1 000～2 000 克，体重超过 35 千克的禁用	35
	牛至油	溶液剂	内服，预防，2～3 日龄，每头 50 毫克，8 小时后重复给药 1 次；治疗，10 千克以下每头 50 毫克；10 千克以上，每头 100 毫克，用药后 7～8 小时腹泻仍未停止时，重复给药 1 次	
		预混剂	混饲，1 000 千克饲料，预防，1.25～1.75 克；治疗，2.5～3.25 克	
	苯唑西林钠	注射用粉针	肌内注射，1 次量 10～15 毫克/千克体重，1 日 2～3 次，连用 2～3 天	
	土霉素	片　剂	内服，1 次量，10～25 毫克/千克体重，1 日 2～3 次，连用 3～5 天	5
		注射液（长效）	肌内注射，1 次量，10～20 毫克/千克体重	28
	盐酸土霉素	注射用粉针	静脉注射，1 次量，5～10 毫克/千克体重，1 日 2 次，连用 2～3 天	26
	普鲁卡因青霉素	注射用粉针	肌内注射，1 次量，2 万～3 万单位，1 日 1 次，连用 2～3 天	6
		注射液	同上	6
	盐霉素钠	预混剂	混饲，每 1 000 千克饲料 25～75 克	5
	盐酸沙拉沙星	注射液	肌内注射，1 次量，2.5～5 毫克/千克体重，1 日 2 次，连用 3～5 天	
	赛地卡霉素	预混剂	混饲，每 1 000 千克饲料 75 克，连用 15 天	1
	硫酸链霉素	注射用粉针	肌内注射，1 次量，10～15 毫克/千克体重，1 日 2 次，连用 2～3 天	

续附表 8

类别	名　称	制　剂	用法与用量	休药期(天)
抗菌药	磺胺二甲嘧啶钠	注射液	静脉注射,1 次量,50～100 毫克/千克体重,1 日 1～2 次,连用 2～3 天	7
	复方磺胺甲噁唑片	片　剂	内服,1 次量,首次量 20～25 毫克/千克体重(以磺胺甲噁唑计,1 日 2 次,连用 3～5 天	
	磺胺对甲氧嘧啶	片　剂	内服,1 次量,首次量 50～100 毫克;维持,25～50 毫克。1 日 1～2 次,连用 3～5 天	
	磺胺对甲氧嘧啶、二甲氧苄氨嘧啶片	片　剂	内服,1 次量,20～25 毫克/千克体重(以磺胺对甲氧嘧啶计),每 12 小时 1 次	
	复方磺胺对甲氧嘧啶片	片　剂	内服,1 次量,20～25 毫克(以磺胺对甲氧嘧啶计),1 日 1～2 次,连用 3～5 天	
	复方磺胺对甲氧嘧啶钠注射液	注射液	肌内注射,1 次量,15～20 毫克/千克体重(以磺胺对甲氧嘧啶钠计),1 日 1～2 次,连用 2～3 天	
	磺胺间甲氧嘧啶	片　剂	内服,1 次量,首次量 50～100 毫克;维持量 25～50 毫克。1 日 1～2 次,连用 3～5 天	
	磺胺间甲氧嘧啶钠	注射液	静脉注射,1 次量,50 毫克/千克体重,1 日 1～2 次,连用 2～3 天	
	磺胺脒	片　剂	内服,1 次量,0.1～0.2 克/千克体重,1 日 2 次,连用 3～5 天	
	磺胺嘧啶	片　剂	内服,1 次量,首次量 0.14～0.2 克/千克体重;维持量 0.07～0.1 克/千克体重。1 日 2 次,连用 3～5 天	
		注射液	静脉注射,一次量,0.05～0.1 克/千克体重,1 日 1～2 次,连用 2～3 天	
	复方磺胺嘧啶钠注射液	注射液	肌内注射,1 次量,20～30 毫克/千克体重(以磺胺嘧啶计),1 日 1～2 次,连用 2～3 天	

续附表 8

类别	名　称	制　剂	用法与用量	休药期（天）
抗菌药	复方磺胺嘧啶预混剂	预混剂	混饲,1次量,15～30毫克/千克体重,连用5天	5
	磺胺噻唑	片　剂	内服,1次量,首次量0.14～0.2克/千克体重;维持量0.07～0.1克/千克体重,1日2～3次,连用3～5天	
	磺胺噻唑钠	注射液	静脉注射,1次量,0.05～0.1克/千克体重。1日2次,连用2～3天	
	复方磺胺氯哒嗪钠粉	粉　剂	内服,1次量,20毫克/千克体重(以磺胺氯哒嗪钠计),连用5～10天	3
	盐酸四环素	注射用粉针	静脉注射,1次量,5～10毫克/千克体重,1日2次,连用2～3天	
	甲砜霉素	片　剂	内服,1次量,5～10毫克/千克体重,1日2次,连用2～3天	
	延胡索酸泰妙菌素	可溶性粉剂	混饮,每1升水,45～60毫克,连用5天	7
		预混剂	混饲,每1 000千克饲料,40～100克,连用5～10天	5
	磷酸替米考星	预混剂	混饲,每1 000千克饲料,400克,连用15天	14
	泰乐菌素	注射液	肌内注射,1次量,5～13毫克/千克体重,1日2次,连用7天	14
	磷酸泰乐菌素、磺胺二甲嘧啶预混剂	预混剂	混饲,每1 000千克饲料,200克(100克泰乐菌素+100克磺胺二甲嘧啶),连用5～7天	15
	维吉尼亚霉素	预混剂	混饲,每1 000千克饲料,10～25克	1

附录九　饲料原料目录

附表 9　饲料原料目录

原料编号	原料类别	原料名称
1.	谷物及其加工产品	
1.1	大麦及其加工产品	大麦,大麦次粉,大麦蛋白粉,大麦粉,大麦粉浆粉,大麦麸,大麦壳,大麦糖渣,大麦纤维渣,大麦皮,大麦芽,大麦芽粉,大麦芽根,烘烤大麦,喷浆大麦皮,膨化大麦,全大麦粉,压片大麦
1.2	稻谷及其加工产品	稻谷,糙米,糙米粉,大米,大米次粉,大米蛋白粉,大米粉,大米酶解蛋白,大米抛光次粉,大米糖渣,稻壳粉[砻糠粉],稻米油[米糠油],米糠,米糠饼,米糠粕,膨化大米(粉),碎米,统糠,稳定化米糠,压片大米,预糊化大米,蒸谷米次粉
1.3	高粱及其加工产品	高粱,高粱次粉,高粱粉浆粉,高粱糠,高粱米,去皮高粱粉,全高粱粉
1.4	黑麦及其加工产品	黑麦,黑麦次粉,黑麦粉,黑麦麸,全黑麦粉
1.5	酒糟类	干白酒糟,干黄酒糟,_干酒精糟[DDG](大麦、大米、玉米、高粱、小麦、黑麦、谷物、薯类),_干酒精糟可溶物[DDS](大麦、大米、玉米、高粱、小麦、黑麦、谷物、薯类),干啤酒糟,含可溶物_的_干酒精糟[_干全酒精糟][DDGS](大麦、大米、玉米、高粱、小麦、黑麦、谷物、薯类),_湿酒精糟[DWG](大麦、大米、玉米、高粱、小麦、黑麦、谷物、薯类),_湿酒精糟可溶物[DWS](大麦、大米、玉米、高粱、小麦、黑麦、谷物、薯类)
1.6	荞麦及其加工产品	荞麦,荞麦次粉,荞麦麸,全荞麦粉
1.7	筛余物	_筛余物(大麦、大米、玉米、高粱、小麦、黑麦、荞麦、黍、粟、小黑麦、燕麦)
1.8	黍及其加工产品	黍[黄米],黍米粉,黍米糠
1.9	粟及其加工产品	粟[谷子],小米,小米粉,小米糠
1.10	小黑麦及其加工产品	小黑麦,全小黑麦粉,小黑麦次粉,小黑麦粉,小黑麦麸

续附表 9

原料编号	原料类别	原料名称
1.11	小麦及其加工产品	小麦,发芽小麦[芽麦],谷朊粉[活性小麦面筋粉][小麦蛋白粉],喷浆小麦麸,膨化小麦,全小麦粉,小麦次粉,小麦粉[面粉],小麦粉浆粉,小麦麸[麸皮],小麦胚,小麦胚芽饼,小麦胚芽粕,小麦胚芽油,小麦水解蛋白,小麦糖渣,小麦纤维,小麦纤维渣[小麦皮],压片小麦,预糊化小麦
1.12	燕麦及其加工产品	燕麦,膨化燕麦,全燕麦粉,脱壳燕麦,燕麦次粉,燕麦粉,燕麦麸,燕麦壳,燕麦片
1.13	玉米及其加工产品	玉米,喷浆玉米皮,膨化玉米,去皮玉米,压片玉米,玉米次粉,玉米蛋白粉,玉米淀粉渣,玉米粉,玉米浆干粉,玉米酶解蛋白,玉米胚,玉米胚芽饼,玉米胚芽粕,玉米皮,玉米糁[玉米楂],玉米糠渣,玉米芯粉,玉米油[玉米胚芽油]
2.	油料籽实及其加工产品	
2.1	扁桃[杏]及其加工产品	扁桃[杏]仁饼,扁桃[杏]仁粕,扁桃[杏]仁油
2.2	菜籽及其加工产品	菜籽[油菜籽],菜籽饼[菜饼],菜籽蛋白,菜籽皮,菜籽粕[菜粕],菜籽油[菜油],膨化菜籽,双低菜籽,双低菜籽粕[双低菜粕]
2.3	大豆及其加工产品	大豆,大豆分离蛋白,大豆磷脂油,大豆酶解蛋白,大豆浓缩蛋白,大豆胚芽粕[大豆胚芽粉],大豆胚芽油,大豆皮,大豆筛余物,大豆糖蜜,大豆纤维,大豆油[豆油],豆饼,豆粕,豆渣,烘烤大豆(粉),膨化大豆[膨化大豆粉],膨化大豆蛋白[大豆组织蛋白],膨化豆粕
2.4	番茄籽及其加工产品	番茄籽粕,番茄籽油
2.5	橄榄及其加工产品	橄榄饼[油橄榄饼],橄榄粕[油橄榄粕],橄榄油
2.6	核桃及其加工产品	核桃仁饼,核桃仁粕,核桃仁油
2.7	红花籽及其加工产品	红花籽,红花籽饼,红花籽壳,红花籽粕,红花籽油
2.8	花椒籽及其加工产品	花椒籽,花椒籽饼[花椒饼],花椒籽粕[花椒粕],花椒籽油

续附表 9

原料编号	原料类别	原料名称
2.9	花生及其加工产品	花生,花生饼[花生仁饼],花生蛋白,花生红衣,花生壳,花生粕[花生仁粕],花生油
2.10	可可及其加工产品	可可饼(粉),可可油[可可脂]
2.11	葵花籽及其加工产品	葵花籽[向日葵籽],葵花头粉[向日葵盘粉],葵花籽壳[向日葵壳],葵花籽仁饼[向日葵籽仁饼],葵花籽仁粕[向日葵籽仁粕],葵花籽油[向日葵籽油]
2.12	棉籽及其加工产品	棉籽,棉仁饼,棉籽饼[棉饼],棉籽蛋白,棉籽壳,棉籽酶解蛋白,棉籽粕[棉粕],棉籽油[棉油],脱酚棉籽蛋白[脱毒棉籽蛋白]
2.13	木棉籽及其加工产品	木棉籽饼,木棉籽粕,木棉籽油
2.14	葡萄籽及其加工产品	葡萄籽粕,葡萄籽油
2.15	沙棘籽及其加工产品	沙棘籽饼,沙棘籽粕,沙棘籽油
2.16	酸枣及其加工产品	酸枣粕,酸枣油
2.17	文冠果加工产品	文冠果粕,文冠果油
2.18	亚麻籽及其加工产品	亚麻籽[胡麻籽],亚麻饼[亚麻籽饼,亚麻仁饼,胡麻饼],亚麻粕[亚麻籽粕,亚麻仁粕,胡麻粕],亚麻籽油
2.19	椰子及其加工产品	椰子饼,椰子粕,椰子油
2.20	油棕榈及其加工产品	棕榈果,棕榈饼[棕榈仁饼],棕榈粕[棕榈仁粕],棕榈仁,棕榈仁油,棕榈油
2.21	月见草籽及其加工产品	月见草籽,月见草籽粕,月见草籽油
2.22	芝麻及其加工产品	芝麻籽,芝麻饼[油麻饼],芝麻粕,芝麻油
2.23	紫苏及其加工产品	紫苏籽,紫苏饼[紫苏籽饼],紫苏粕[紫苏籽粕],紫苏油
2.24	其他	氢化脂肪
3.	豆科作物籽实及其加工产品(大豆及其加工产品见第 2 部分)	
3.1	扁豆及其加工产品	扁豆,去皮扁豆
3.2	菜豆及其加工产品	菜豆[芸豆]
3.3	蚕豆及其加工产品	蚕豆,蚕豆粉浆蛋白粉,蚕豆皮,去皮蚕豆,压片蚕豆

续附表 9

原料编号	原料类别	原料名称
3.4	瓜尔豆及其加工产品	瓜尔豆胚芽粕,瓜尔豆粕
3.5	红豆及其加工产品	红豆[赤豆、红小豆],红豆皮,红豆渣
3.6	角豆及其加工产品	角豆粉
3.7	绿豆及其加工产品	绿豆,绿豆粉浆蛋白粉,绿豆皮,绿豆渣
3.8	豌豆及其加工产品	豌豆,去皮豌豆,豌豆次粉,豌豆粉,豌豆粉浆蛋白粉,豌豆粉浆粉,豌豆皮,豌豆纤维,豌豆渣,压片豌豆
3.9	鹰嘴豆及其加工产品	鹰嘴豆
3.10	羽扇豆及其加工产品	羽扇豆,去皮羽扇豆,羽扇豆皮,羽扇豆渣
3.11	其他	_豆荚,_豆荚粉,烘烤_豆
4.	块茎、块根及其加工产品	
4.1	白萝卜及其加工产品	白萝卜干(片、块、粉、颗粒)
4.2	大蒜及其加工产品	大蒜粉(片),大蒜渣
4.3	甘薯及其加工产品	甘薯[红薯、白薯、番薯、山芋、地瓜、红苕]干(片、块、粉、颗粒),甘薯渣,紫薯干(片、块、粉、颗粒)
4.4	胡萝卜及其加工产品	胡萝卜干(片、块、粉、颗粒),胡萝卜渣
4.5	菊苣及其加工产品	菊苣根干(片、块、粉、颗粒),菊苣渣
4.6	菊芋及其加工产品	菊糖,菊芋渣
4.7	马铃薯及其加工产品	马铃薯[土豆、洋芋、山药蛋]干(片、块、粉、颗粒),马铃薯蛋白粉,马铃薯渣
4.8	魔芋及其加工产品	魔芋干(片、块、粉、颗粒)
4.9	木薯及其加工产品	木薯干(片、块、粉、颗粒),木薯渣
4.10	藕及其加工产品	藕[莲藕]干(片、块、粉、颗粒)
4.11	甜菜及其加工产品	甜菜粕[渣],甜菜粕颗粒,甜菜糖蜜,蔗糖
4.12	食用瓜类及其加工产品	_瓜,_瓜籽
5.	其他籽实、果实类产品及其加工产品	
5.1	辣椒及其加工产品	辣椒(粉),辣椒渣,辣椒籽粕

续附表 9

原料编号	原料类别	原料名称
5.2	水果或坚果及其加工产品	鳄梨[牛油果]干(片、块、粉),鳄梨[牛油果]浓缩汁,__果仁,__果渣
5.3	枣及其加工产品	枣,枣粉
6.	饲草、粗饲料及其加工产品	
6.1	干草及其加工产品	__草颗粒(块),__干草,__干草粉,苜蓿渣
6.2	秸秆及其加工产品	__氨化秸秆,__碱化秸秆,__秸秆,__秸秆粉,__秸秆颗粒(块)
6.3	青绿饲料	__青绿粗饲料
6.4	青贮饲料	__半干青贮饲料,__黄贮饲料,__青贮饲料
6.5	其他粗饲料	灌木或树木茎叶,灌木或树木茎叶粉,灌木与树木茎叶颗粒(块)
7.	其他植物、藻类及其加工产品	
7.1	甘蔗加工产品	甘蔗糖蜜,甘蔗渣,蔗糖
7.2	丝兰及其加工产品	丝兰粉
7.3	甜叶菊及其加工产品	甜叶菊渣
7.4	万寿菊及其加工产品	万寿菊渣
7.5	海藻及其加工产品	__藻,__藻渣,裂壶藻粉,螺旋藻粉,拟微绿球藻粉,微藻粕,小球藻粉
7.6	其他可饲用天然植物(仅指所称植物或植物的特定部位经干燥或干燥、粉碎获得的产品)	八角茴香,白扁豆,百合,白芍,白术,柏子仁,薄荷,补骨脂,苍术,侧柏叶,车前草,车前子,赤芍,川芎,刺五加,大蓟,淡豆豉,淡竹叶,当归,党参,地骨皮,丁香,杜仲,杜仲叶,榧子,佛手,茯苓,甘草,干姜,高良姜,葛根,枸杞子,骨碎补,荷叶,诃子,黑芝麻,红景天,厚朴,厚朴花,胡芦巴,花椒,槐角[槐实],黄精,黄芪,藿香,积雪草,姜黄,绞股蓝,桔梗,金荞麦,金银花,金樱子,韭菜子,菊花,橘皮,决明子,莱菔子,莲子,芦荟,罗汉果,马齿苋,麦冬[麦门冬],玫瑰花,木瓜,木香,牛蒡子,女贞子,蒲公英,蒲黄,茜草,青皮,人参叶,肉豆蔻,桑白皮,桑葚,桑叶,桑枝,沙棘,山药,山楂,山茱萸,生姜,升麻,首乌藤,酸角,酸枣仁,天冬[天门冬],土茯苓,菟丝子,五加皮,乌梅,五味子,鲜白茅根,香附,香薷,小蓟,薤白,洋槐花,杨树花,野菊花,益母草,薏苡仁,益智[益智仁],银杏叶,鱼腥草,玉竹,远志,越橘,泽兰,泽泻,知母,制何首乌,枳壳,知母,紫苏叶

续附表 9

原料编号	原料类别	原料名称
8.	乳制品及其副产品	
8.1	干酪制品	奶酪[干酪]
8.2	酪蛋白及其加工产品	酪蛋白[干酪素],水解酪蛋白
8.3	奶油及其加工产品	奶油[黄油],稀奶油
8.4	乳及乳粉	_乳，_初乳(粉)，_乳粉[奶粉]
8.5	乳清及其加工产品	浮清粉,分离乳清蛋白,浓缩乳清蛋白,乳钙[乳矿物盐],乳清蛋白粉,脱盐乳清粉
8.6	乳糖及其加工产品	乳糖
9.	陆生动物产品及其副产品	
9.1	动物油脂类产品	_油,_油渣(饼)
9.2	昆虫加工产品	蚕蛹(粉),蚕蛹粕[脱脂蚕蛹(粉)],蜂花粉,蜂胶,蜂蜡,蜂蜜,_虫(粉),脱脂_虫粉
9.3	内脏、蹄、角、爪、羽毛及其加工产品	肠膜蛋白粉,动物内脏,动物内脏粉,动物器官,动物水解物,膨化羽毛粉,_皮,禽爪皮粉,水解蹄角粉,水解畜毛粉,水解羽毛粉
9.4	禽蛋及其加工产品	蛋粉,蛋黄粉,蛋壳粉,蛋清粉
9.5	蚯蚓及其加工产品	蚯蚓粉
9.6	肉、骨及其加工产品	_骨,骨粉(粒),骨胶,_骨髓,_明胶,_肉,_肉粉,_肉骨粉,酸化骨粉[骨质磷酸氢钙],脱胶骨粉
9.7	血液制品	喷雾干燥_血浆蛋白粉,喷雾干燥_血球蛋白粉,水解_血粉,水解_血球蛋白粉,水解珠蛋白粉,_血粉,血红素蛋白粉
10.	鱼、其他水生生物及其副产品	
10.1	贝壳及其副产品	_贝,贝壳粉,干贝粉
10.2	甲壳类动物及其副产品	虾,磷虾粉,虾粉,虾膏,虾壳粉,虾油,蟹,蟹粉,蟹壳粉
10.3	水生软体动物及其副产品	乌贼,乌贼粉,乌贼膏,乌贼内脏粉,乌贼油,鱿鱼,鱿鱼粉,鱿鱼膏,鱿鱼内脏粉,鱿鱼油

续附表 9

原料编号	原料类别	原料名称
10.4	鱼及其副产品	鱼,白鱼粉,水解鱼蛋白粉,鱼粉,鱼膏,鱼骨粉,鱼排粉,鱼溶浆粉,鱼虾粉,鱼油
10.5	其他	卤虫卵
11.	矿物质	
11.1	天然矿物质	凹凸棒石(粉),贝壳粉,沸石粉,高岭土,海泡石,滑石粉,麦饭石,蒙脱石,膨润土[斑脱岩、膨土岩],石粉,蛭石
12.	微生物发酵产品及副产品(微生物细胞经休眠或灭活)	
12.1	饼粕、糟渣发酵产品	发酵豆粕,发酵__果渣,发酵棉籽蛋白,酿酒酵母发酵白酒糟
12.2	单细胞蛋白	产朊假丝酵母蛋白,啤酒酵母粉,啤酒酵母泥
12.3	利用特定微生物和特定培养基培养获得的菌体蛋白类产品(微生物细胞经休眠或灭活)	谷氨酸渣[味精渣],核苷酸渣,赖氨酸渣
12.4	糟渣类发酵副产物	__醋糟(糯米,高粱,麦麸,米糠,甘薯,水果,谷物),谷物酒糟类产品,酱油糟,柠檬酸糟,葡萄酒糟(泥)
13.	其他饲料原料	
13.1	淀粉及其加工产品	__淀粉,糊精
13.2	食品类产品及副产品	果蔬加工产品及副产品,食品工业产品和副产品
13.3	食用菌及其加工产品	白灵侧耳(白灵菇),刺芹侧耳(杏鲍菇)
13.4	糖类	白糖[蔗糖],果糖,红糖[蔗糖],麦芽糖,木糖,葡萄糖,葡萄糖胺(氨基葡萄糖),葡萄糖浆
13.5	纤维素及其加工产品	纤维素

单一饲料品种:大麦蛋白粉、大米蛋白粉、大米酶解蛋白、干白酒糟、干黄酒糟、__干酒精糟[DDG]、__干 酒精糟可溶物[DDS]、干啤酒糟、含可溶物的干酒精糟[__干全酒精糟][DDGS]、谷朊粉[活性小麦面筋粉][小麦蛋白粉]、小麦水解蛋白、喷浆玉米皮、玉米蛋白粉,玉米浆干粉,玉米酶解蛋白,菜籽蛋白,菜籽粕[菜粕]、双低菜籽粕[双低菜粕]、大豆分离蛋白、大豆酶解蛋白、大豆浓缩蛋白、大

豆糖蜜、豆粕、膨化大豆蛋白[大豆组织蛋白]、膨化豆粕、花生蛋白、花生粕[花生仁粕]、棉籽蛋白、棉籽酶解蛋白、棉籽粕[棉粕]、脱酚棉籽蛋白[脱毒棉籽蛋白]、蚕豆粉浆蛋白粉、绿豆粉浆蛋白粉、豌豆粉浆蛋白粉、马铃薯蛋白粉、__藻渣、裂壶藻粉、螺旋藻粉、拟微绿球藻粉、微藻粕、小球藻粉、__油、__油渣(饼)、肠膜蛋白粉、动物内脏粉、动物水解物、膨化羽化粉、水解蹄角粉、水解畜毛粉、水解羽毛粉、蛋粉、蛋黄粉、蛋壳粉、蛋精粉、__骨粉(粒)、__肉粉、__肉骨粉、酸化骨粉[骨质磷酸氢钙]、脱胶骨粉、喷雾干燥__血浆蛋白粉、喷雾干燥__血球蛋白粉、水解__血粉、水解__血球蛋白粉、水解珠蛋白粉、__血粉、血红素蛋白粉、磷虾粉、虾粉、白鱼粉、水解鱼蛋白粉、鱼粉、鱼排粉、鱼溶浆、鱼溶浆粉、鱼虾粉、鱼油、发酵豆粕、发酵__果渣、发酵棉籽蛋白、酿酒酵母发酵白酒糟、产朊假丝酵母蛋白、啤酒酵母粉、谷氨酸渣、核苷酸渣、赖氨酸渣、柠檬酸糟。

注:本附录依据2012年6月1日农业部公告实施的《饲料原料目录》整理而成,2013年1月实施。原《饲料原料目录》对所列每种饲料原料的名称、特征描述及强制性标识要求都有详细说明。养殖企业在选用饲料原料时应注意。

附录十　猪常用疫(菌)苗使用方法

附表10　猪常用疫(菌)苗使用方法

名　称	用途与用法	免疫期	保　存	备　注
猪瘟兔化弱毒疫苗(冻干苗)	预防猪瘟或做紧急注射。按瓶签注明的剂量加生理盐水稀释。肌内或皮下注射,仔猪23～25日龄3头份/头,65～70日龄4头份/头;成年猪6头份/头,每半年1次	4天产生免疫力,免疫期一年以上	-15℃,1年;0℃～8℃,6个月;10℃～25℃,10天	运输时须冷藏包装,已稀释的疫苗须当日用完,隔日不可使用。病弱猪、食欲及体温不正常的猪,都不可注射
猪丹毒弱毒冻干苗	预防猪丹猪。按瓶签头份,用20%铝胶盐水稀释,断奶后两周一律皮下或肌内注射1毫升	7～9天产生免疫力,免疫期6个月	-15℃,1年;0℃～8℃,9个月;10℃～25℃,10天	免疫前后10天不能用抗菌素类药

续附表 10

名　称	用途与用法	免疫期	保　存	备　注
猪瘟、猪丹毒二联冻干苗	预防猪瘟和猪丹毒。按瓶签头份,用氢氧化铝胶液或生理盐水稀释。大小猪一律皮下或肌内注射1毫升	7～9天产生免疫力,断奶后半个月接种,免疫期猪瘟1年,猪丹毒6个月	15℃,1年;0℃～8℃,9个月;10℃～25℃,10天	用生理盐水稀释,注射后产生免疫力较快,适宜做紧急预防注射。其他注意事项可参见猪瘟兔化弱毒冻结干苗和猪丹毒弱毒冻结干苗
猪瘟、猪丹毒、猪肺疫三联苗	预防猪瘟、猪丹毒和猪肺疫。按瓶签头份,用20%氢氧化铝胶生理盐水稀释,大小猪一律喉后肌内注射1毫升;对刚断奶的仔猪,须在断奶2个月后再补注1次	7～9天产生免疫力,猪瘟免疫期1年,猪丹毒6个月,猪肺疫6个月	－15℃,1年;0℃～8℃,9个月;10℃～25℃,10天	本苗为活菌苗,使用后的器械和疫苗瓶等应消毒处理。疫苗稀释后4小时内用完。初生仔猪、临产猪、病弱猪均不应注射。注意事项可见猪瘟兔化弱毒冻结干苗和猪丹毒弱毒冻干苗
仔猪副伤寒弱毒冻干疫苗	预防仔猪副伤寒病。按瓶签头份,用20%铝胶盐水稀释,每头耳后浅层肌内注射1毫升,用于出生1个月以上的仔猪	7～9天产生免疫力,对仔猪有较强的免疫力	－15℃,1年;2℃～8℃,8个月	参见猪瘟兔化弱毒冻干苗
兽用乙型脑炎弱毒疫苗	预防猪乙型脑炎。按瓶签头份,大小猪一律皮下或肌内注射1毫升,5月龄前接种的猪,需在5月龄后重复注射1次	第一年免疫后,以后必须重复注射	湿苗2℃～8℃,3个月;冻干苗－15℃,1年;0℃～4℃,8个月	疫苗开瓶后当日用完,冻干苗稀释后6小时内用完
细小病毒油佐剂灭活疫苗	预防猪细小病毒病。用于4月龄的至配种前的后备种母猪,耳后深部肌内注射	免疫期7个月	4℃～6℃,6个月	本疫苗不可冻结,避免日光直晒
猪链球菌病活疫苗	预防猪链球菌病。用20%铝胶生理盐水稀释,每头皮下注射1毫升	7天产生免疫力,免疫期6个月	2℃～8℃,1年;－15℃18个月	本苗为活菌苗,使用后的器械和疫苗瓶等应消毒处理;疫苗稀释后4小时内用完

续附表 10

名　称	用途与用法	免疫期	保　存	备　注
猪伪狂犬病灭活苗	预防猪的伪狂犬病。仔猪肌内注射 1.5 毫升/头，种猪 3 毫升/头	4 周后产生免疫力	15℃～20℃保存	
猪伪狂犬基因缺失苗	预防猪的伪狂犬病。仔猪每头 1 毫升，成年猪每头 2 毫升	6 天后产生免疫力，免疫期 1 年	2℃～8℃，9 个月；－20℃，18 个月	本苗为弱毒苗，阴性猪场一般不用弱毒苗
口蹄疫 O 型灭活苗（Ⅱ）	预防猪口蹄疫病毒。肌内注射，10～25 千克体重 1 毫升/头，25 千克以上 2 毫升/头	免疫期 4 个月	2℃～8℃保存，1 年	疫苗开瓶后当日用完
口蹄疫三价灭活苗	预防猪口蹄疫病毒。肌内注射，仔猪每头 1 毫升、成年猪每头 2 毫升	免疫期 6 个月	2℃～8℃，12 个月	本疫苗不可冻结，一次用完
猪蓝耳病弱毒苗（高致病性）	预防猪蓝耳病病毒。肌内注射，仔猪 14 日龄 1 头份/头，母猪跟胎免疫 1.5 头份/头，后备母猪配种前接种前 2 次，1 头份/头/次	注苗后 14 天产生免疫力，免疫期 6 个月	活疫苗－15℃保存，有效期 18 个月	疫苗开瓶后 4 小时用完
猪圆环病毒病苗（灭活苗）	预防猪圆环病毒。肌内注射，仔猪初免 1 毫升/头，加强免疫 1 毫升/头；种猪初免 1 毫升/头，加强免疫 1 毫升/头。以后每年 2 次，每次 2 毫升/头	14 天产生免疫力，免疫期 12 个月	2℃～8℃，有效期 18 个月	本疫苗不可冻结，一次用完
猪传染性胃肠炎与猪流行性腹泻三联活疫苗	仔猪 14 日龄肌内注射，每头 0.5 头份，母猪产前 45 天、15 天分别注射，每头 1 头份	7 天后产生免疫力，免疫期 6 个月	活疫苗－20℃保存	后海穴注射

附录十一　猪场常用消毒药品的配制和使用方法

附表 11　猪场常用消毒药品的配制和使用方法

药　名	配制方法	使用范围	注意事项
酒　精	取 90%浓度的酒精 1000毫升，加水 285 毫升，即配成 70%酒精	用 70%酒精消毒体表皮肤、注射针头、体温计等	易挥发，注意密封，易燃烧，不可接近火
碘　酊	取碘 50 克、碘化钾 10 克加水至 1000 毫升即配成 5%碘酊	常用 5%碘酊消毒皮肤	忌与红药水、甲紫溶液同用
来苏儿（煤酚皂溶液）	取来苏儿溶液 0.5～2.5 千克，加水 47.5～49.5 升，混匀后即成 1%～5%的来苏儿	用 3%～5%来苏儿溶液消毒猪舍、饲槽、用具、场地和处理污物。1%～2%来苏儿溶液用于手的消毒	对炭疽和结核菌无效
克辽林（臭药水）	取克辽林 2.5 千克，加水 47.5 升，混匀后即成 5%克辽林溶液	用 5%克辽林溶液消毒猪舍、饲槽、用具、场地和处理污物	对炭疽无效，热溶液的效果较好
1%～3%氢氧化钠液	取 0.5～1.5 千克氢氧化钠，加水 48.5～49.5 升，充分溶解后即成1%～3%氢氧化钠液	对常见的细菌、病毒有很好的消毒作用，用于猪舍、用具等消毒	趁热使用效果较好，有强烈的腐蚀作用
10%～20%石灰乳	取生石灰 1～2 千克加 1～2 升水，先熟化，再加 7～8 升水，即成 10%～20%的石灰乳	对一般病原体均有较强的杀灭作用，用于猪舍地面、墙壁的消毒	现配现用。如在石灰乳中加入 1%～2%的氢氧化钠水，消毒作用更强
20%～30%草木灰水	取新鲜筛过的草木灰 2～3 千克，加水 7～8 升，即成 20%～30%的草木灰水，搅拌均匀后，持续煮沸 1 小时，补充蒸发掉水分，取用滤液	对猪瘟、口蹄疫等病毒有良好效果，用于猪舍地面、墙壁、用具的消毒	水温在 50℃～70℃应用效果最好，对炭疽等芽孢菌无效

续附表 11

药　名	配制方法	使用范围	注意事项
5%～20%漂白粉液	取2.5～10千克漂白粉，加水40～47.5升(先用少量水调成糊状后，再加其余水)充分搅匀，即成5%～20%的漂白粉混悬液	5%漂白粉可杀死常见传染病原体，20%漂白粉液可杀死炭疽芽孢，可用于猪舍地面、用具、粪便、污水等消毒	现配现用，久放失效。有强烈腐蚀性，喷雾器用后需立即洗净
5%～10%福尔马林溶液	取12.5～25毫升40%福尔马林，加水至100毫升，即成5%～10%福尔马林溶液	杀死所有芽孢的需氧菌，产气荚膜杆菌及其菌孢子，用于猪舍、饲槽、车辆等的消毒	溶液现配现用
0.1%～0.5%高锰酸钾溶液	取高锰酸钾1～5份，加水1 000份配成0.1%～0.5%的高锰酸钾溶液	溶液可洗涤口腔、阴道、子宫、创面溃疡、手指	溶液现配现用
过氧乙酸	A液与B液混合(按说明)	喷洒消毒	现配现用

附录十二　猪群预防保健方案

附表 12　猪群预防保健方案表

猪别	日龄(时间)	用药目的	使用药物	剂量	用　法
公猪	每月或每季度1次	预防呼吸道疾病	支原净	150克/吨	连续7天混饲给药
			土霉素钙盐预混剂	1千克/吨	连续7天混饲给药
		驱虫	伊维菌素预混剂	1千克/吨	连续7天混饲给药
后备母猪	进场第一周	预防呼吸道疾病	氟苯尼考预混剂2%	1千克/吨	连续7天混饲给药
			泰乐菌素	200毫克/千克	连续7天混饲给药
		抗应激	抗应激药物	按说明	连续7天混饲给药
	配种前一周	抗菌	长效土霉素	5毫升	肌内注射1次

续附表 12

猪别	日龄(时间)	用药目的	使用药物	剂量	用 法
母猪	产前 7～14 天	驱虫	伊维菌素预混剂	2 千克/吨	连续 7 天混饲给药
	产前 7 天至产后 7 天	预防产后仔猪呼吸道及消化道疾病,母猪产后感染	强力霉素	200 克/吨	连续 7～14 天混饲给药
			阿莫西林	200 克/吨	连续 7～14 天混饲给药
	断奶后	母猪炎症	长效土霉素	5 毫升	肌内注射 1 次
商品猪	出生仔猪未吃初乳前	预防新生仔猪黄痢	庆大霉素	1～2 毫升	口服
	出生 3 日龄内	预防缺铁性贫血	补铁剂	1 毫升/头	肌内注射
		补硒、提高抗病力	亚硒酸钠 VE	0.5 毫升/头	肌内注射
	补料第一周	预防新生仔猪黄痢	强力霉素	200 克/吨	连续 7 天混饲给药
			或阿莫西林	150 毫克/千克	连续 7 天混饲给药
	断奶前后一周	预防呼吸道及消化道疾病促生长抗应激	替米考星 抗应激药物	适量	连续 7 天混饲给药
			先锋霉素	适量	连续 7 天混饲给药
			或支原净粉 或阿莫西林粉 ＋抗应激药物	125 毫克/千克 150 毫克/千克 适量	饮水或混饲给药 7 天
		驱虫、促生长	伊维菌素预混剂	1 千克/吨	连续 7 天混饲给药
	转入生长肥育期第一周(8～10 周龄)	驱虫、促生长	伊维菌素预混剂	1 千克/吨	连续 7 天混饲给药
		抗菌、促生长	氟苯尼考预混剂 2%	2 千克/吨	连续 7 天混饲给药
			土霉素钙盐预混剂	1 千克/吨	连续 7 天混饲给药
所有猪群	每周 1～2 次	常规消毒	消毒威或卫康或农福等	适量	带猪猪舍内喷雾消毒

金盾版图书，科学实用，通俗易懂，物美价廉，欢迎选购

书名	定价
快速养猪法(第 6 版)	13.00
科学养猪(第 3 版)	18.00
猪高效养殖教材	6.00
猪标准化生产技术参数手册	14.00
科学养猪指南(修订版)	39.00
现代中国养猪	98.00
家庭科学养猪(修订版)	7.50
简明科学养猪手册	9.00
怎样提高中小型猪场效益	15.00
怎样提高规模猪场繁殖效率	18.00
规模养猪实用技术	22.00
生猪养殖小区规划设计图册	28.00
塑料暖棚养猪技术	13.00
母猪科学饲养技术(修订版)	10.00
小猪科学饲养技术(修订版)	8.00
瘦肉型猪饲养技术(修订版)	8.00
肥育猪科学饲养技术(修订版)	12.00
科学养牛指南	42.00
种草养牛技术手册	19.00
养牛与牛病防治(修订版)	8.00
奶牛规模养殖新技术	21.00
奶牛良种引种指导	11.00
奶牛高效养殖教材	5.50
奶牛养殖小区建设与管理	12.00
奶牛高产关键技术	12.00
奶牛肉牛高产技术(修订版)	10.00
农户科学养奶牛	16.00
奶牛实用繁殖技术	9.00
奶牛围产期饲养与管理	12.00
肉牛高效益饲养技术(修订版)	15.00
肉牛高效养殖教材	8.00
肉牛快速肥育实用技术	16.00
肉牛育肥与疾病防治	15.00
牛羊人工授精技术图解	18.00
马驴骡饲养管理(修订版)	8.00
养羊技术指导(第三次修订版)	18.00

以上图书由全国各地新华书店经销。凡向本社邮购图书或音像制品，可通过邮局汇款，在汇单“附言”栏填写所购书目，邮购图书均可享受9折优惠。购书30元(按打折后实款计算)以上的免收邮挂费，购书不足30元的按邮局资费标准收取3元挂号费，邮寄费由我社承担。邮购地址：北京市丰台区晓月中路29号，邮政编码：100072，联系人：金友，电话：(010) 83210681、83210682、83219215、83219217(传真)。